Schreiber

Augmented Reality in der Industrie

Werner Schreiber

Augmented Reality in der Industrie

Anforderungen an Datenbrillen und Anwendungen

HANSER

Über den Autor:
Werner Schreiber leitete 15 Jahre lang in der Konzernforschung der Volkswagen AG das Forschungsfeld Virtuelle Techniken. Er ist Berater sowie Honorarprofessor an der Otto-von-Guericke-Universität und der Steinbeis-Hochschule und hält Vorlesungen zu VR/AR in der Produktion.

FSC www.fsc.org
MIX
Papier aus verantwortungsvollen Quellen
FSC® C083411

Print-ISBN: 978-3-446-48290-6
E-Book-ISBN: 978-3-446-48307-1

Bibliografische Information der Deutschen Nationalbibliothek:
Die Deutsche Nationalbibliothek verzeichnet diese Publikation in der Deutschen Nationalbibliografie; detaillierte bibliografische Daten sind im Internet unter http://dnb.d-nb.de abrufbar.

Kolbergerstraße 22 | 81679 München | info@hanser.de
www.hanser-fachbuch.de
Lektorat: Dr. Philippa Söldenwagner-Koch
Herstellung: le-tex publishing services GmbH, Leipzig
Coverkonzept: Marc Müller-Bremer, www.rebranding.de, München
Covergestaltung: Thomas West
Titelmotiv: © barmaleeva / AdobeStock
Satz: Eberl & Koesel Studio, Kempten
Druck: CPI Books GmbH, Leck
Printed in Germany

Inhalt

Vorwort

Das Potenzial der Technologie Augmented Reality in der Industrie wurde und wird in Pilotprojekten in unterschiedlichen Anwendungen erprobt und dann in der Literatur sehr häufig beschrieben. Bei solchen Projekten wurden in der Vergangenheit wertvolle Erfahrungen über den industriellen Einsatz dieser Technologie speziell in Verbindung mit Datenbrillen gesammelt. Dieses gesammelte Wissen bezieht sich hauptsächlich auf technologische Aspekte, Software oder Gerätetechnik. Daher wird Augmented Reality häufig auch nur als Software und Hardware verstanden. Es besteht zwar aus diesen Hauptkomponenten, ist aber eine Mensch-Maschine-Schnittstelle, die der industriellen Anwendung entsprechend an den Menschen individuell angepasst sein muss. Für die Datenbrille, die maßgebliche Komponente des Augmented-Reality-Systems, sind die Augen des Nutzers die Schnittstelle oder das Interface zum Menschen. Das bedeutet, dass die Eigenschaften der Augen und des visuellen Systems des Menschen bei der Auslegung und beim Einsatz der Datenbrille berücksichtigt werden müssen.

Der Einsatz von Datenbrillen wird häufig aus einer gewissen Technikbegeisterung zusammen mit dem antizipierten Potenzial heraus für den Industrieeinsatz geplant. Hierbei finden teilweise die spezifischen Anforderungen der Nutzer in Verbindung mit den Anwendungen nicht ausreichend Berücksichtigung. Das kann später zu zusätzlichen Problemen bei der Anwendung in der Industrie bis zur Demotivation führen. Das sollte vermieden werden.

Die Anforderungen an Datenbrillen und an die sie steuernden Augmented-Reality-Systeme werden in diesem Beitrag betrachtet und analysiert. Die einzelnen Anforderungsbereiche sind darin aufgeführt. Die Anforderungen des Menschen, der unterschiedlichen industriellen Einsatzbereiche und die Eigenschaften von Datenbrillen werden zusammengebracht und abgeglichen. Es soll als Leitfaden der umfassenden Planung des Einsatzes von Datenbrillen als Teil eines Augmented-Reality-Systems in der Industrie dienen. Weiterhin werden Bereiche, in denen die Datenbrillen noch weiterzuentwickeln sind, beschrieben und mit technischen Zielen versehen.

Im Buch werden in daher die Grundlagen von Augmented Reality beschrieben und erläutert (Kapitel 2). Kapitel 3 beschreibt die für eine Augmented-Reality-Anwendung relevanten Eigenschaften des Menschen. Das Kapitel fokussiert daher primär die Eigenschaften des visuellen Systems, die für den Einsatz der Datenbrillen von Bedeutung sind. Industrielle Anwendungen in ihrer generellen Form mit den generellen Anforderungen werden in Kapitel 4 kurz behandelt. Datenbrillen mit ihren speziellen technischen Eigenschaften beschreibt das Kapitel 5. Die Integration eines Augmented-Reality-Systems in eine industrielle Anwendung zeigt Kapitel 6. Alle vorangegangenen Beschreibungen und Anforderungen werden in Kapitel 7 zusammengeführt. Damit können die Anforderungen an die Datenbrille für die Unterpunkte der zuvor behandelten Kapitel detailliert und bewertet werden. Hieraus ergibt sich, welche Anforderungen an eine Datenbrille in einer industriellen Anwendung zu stellen sind. Die Integration des Augmented-Reality-Systems in die Unternehmens-Rechnerwelt beschreibt Kapitel 8 auf Basis der Arbeitsaufgabe. Kapitel 9 beschreibt Anforderungen an die Darbietung der Informationen oder Anweisungen durch das Augmented-Reality-System. Da Datenbrillen für einen industriellen Einsatz vorgesehen sind, sind sie als Arbeitsmittel im Sinne des Gesetzes zu betrachten und unterliegen daher auch den Vorschriften und Regeln der Arbeitssicherheit, was in Kapitel 10 hergeleitet wird. Kapitel 11 betrachtet die durch den Einsatz eines Augmented-Reality-Systems zu beeinflussenden Kostenarten im Sinne der Wirtschaftlichkeit. Das Fazit der Überlegungen zum Einsatz solcher Datenbrillen beschreibt Kapitel 12. Die erarbeiteten Anforderungen an Datenbrillen und an die Anwendungen sind jeweils in Kapitel 13 und Kapitel 14 in Art einer Checkliste zusammengefasst. Diese Checklisten können als Grundlage für die Planung solcher Systeme in der Industrie eingesetzt werden.

Die Mitarbeiter des Forschungsfeldes „Virtuelle Techniken der Konzernforschung" der Volkswagen AG arbeiten zusammen mit den Anwendungsbereichen im Unternehmen seit den 90er-Jahren an der Weiterentwicklung der Augmented-Reality-Technologie und deren Anwendung in der industriellen Praxis. In den Forschungsprojekten ARVIKA, ARVIDA und AVILUS sorgten Teams aus der deutschen Industrie, KMUs und aus universitären Forschungseinrichtungen für die Schaffung von Grundlagenwissen und weiteren Anwendungserfahrungen. Dieser Beitrag basiert auf diesen Erkenntnissen und Erfahrungen und führt sie weiter aus. An dieser Stelle möchte ich mich bei allen Beteiligten für die langjährige und fruchtvolle Zusammenarbeit bedanken.

Spezieller Dank gilt Herrn Prof. Dr.-Ing. Johannes Tümler, Hochschule Anhalt für die kritische Durchsicht des Manuskripts sowie die konstruktiven Kommentare und Anregungen zu diesem Buch.

Besonderer Dank gilt meiner Partnerin Frau Undine Lindenberg für ihre Unterstützung und Hilfe bei der Erstellung des Manuskriptes.

Darüber hinaus möchte ich mich für die angenehme und professionelle Zusammenarbeit mit Frau Dr. Philippa Söldenwagner-Koch und Herrn Tim Borck vom Carl Hanser Verlag bedanken.

Werner Schreiber

Wolfsburg, September 2024

1 Einleitung

Eine Vielzahl von Veröffentlichungen beschreiben die Vorteile des Einsatzes von Augmented-Reality-Datenbrillen in unterschiedlichen industriellen Bereichen. Diese beschriebenen Vorteile für den Nutzer wie z. B. Unterstützung, Erleichterung, Erweiterung bestehender Fähigkeiten, Ermöglichung zusätzlicher Fähigkeiten und Fertigkeiten sowie Kompensation physischer und psychologischer Beeinträchtigungen, höhere Flexibilität, schnellere Anpassbarkeit sind unbestritten [1]. Es stellt sich jedoch die Frage nach der Eignung solcher Datenbrillen für die antizipierten Aufgaben. Es fällt auf, dass sich die Beschreibungen oder Veröffentlichungen nicht mit der Kompatibilität der Datenbrille mit dem visuellen System des Nutzers beschäftigen. Es ist daher zu prüfen, ob die fehlende oder unzureichende Kompatibilität der Kombination Datenbrille zu visuellem System eine Auswirkung auf die Umsetzung solcher Projekte im industriellen Umfeld besitzt.

Augmented Reality und die dafür benötigten Datenbrillen sind nicht erst ein Produkt der 2000er-Jahre. Schon 1962 veröffentlichte das populärwissenschaftliche Magazin *Science and Mechanics* einen Artikel über eine Datenbrille, damals „Electrocular" genannt (Bild 1.1). Erste Überlegungen zum Einsatz im Bereich Serviceunterstützung und Pilotenassistenz wurden hier veröffentlicht. Es ist wahrscheinlich, dass mit der damals verfügbaren Technik solche Anwendungen von Augmented Reality im industriellen Umfeld noch nicht umsetzbar waren.

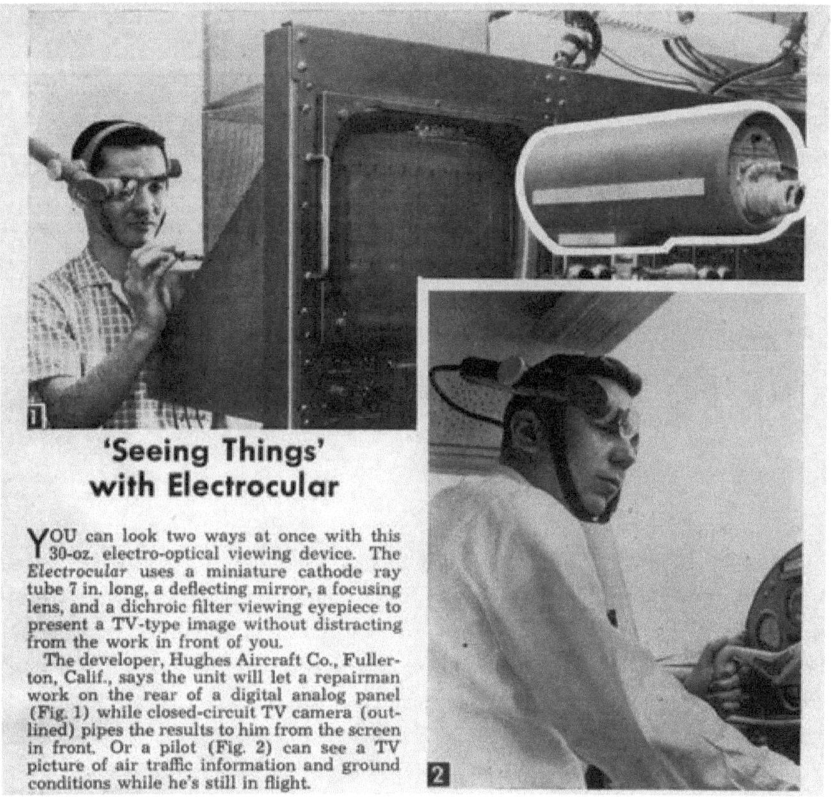

'Seeing Things' with Electrocular

YOU can look two ways at once with this 30-oz. electro-optical viewing device. The *Electrocular* uses a miniature cathode ray tube 7 in. long, a deflecting mirror, a focusing lens, and a dichroic filter viewing eyepiece to present a TV-type image without distracting from the work in front of you.

The developer, Hughes Aircraft Co., Fullerton, Calif., says the unit will let a repairman work on the rear of a digital analog panel (Fig. 1) while closed-circuit TV camera (outlined) pipes the results to him from the screen in front. Or a pilot (Fig. 2) can see a TV picture of air traffic information and ground conditions while he's still in flight.

Bild 1.1 Artikel über Augmented Reality [2]

Augmented Reality erfuhr nach einer längeren Phase der Ruhe ab den 1990er-Jahren einen wirklichen Hype. Betrachtet man den Gartner Hype Cycle für neue Technologien, erkennt man, welche Aufmerksamkeit die Technologie Augmented Reality ab dem Jahr 2000 durchlief beziehungsweise durchläuft. Neben den fünf typischen Phasen des Hype Cycles wird in Bild 1.2 zusätzlich der Zeitraum dargestellt, nach dem aus der Sicht des jeweiligen Berichtsjahres die Technologie das Plateau der Produktivität erreicht haben soll. Das wären dann die allgemeine Anerkennung und der verbreitete industrielle Einsatz der Technologie.

Die Technologie Augmented Reality wird im Gartner Hype Cycle bis 2018 dargestellt. Die Erwartungen an Augmented Reality durchlaufen die Phasen „Gipfel der überzogenen Erwartungen“ bis zur Phase „Tal der Enttäuschungen“. Die Technologie kann augenscheinlich die in sie gesetzten Erwartungen nicht erfüllen und erreicht nicht die produktive Phase. In den Studien seit 2019 wird sie überraschenderweise als reife Technologie eingestuft und nicht weiter aufgeführt. Das widerspricht den Erfahrungen aus der industriellen Praxis.

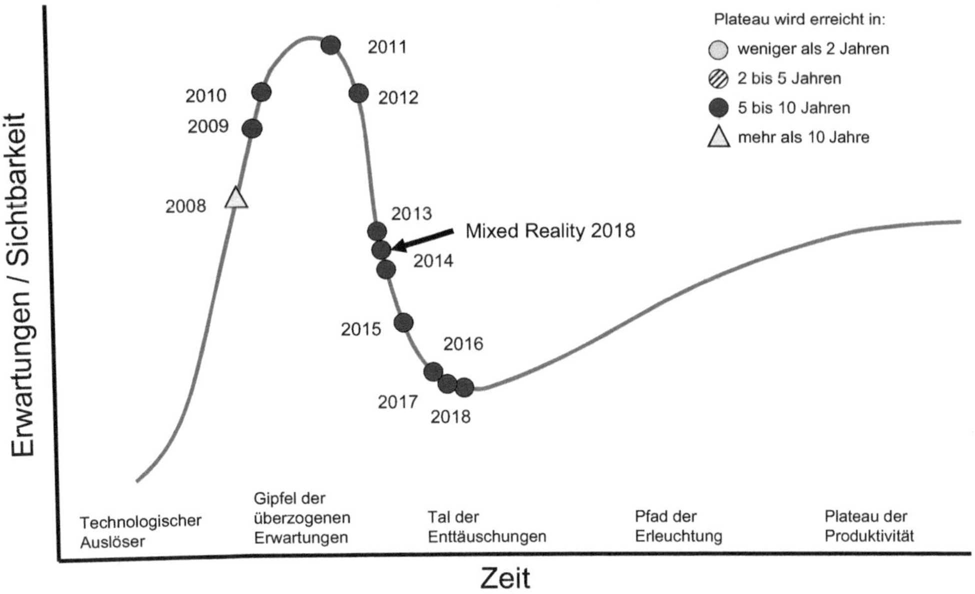

Bild 1.2 Gartner Hype Cycle für Augmented Reality von 2008 – 2018, eigene Auswertung auf Basis von [3]

Im Hype Cycle für das Jahr 2018 sind Augmented Reality und Mixed Reality in unterschiedlichen Stadien dargestellt. Das wird damit begründet, dass Augmented Reality integraler Teil der tragbaren Geräte wie beispielsweise Smartphones geworden ist [4]. Diese Anwendungen nutzen typischerweise die Visualisierungstechnik „Monitor-AR" (siehe Abschnitt 2.2). Solche Anwendungen besitzen heute einen höheren Reifegrad als Industrieanwendungen mit Datenbrille, die im Hype Cycle als Mixed Reality bezeichnet sind und typischerweise die Visualisierungstechnik „Optical-See-Through" einsetzen. Mixed-Reality-Anwendungen befinden sich in einem früheren Stadium des Hype Cycles. Aussagen früherer Hype Cycles kombinieren die Einschätzungen für beide ab 2018 getrennt betrachteten Technologien.

Beim Hype Cycle fällt allerdings auf, dass ab 2009 jedes Jahr geschätzt wird, dass Augmented Reality in fünf bis zehn Jahren das Plateau der Produktivität erreicht haben wird. Im Laufe der Zeit von 2009 bis 2018 verkürzt sich dieser Zeitraum nicht, obwohl man im Allgemeinen eine Verkürzung aufgrund von Erkenntnisgewinnen im Rahmen der Forschung und Technologieentwicklung erwarten würde. Das ist ein Indikator dafür, dass der Durchbruch der Technologie durch andere, zum jeweiligen Zeitpunkt noch nicht betrachtete Aspekte verhindert oder verzögert wird. Weiterhin wird Mixed Reality als weniger reif als Augmented Reality eingeschätzt.

Die Unterscheidung im Hype Cycle wird in dieser Untersuchung nicht übernommen. In dieser Betrachtung wird die Bezeichnung Augmented Reality für die Technologie verwendet, die im Hype Cycle als Mixed Reality aufgeführt ist. Sie wird im Folgenden weiter als Augmented Reality bezeichnet.

Es stellt sich die Frage, warum sich der Zeitraum, in dem Augmented Reality sich so weiterentwickelte, bis zum Erreichen des Plateaus der Produktivität nicht verkürzte, was zu erwarten wäre. Im Rahmen dieses Beitrags wird dargestellt, welche technischen Herausforderungen aus Sicht der Eigenschaften des menschlichen visuellen Systems und anderer Aspekte derzeit für einen solchen Einsatz von Augmented Reality im industriellen Umfeld noch bestehen. Diese offenen technischen Herausforderungen können mit ein Grund dafür sein, dass die Technologie Augmented Reality noch nicht ausreichend weit entwickelt und somit erfolgreich nachhaltig in der Industrie eingesetzt wurde und damit das Plateau der Produktivität noch nicht erreicht hat.

Dieser Beitrag fokussiert auf Datenbrillen und ihrer Interaktion mit dem visuellen System des Nutzers. Aufgrund der beschriebenen Situation sind Datenbrillen weiter zu optimieren. Daraus ergeben sich dann Anforderungen an eine zukünftige Datenbrille für den Einsatz in der Industrie. Weiterhin werden die Anforderungen an die Arbeitsaufgabe und das Arbeitsumfeld betrachtet. Aspekte wie die Wiedergabe von Tönen, Sprache oder Geräuschen, die Registrierung oder das Tracking sowie der Bereich der Betriebssysteme und der Programmierung werden hier nicht betrachtet. Für diese Aspekte wird auf die umfangreiche Literatur verwiesen.

Weiterhin sind die Anforderungen an eine geeignete Anwendung im industriellen Bereich zu betrachten. Sie bestimmen maßgeblich mit, ob die Technologie erfolgreich eingesetzt werden kann. Hierzu werden die derzeit bekannten Anforderungen zusammengefasst und mit den Anforderungen an die Datenbrillen in Verbindung gebracht.

Für den industriellen Einsatz sind die Aspekte der Arbeitssicherheit auch von großer Bedeutung. Nur wenn die in den entsprechenden Vorschriften oder Regelungen aufgeführten Anforderungen erfüllt sind, kann ein solches System gefahrlos in der Industrie verwendet werden.

Literatur

[1] Deutsche Gesetzliche Unfallversicherung (DGUV), „Arbeitsschutzgerechter Einsatz von Datenbrillen", 09 2021. [Online]. Available: *https://publikationen.dguv.de/regelwerk/publikationen-nach-fachbereich/holz-und-metall/fertigungsgestaltung-akustik-laerm-und-vibrationen/4397/fbhm-118-arbeitsschutzgerechter-einsatz-von-datenbrillen-faqs-checklisten*. [Zugriff am 01. 09. 2023].

[2] WayBack Machine, Augmented Reality (August 1962), 2006.

[3] Gartner Inc., Hype Cycles.

[4] E. Daniel, „Gartner hype cycle 2018: Mixed reality to overtake VR and AR", 21. 08. 2018. [Online]. Available: *https://www.verdict.co.uk/gartner-hype-cycle-2018-mixed-reality/?cf-view*. [Zugriff am 22. 03. 2024].

2 Grundlagen

2.1 Augmented Reality

Das Realitäts-Virtualitäts-Kontinuum nutzte Milgram zur Beschreibung und Einordnung der unterschiedlichen Begriffe. Auf der linken Seite des Kontinuums steht die ausschließliche Wahrnehmung der Realität (Reality), auf der gegenüberliegenden Seite steht die ausschließliche Wahrnehmung computergenerierter Daten (Virtuality). Diese beiden Seiten bilden die beiden Pole des Kontinuums. Den dazwischenliegenden Bereich bezeichnete Milgram als Mixed Reality. Dieser Bereich wurde dann wiederum in Augmented Reality und Augmented Virtuality unterteilt [1].

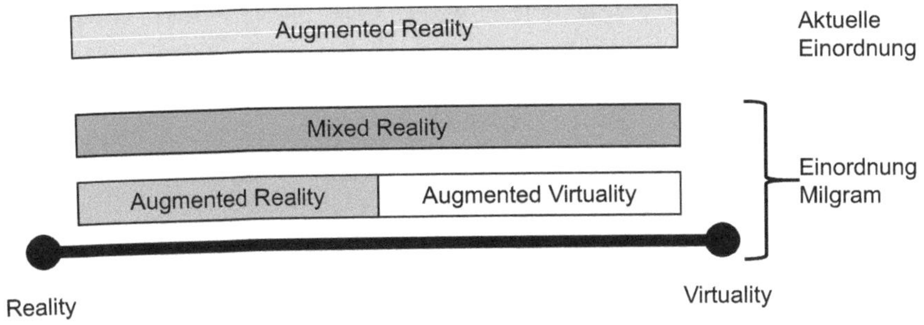

Bild 2.1 Realitäts-Virtualitäts-Kontinuum [1]

In der Praxis erwies sich diese Unterteilung als zu fein definiert. Die Begriffe Mixed Reality und Augmented Reality wurden über einen längeren Zeitraum in der Praxis synonym verwendet. Das kann durchaus zu Verwirrungen führen. Mit der aktuellen Differenzierung, die in Kapitel 1 mit Bezug auf den Gartner Hype Cycle beschrieben wurde, sind die von Milgram geprägten Begriffe nicht direkt vergleichbar. Im Folgenden wird ausschließlich der Begriff Augmented Reality für den gesamten Bereich zwischen den beiden Polen des Kontinuums verwendet. Weiterhin werden in diesem Beitrag hauptsächlich Anwendungen mit Datenbrillen oder Near-Eye-Displays (NED) betrachtet.

Im Laufe der Entwicklung von AR wurden dann weitere Definitionen oder Beschreibungen für AR entwickelt. Die Definition von Alt beschreibt Augmented Reality als die Erweiterung der menschlichen visuellen Wahrnehmung durch die Einblendung computergenerierter Informationen auf Geräten, die sich im Blickfeld befinden. Augmented Reality beinhaltet nach [2]:

- die Kombination aus der Wahrnehmung der realen und der virtuellen Welt
- die Interaction in Echtzeit
- 3D-Registrierung von Positionen (Tracking)

Bei den dargestellten virtuellen, computergenerierten Informationen (virtuelle Bilder oder Bilder der Virtualität) kann es sich um Linien, Flächen, Buchstaben, Ziffern o. Ä. in unterschiedlichen Farben handeln.

2.2 Visualisierungstechniken

Im Folgenden werden ausschließlich binokulare Optical-See-Through-Datenbrillen in Hinblick auf ihren möglichen Einsatz in der Industrie betrachtet. Andere Visualisierungstechniken wie Video-See-Through, Monitor-AR oder Projektions-AR werden derzeit für verschiedene industrielle Anwendungen eingesetzt, aber hier nicht weiter untersucht und nur kurz beschrieben. Sie stellen im Allgemeinen andere Ansprüche. Einige hier entwickelte Anforderungen sind auf diese Anwendungen anwendbar oder übertragbar.

2.2.1 Optical-See-Through-Datenbrille oder OST-HMD

Eine Datenbrille oder ein Head-Mounted Display (HMD) ist ein Anzeigegerät, die bzw. das vom Nutzer in Form einer Brille oder am Kopf befestigt getragen wird.[1)] Sie bzw. es visualisiert Grafik- oder Textinformationen im Sichtfeld des Nutzers. Datenbrillen werden zur Unterstützung von Arbeitsprozessen eingesetzt und nehmen dabei als Arbeitsmittel direkt Einfluss auf die Tätigkeit der Beschäftigten [3].

---

1 Zur besseren Lesbarkeit des Textes wird in diesem Dokument nicht ausdrücklich in geschlechtsspezifische Personenbezeichnungen differenziert. Die entsprechenden Begriffe gelten im Sinne der Gleichbehandlung für alle Geschlechter.

Eine monokulare Datenbrille ist mit einer Bildquelle vor einem Auge ausgestattet. Sie ermöglicht keine Kombination der Wahrnehmung oder Überlagerung der Wahrnehmungen, wie sie in der Definition beschrieben ist. Eine biokulare Datenbrille besitzt eine Bildquelle, die aber mit beiden Augen betrachtet wird. Eine binokulare Datenbrille ist mit zwei Bildquellen ausgestattet. Jede Bildquelle stellt ihr Bild für jeweils ein Auge bereit. Beide virtuellen Bilder können unterschiedlich sein, um so eine 3D-Visualisierung zu ermöglichen.

Die hier betrachteten binokularen Optical-See-Through-Datenbrillen (OST-HMD) ermöglichen die Wahrnehmung der Realität durch eine direkte optische Verbindung Realität–Auge. Die computergenerierten Daten werden in jedem der beiden bildgebenden Geräte (Bildquelle, z. B. Monitor) erzeugt und über einen Strahlenteiler, Strahlenlenker, Waveguide oder Combiner zum jeweiligen Auge geleitet. Die Überlagerung oder Kombination der beiden Wahrnehmungen findet im Auge beziehungsweise im visuellen System des Nutzers statt. Bild 2.2 zeigt den schematischen Aufbau einer solchen Datenbrille. Es zeigt, dass die Bildquelle immer neben dem Strahlengang zur Realität angebracht sein muss. Ansonsten würde sie die Wahrnehmung der Realität durch Verdeckung verhindern. Das optische System im Strahlengang Bildquelle–Auge sorgt dafür, dass das virtuelle Bild nicht in der sehr kurzen Entfernung Bildquelle–Auge dargestellt wird, sondern in einer viel größeren Bildweite, die durch die Konstruktion der Optik der Datenbrille vorgegeben ist. Halbtransparente Spiegel im Strahlengang sind eine ältere Variante, mit der der Strahlengang des virtuellen Bildes gelenkt wird. Heute kommen auch andere Technologien zum Einsatz wie beispielsweise Lichtwellenleiter oder Gitterstrukturen auf optischen Oberflächen.

Bei einigen der folgenden Betrachtungen oder Berechnungen wird vereinfachend angenommen, dass die Bildquelle im Strahlengang des Bildes der Realität angeordnet ist. In diesem Falle werden dann die Umlenkungen des Strahlengangs vernachlässigt.

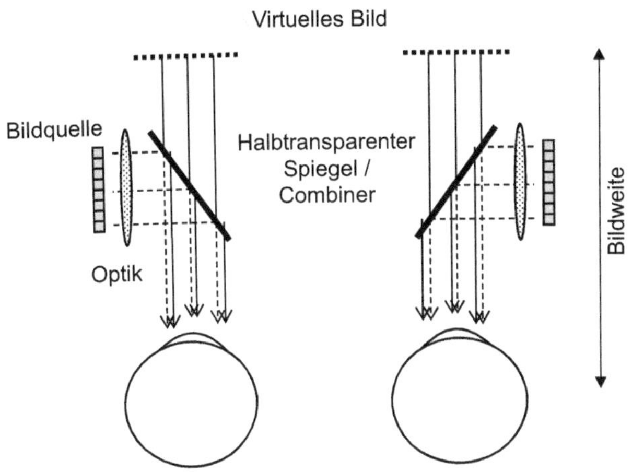

Bild 2.2
Schematischer Aufbau einer binokularen Datenbrille nach [4]

Alternativ kann eine solche Datenbrille als Bildquelle beispielsweise einen beweglichen Mikrospiegel nutzen, der einen Lichtstrahl von einer Lichtquelle, beispielsweise einem Laser, auf das Auge des Nutzers leitet. Der Lichtstrahl erzeugt im Auge einen Punkt. Durch die Bewegung des Lichtstrahls durch den bewegten Spiegel wandert der Lichtstrahl im Auge über die Retina und erzeugt so ein flächiges Bild. Diese Bildquellenart wird auch als Laser Beam Scanning Display (LBS) bezeichnet.

Die Art der Linien der Lichtstrahlen, die vom Laser ausgehen, kennzeichnen in Bild 2.3 die unterschiedlichen Strahlenverläufe in Abhängigkeit von der Spiegelstellung. Korrespondierende Spiegelstellung und Lichtstrahlen sind in derselben Linienart gezeichnet.

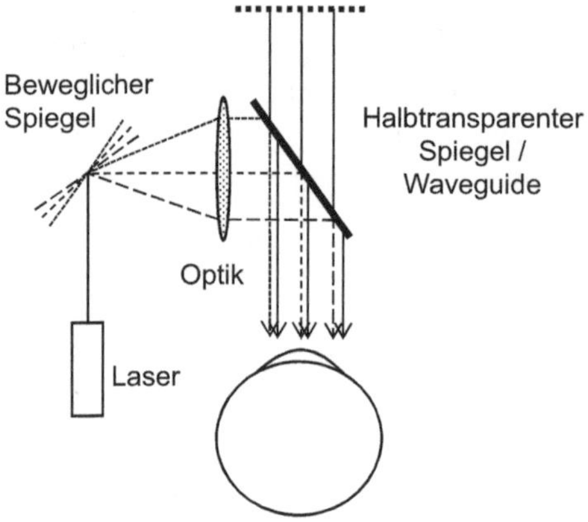

Bild 2.3
Schematische Darstellung einer Laser-Beam-Scanning-Bildquelle

Die Form oder Größe der Datenbrille muss an den Kopf des Nutzers angepasst werden und damit auch angepasst werden können. Solche Anpassungen betreffen den Kopfdurchmesser oder die Kopfhöhe. Aber auch der Abstand der Augen (Pupillendistanz) muss den Gegebenheiten beim Nutzer angepasst werden. Gleichzeitig muss die Datenbrille fest am Kopf befestigt sein. Diese Anpassungen bestimmen den Tragekomfort für den Nutzer.

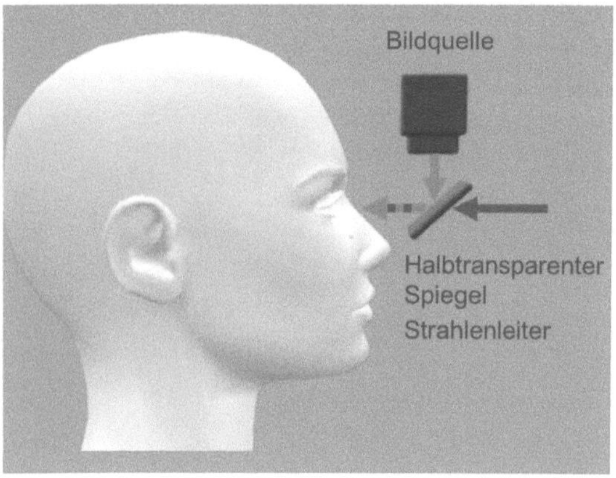

Bild 2.4
Optical-See-Through-Datenbrille

2.2.2 Video-See-Through-Datenbrille oder VST-HMD

Bei einer Video-See-Through-Datenbrille wird das Bild der Realität von einer am Kopf fest montierten Kamera aufgenommen. Das Bild der Realität wird mit computergenerierten Daten im Mischer überlagert und auf der Bildquelle angezeigt. Die Bildquelle befindet sich direkt vor dem Auge des Nutzers. Alle drei Hauptkomponenten Kamera, Mischer und Bildquelle sind bei solchen Systemen in einer Einheit verbaut. Der Nutzer nimmt ein Bild wahr, das Bild der Realität mit der computergenerierten Überlagerung. Solche Datenbrillen sind daher häufig sowohl für Augmented-Reality-Anwendungen als auch für Virtual-Reality-Anwendungen einsetzbar.

2.2.3 Monitor-AR

Bei einem Monitor-AR-System erfasst eine frei bewegliche Kamera das Bild der Realität. Der Mischer überlagert das erfasste Bild mit computergenerierten Daten und leitet es an den Monitor weiter. Der Nutzer nimmt auf dem Monitor ein Bild wahr, das sich aus dem Bild der Realität und dem Bild der Virtualität zusammensetzt. Die relative Position des Nutzers zum Monitor ist veränderbar. Typische Anwendungen von Monitor-AR sind Anwendungen, die auf Smartphones oder Tablets laufen.

2.2.4 Projektions-AR

Eine Bildquelle wie beispielsweise ein Projektor projiziert bei Projektions-AR-Anwendungen computergenerierte Daten oder Visualisierungen auf eine dreidimensional geformte Projektionsfläche. Diese Projektionsfläche muss nicht die exakte Form der visualisierten Geometrie besitzen. Ein generisches Oberflächenmodell reicht hierzu aus. Der Nutzer nimmt das reale Objekt zusammen mit der Projektion wahr. Beide Wahrnehmungen befinden sich in derselben Entfernung.

2.3 Visualisierungsart

Die Anwendungen, bei denen Augmented Reality verwendet wird, lassen sich nach der Art der eingesetzten Visualisierung unterscheiden. Diese Augmented-Reality-Visualisierungsarten lassen sich in kontextunabhängige Visualisierung und kontextabhängige Visualisierung unterteilen. Bei der kontextunabhängigen Visualisierung besteht keine inhaltliche Verbindung zwischen den in der Datenbrille dargestellten virtuellen Objekten und den realen wahrgenommenen Objekten. Beispiele dafür sind das Betrachten eines Films oder das Bearbeiten von E-Mails mithilfe einer Datenbrille. Auch das Visualisieren von Kommissionieraufträgen in einer Datenbrille für eine Anwendung in der Logistik kann als eine solche kontextunabhängige Visualisierung betrachtet werden. Der Kommissionierauftrag ist im Allgemeinen unabhängig von der Blickrichtung des Nutzers.

Die kontextabhängige Visualisierung lässt sich weiterhin in nicht kongruente Überlagerung und kongruente Überlagerung unterteilen. Eine kontextsensitive Visualisierung mit nicht kongruenter Überlagerung ist durch eine inhaltliche Verbindung zwischen dem Bild der Realität und den dargestellten virtuellen Objekten gekennzeichnet. Die Position der Darstellung der virtuellen Daten im Blickfeld des Betrachters ist unabhängig von der Position der realen Objekte im Blickfeld. Das kann die Darstellung von Navigationssymbolen in Abhängigkeit von der Blickrichtung und vom aktuellen Standort des Nutzers sein. Die Form des Navigationssymbols ändert sich aufgrund der geänderten Position des Nutzers. Das ist die inhaltliche Verbindung. Aber die Position des Navigationssymbols auf der Bildquelle bleibt konstant.

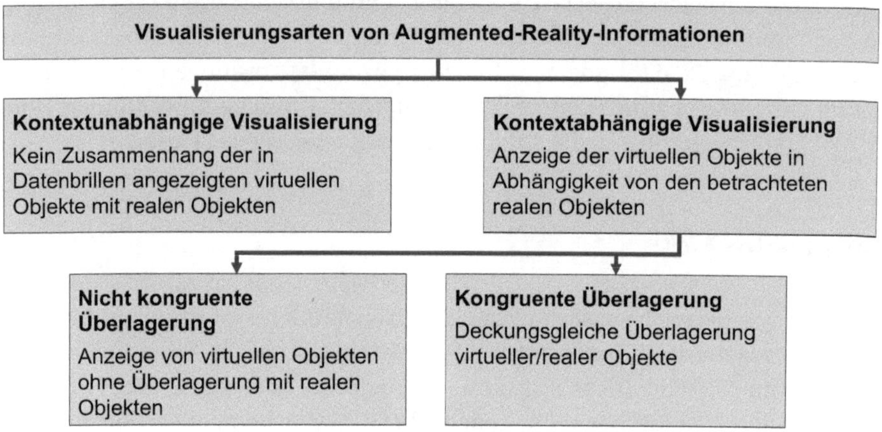

Bild 2.5 Visualisierungsarten bei Augmented-Reality-Anwendungen [2]

Bei den in der Literatur vorgestellten Anwendungen wird häufig eine kontextabhängige Visualisierung mit kongruenter Überlagerung verwendet. Sie ist dadurch gekennzeichnet, dass eine inhaltliche Verbindung zwischen der Wahrnehmung der Realität und den dargestellten virtuellen Objekten besteht. Die Position der Darstellung der virtuellen Daten im Blickfeld des Betrachters ist abhängig von der relativen Position des Nutzers zu dem realen Objekt. Bewegt der Nutzer sein Blickfeld, so ändert sich die Position der angezeigten virtuellen Information in der Bildquelle. Diese Visualisierungsart wird auch als kontakt-analog bezeichnet.

Bild 2.6 Kontextsensitive Visualisierung mit kongruenter Überlagerung [5], Quelle Volkswagen AG

Im Falle der Visualisierung gemäß Bild 2.6 würde sich die Position des Bildes des virtuellen Kühlergrills ändern, wenn der Nutzer seinen Kopf bewegt.

2.4 Augmented-Reality-System

Ein AR-System besteht im Allgemeinen aus der Visualisierungseinheit, wie beispielsweise der Datenbrille, aus deren Steuereinheit, einem Trackingsystem zur Erfassung der Position und Orientierung des Nutzers im Raum oder zur Bestimmung der relativen Position vom Nutzer zum betrachteten Objekt. Ein Rechner wertet die Trackingdaten aus und stellt die Daten bereit, die in der Datenbrille in Abhängigkeit von der Anwendung, der Aufgabe und der aktuellen Ausrichtung visualisiert werden sollen.

Tracking-Systeme liefern Informationen über die Position und Orientierung von Objekten in Echtzeit in einem zuvor definierten Tracking-Koordinatensystem. Das Tracking-System bestimmt und verfolgt die „exakte" Position und Orientierung von Objekten über die Zeit. Bei markerbasiertem Tracking beinhaltet es außerdem noch die Marker, das sind dem System bekannte 2D- oder 3D-Körper, die die Kamera erfasst und deren Abbild vom Trackingsystem ausgewertet wird. Bei markerlosem Tracking analysiert das Trackingsystem das von der Kamera gelieferte Bild auf markante Punkte oder Bereiche (Merkmalspunkte oder Feature Points). Aus der Veränderung der relativen Position von Merkmalspunkten werden Positionen oder die Veränderung von Positionen der Objekte über die Zeit ermittelt. Ein Linienmodell oder Drahtmodell des zu verfolgenden Objekts, beispielsweise aus dem CAD-Modell extrahiert, bildet die

Grundlage für das Kantentracking. Das Trackingsystem analysiert hierbei das Bild und sucht darin nach Kanten in Form von Kontrastveränderung. Durch das Anpassen des Modells durch Skalieren, Drehen oder Verschieben wird die Position ermittelt.

Die unterschiedlichen Visualisierungsarten stellen unterschiedlich hohe technische Anforderungen an die verwendeten AR-Systeme und dabei speziell an die Trackingsysteme. Die kontextsensitive Visualisierung mit kongruenter Überlagerung erfordert entsprechende zu visualisierende Daten sowie ein ausreichend genaues Echtzeit-Tracking zur Erfassung der Positionen und Orientierungen der einzelnen Objekte im Raum beziehungsweise der relativen Position von den Augen des Nutzers zu dem betrachteten realen Objekt. Weiterhin sind die Anforderungen an die Anpassung der Eigenschaften der Datenbrille an die Eigenschaften der Augen beziehungsweise des visuellen Systems bedeutend höher. Sie werden in diesem Beitrag genauer betrachtet. Für weitere Informationen zum Thema Tracking wird auf die gängige Literatur verwiesen [6].

2.5 Mensch-Maschine-Schnittstelle

Augmented Reality wird häufig als Hardware oder Software verstanden, die nur einfach eingesetzt werden kann. Augmented Reality ist jedoch eine Schnittstelle zwischen dem Nutzer und der durch Augmented Reality unterstützten Anwendung. Sie kann daher auch als Mensch-Maschine-Schnittstelle (MMS) bezeichnet werden. Es bezeichnet oder beschreibt die Stelle, an der der Nutzer mit dem technischen Gerät in Kontakt tritt, oder eine Tätigkeit, mit der er mit dem technischen Gerät kommuniziert. Es handelt sich dabei um einen Regelkreis, in dem Nutzer, Augmented-Reality-System und Anwendung interagieren.

Der Mensch erzeugt eine Eingabe. Das kann durch das Drücken einer Taste, durch einen vom Mikrofon aufgenommenen Sprachbefehl oder eine durch eine Kamera erkannte Geste geschehen. Die Information wird im Augmented-Reality-System erkannt und anschließend verarbeitet. Diese Verarbeitung führt zu einer Aktualisierung der systeminternen Daten. Auf deren Basis wird dann vom Augmented-Reality-System eine Ausgabe erzeugt. Die Ausgabe wird an das dazugehörige Ausgabegerät weitergeleitet und vom Nutzer wahrgenommen. Diese Ausgabe können Visualisierungen, akustische oder taktile Ausgaben sein. Dieser in Bild 2.7 dargestellte Regelkreis berücksichtigt ausschließlich die Interaktion des Nutzers mit dem Augmented-Reality-System.

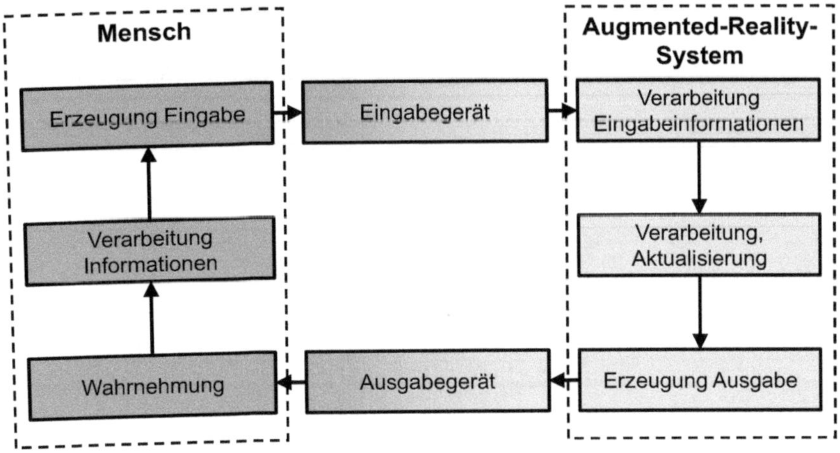

Bild 2.7 Regelkreis

Eine Mensch-Maschine-Schnittstelle sollte mit Eigenschaften ausgerüstet sein, die das Zusammenspiel von Mensch und Maschine beziehungsweise Mensch und Augmented-Reality-System positiv beeinflussen oder unterstützen. Dazu gehören die ergonomische Gestaltung der eingesetzten Geräte und die Darstellung der visualisierten Informationen. Das betrifft die Formgebung der Geräte, die direkt am Körper des Nutzers getragen werden, sowie unter anderem Form, Farbe, Größe, Transparenz, Helligkeit der visualisierten Elemente. Die Rückmeldungen des Augmented-Reality-Systems an den Nutzer müssen für den Nutzer einfach aufnehmbar und erkennbar sein. Die Interaktion zwischen Mensch und Augmented-Reality-System muss präzise, nachvollziehbar und eindeutig sein. Weiterhin sollte die Bedienung intuitiv sein, um das Augmented-Reality-System vom Nutzer schnell bedienbar und in allen Situationen sicher beherrschbar zu machen.

Der Vollständigkeit halber sei hier erwähnt, dass Trackinginformationen für das Augmented-Reality-System eine Eingabe sind, die für die Visualisierung benötigt werden.

Literatur

[1] P. Milgram, H. Takemura, A. Utsumi und F. Kishino, „Augmented Reality: A class of displays on the reality-virtuality continuum“, in Photonics for Industrial Applications, Boston, 1995.

[2] T. Alt, Augmented Reality in der Produktion, München: Herbert Utz Verlag, 2003, S. 137.

[3] Deutsche Gesetzliche Unfallversicherung, Themenfeld Datenbrillen in Holz- und Metallbranchen, Deutsche Gesetzliche Unfallversicherung e. V.

[4] J. Tümler, Mobile Augmented Reality im industriellen Langzeiteinsatz, Saarbrücken: Südwestdeutscher Verlag für Hochschulschriften AG & Co. KG, 2009.

[5] W. Schreiber, Vorlesung Virtuelle Techniken in Produktion und Logistik, Otto-von-Guericke-Universität, Magdeburg, 2022.

3 Mensch

Da es sich bei den Datenbrillen um Geräte handelt, deren Informationen durch den visuellen Kanal des visuellen Systems des Nutzers wahrgenommen werden, sind die Eigenschaften der Augen beziehungsweise des visuellen Systems von besonderer Bedeutung. Das visuelle System umfasst die Teile des Menschen, die visuelle Informationen erfassen (Auge) und verarbeiten (verschiedene Hirnareale). Da durchaus Einsatzdauern für Augmented-Reality-Systeme von bis zu acht Stunden am Tag möglich sind, müssen entsprechende Aspekte der Ergonomie und des visuellen Systems zusätzlich berücksichtigt werden. Diese Eigenschaften des visuellen Systems des Menschen sind ein Teil seiner individuellen Leistungsvoraussetzungen, die im Rahmen der Beurteilung der Aspekte der Arbeitssicherheit auch betrachtet werden müssen (siehe Kapitel 10).

In diesem Kapitel werden die Parameter oder Eigenschaften des Auges beziehungsweise des visuellen Systems behandelt, die für den in den folgenden Kapiteln behandelten Einsatz von Datenbrillen relevant sind. Hierbei werden zunächst die Eigenschaften des gesunden Auges eines normalen Nutzers mit durchschnittlichen Eigenschaften betrachtet. Ab Abschnitt 3.16 werden Abweichungen der Eigenschaften behandelt.

3.1 Auge

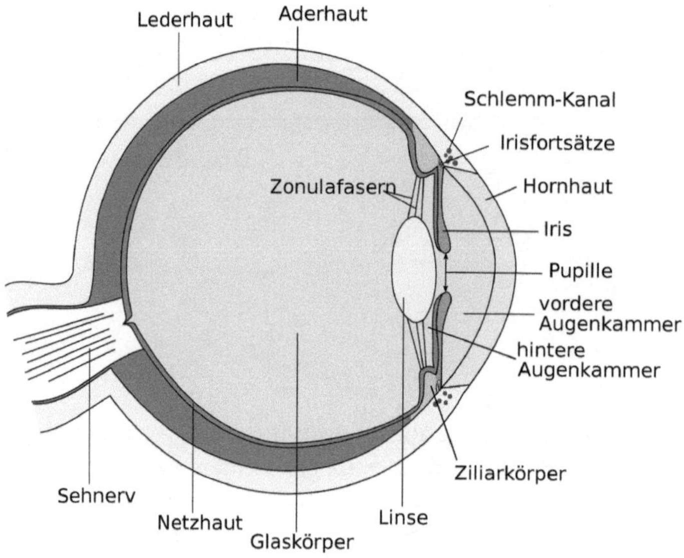

Bild 3.1 Anatomie des Auges [1]

Die vom Auge empfangenen Lichtstrahlen treffen zuerst auf die außen liegende Hornhaut. Die Iris vergrößert oder verkleinert die Durchlassöffnung für das Licht. Der Zilliarkörper verändert die Form der Linse in Abhängigkeit von der Fixationsentfernung (Akkommodation). Die Lichtstrahlen werden durch den Glaskörper auf die dahinter liegende Netzhaut (Retina) fokussiert. Auf der Netzhaut befinden sich die lichtempfindlichen Zellen, die durch Lichtstrahlen angeregt werden. Dort, wo die Sehachse auf die Netzhaut trifft, liegt der gelbe Fleck (Makula). Das ist der Ort des scharfen Sehens. In seinem Zentrum auf der optischen Achse befindet sich die Netzhautgrube (Fovea) mit einem Durchmesser von ca. 1 – 2 mm. Der zentrale Bereich der Netzhautgrube ist die Fovea centralis mit einem Durchmesser von ca. 0,2 – 0,3 mm. Darin liegt die Foveola. Das ist dann der Bereich des schärfsten Sehens. In diesem Bereich befinden sich ausschließlich ca. 30 000 Zapfenzellen, die die Farbwahrnehmung übernehmen. Es befinden sich drei Arten von Zapfen in der Netzhaut. Die S-Zapfen sind empfindlich für die kurzwelligen (blau), die M-Zapfen für die mittelwelligen (grün) und die L-Zapfen für die langwelligen (rot) Spektralbereiche des sichtbaren Spektrums zuständig.

3.2 Blickfeld, Gesichtsfeld

Alle Punkte, die der Mensch bei unbewegtem Kopf durch die möglichen Bewegungen des Auges fixiert, d. h., die scharf auf der Netzhaut abgebildet werden können, bilden das Blickfeld [2]. Das Blickfeld kann in ein monokulares oder ein binokulares Blickfeld unterschieden werden. Mit zunehmendem Alter – ab dem 55. Lebensjahr – verkleinert sich das Blickfeld der Menschen. Die Fähigkeit der Aufwärtsbewegung der Augen nimmt besonders stark ab [3].[1] Bei der Fixierung des Blickfeldes auf einen Punkt, d. h. bei unbewegtem Kopf und unbewegten Augen, bilden alle dann wahrgenommenen Punkte das Gesichtsfeld [2]. Das Gesichtsfeld repräsentiert den für das unbewegte Auge sichtbaren Raum [4].

Das Gesichtsfeld des Menschen besitzt aufgrund der unterschiedlichen Dichten von Zapfen- und Stäbchenzellen unterschiedliche Eigenschaften. Im Zentralbereich des Gesichtsfelds ist sehr detailreiche, farbige Wahrnehmung möglich. Mit zunehmender Entfernung von diesem Zentralbereich nimmt die Dichte der Zapfenzellen schnell ab. Im peripheren Gesichtsfeld sind daher primär Helligkeitsunterschiede bei geringerer Sehschärfe und optisch leicht verzerrt wahrnehmbar. Das zeitliche Auflösungsvermögen in diesem Bereich ist jedoch sehr hoch.

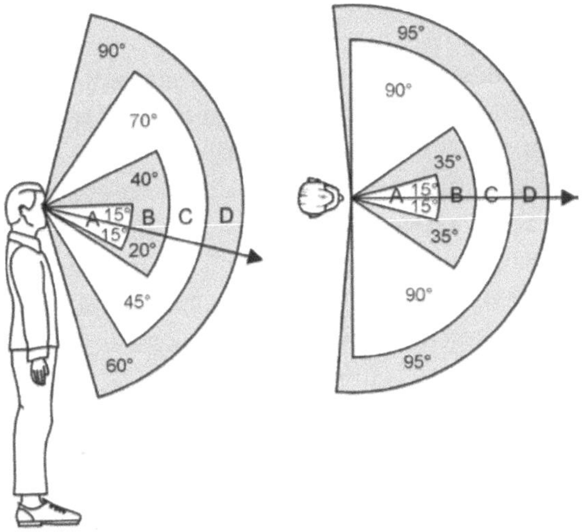

Bild 3.2
Blick- und Gesichtsfeld des Menschen, Quelle TÜV Media [5]

In Bild 3.2 bezeichnet A das optimale Gesichtsfeld, B das maximale Gesichtsfeld, C das maximale Blickfeld und D den Bereich des durch Kopfbewegung erweiterten Umblickgesichtsfelds. Das optimale Gesichtsfeld innerhalb des maximalen Gesichtsfelds ist der Winkelbereich, in dem eine optimale Wahrnehmung möglich ist. Dieser Be-

[1] Das kann zu Schwierigkeiten beim Einsatz von monokularen Datenbrillen führen, bei denen sich die Bildquelle im oberen Teil des Gesichtsfelds befindet. Die GoogleGlass-Datenbrille ist ein Beispiel dafür.

reich korrespondiert mit dem der Fovea auf der Netzhaut. Die optische Achse im Normalzustand des Sehens ist um ungefähr 15° nach unten geneigt. Das vertikale Gesichts- und Blickfeld ist jeweils um 15° nach unten geneigt, sodass die Winkelverteilung unterschiedlich in den beiden Richtungen oben und unten ist.

Der Blickwinkel beschreibt den Winkel, unter dem der Betrachter das Blickfeld wahrnimmt. Es ist der Winkel zwischen den Richtungen der bei unbewegtem Kopf nacheinander auf zwei verschiedene Objektpunkte gerichteten Fixierlinie eines Auges (Tabelle 3.1) [6].

Tabelle 3.1 Zusammenfassung Winkel des Blick- und Gesichtsfelds aus Bild 3.2

	Vertikal α_{Nv}	Horizontal α_{Nh}
maximales Blickfeld	115°	180°
maximales Gesichtsfeld	60°	70°
optimales Gesichtsfeld	30°	30°

3.3 Augenbewegung

Das fast kugelförmige, in der Augenhöhle flexibel angeordnete Auge kann um mindestens drei Achsen bewegt werden. Die z-Achse verläuft senkrecht durch das Auge, die x-Achse verläuft waagerecht und quer zur Sichtrichtung bei Augen in Normalstellung (Primärstellung). Die y-Achse steht senkrecht auf der durch z- und x-Achse gebildeten Ebene. Der Ursprung des Koordinatensystems bildet den optischen Augendrehpunkt. Es befindet sich ungefähr 13,5 mm hinter dem Hornhautscheitel. Bei einer Drehung des Auges um eine Achse werden die Sekundärstellungen, bei Drehung um zwei Achsen werden die Tertiärstellungen erreicht.

Fixation ist das Aufsuchen einer Augenstellung, die auf das betrachtete Objekt ausgerichtet ist. Sakkadische Augenbewegungen sind schnelle, ruckartige und abtastende Augenbewegungen von einem Objekt zu anderen. Hierbei treten mehrere Fixationen auf. Mit Folgebewegungen verfolgen die Augen ein fixiertes Objekt. Es handelt sich hierbei um eine langsame kontinuierliche Bewegung, bei der die Fixation kontinuierlich aufrechterhalten wird.

Vergenz beschreibt die Bewegung der beiden Augen relativ zueinander. Bei der Konvergenz bewegen sich beide Augen aufeinander zu, um Objekte in der Nähe vor den Augen zu fixieren. Als Divergenz bezeichnet man die Auswärtsbewegung der Augen, um ein Objekt in der Ferne fixieren zu können. Durch die Vergenz wird der Fixierpunkt in der Tiefe, das heißt im Abstand vom Auge, verändert. Vergenz und Akkommodation sind beim Sehvorgang eng miteinander verknüpft.

Aus der Differenz des maximalen Gesichtsfelds und des maximalen Blickfelds lässt sich der Winkelbereich für die Augenbewegung abschätzen. Die horizontale Bewegungsfähigkeit des Auges beträgt demnach ungefähr 55° zu jeder Seite, die vertikale Bewegungsfähigkeit beträgt ungefähr 27,5°. Die Abschätzung der horizontalen Bewegungsfähigkeit wird in [7] mit 52,8° nach außen hin angegeben, was die Größenordnung bestätigt.

3.4 Akkommodation

Um die optische Wahrnehmung scharf auf der Netzhaut im Auge abbilden zu können, wird beim Fixieren eines Punktes der Krümmungsradius der Linse des Auges durch den Ziliarmuskel verändert. Bei einer Fixierung in der Nähe kontrahiert der Ziliarmuskel stärker, die Linse wird stärker gekrümmt und vergrößert so die Brechkraft. Beim Fixieren eines Punktes in der Ferne entspannt der Ziliarmuskel, der Linsenradius vergrößert sich und die Brechkraft verringert sich. Im Gegensatz zu technischen optischen Systemen, bei denen zum Fokussieren die Bildweite (Abstand Linse–Sensor) verändert wird, fokussiert das Auge durch eine Veränderung der Brechkraft oder der Brennweite. Typischerweise verändert das Auge beim Fokussieren seine Brennweite oder seine Brechkraft wie in Tabelle 3.2 dargestellt.

Tabelle 3.2 Akkommodation Auge [2]

	Brennweite f_N	Brechkraft D_N
Ferne	16,74 mm	59,74 dpt
Nahpunkt	14,17 mm	70,54 dpt

Im Auge ist die Bildweite b konstant. Bei der Akkommodation ändert sich die Brennweite f des Auges in Abhängigkeit von der Gegenstandsweite g. Aus dem Zusammenhang der Linsengleichung für eine Gegenstandsweite $a = \infty$ und den Daten aus Tabelle 3.2 lässt sich ableiten, dass die Bildweite der Brennweite für die Ferne ($b_{Auge} = 16{,}74$ mm) entspricht.

$$\frac{1}{f} = \frac{1}{a} + \frac{1}{b_{Auge}} \tag{3.1}$$

Durch eine Umformung der Formel 3.1 lässt sich die Gegenstandweite für den Nahpunkt zu 92,3 mm berechnen. Bild 3.3 zeigt diesen Zusammenhang.

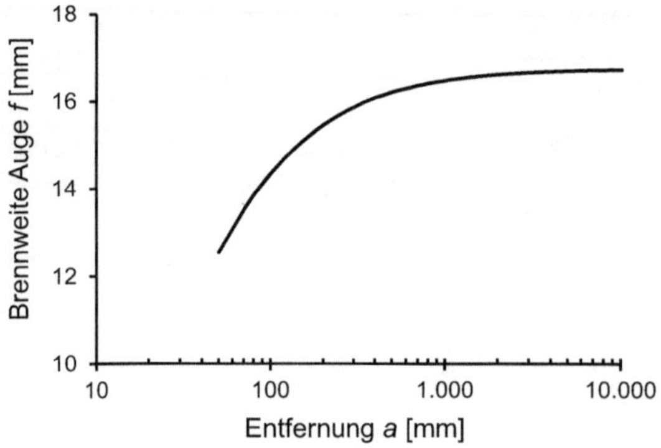

Bild 3.3
Abhängigkeit der Brennweites des Auges von der Gegenstandsweite

3.5 Schärfentiefe

Fokussiert das Auge auf einen Punkt in einer definierten Entfernung, wird – ein normalsichtiges Auge vorausgesetzt – dieser Punkt im Auge scharf abgebildet. Punkte, die vor oder hinter diesem Punkt in der Realität liegen, werden nicht mehr als Punkt, sondern als Fläche abgebildet. Allerdings wird eine solche Fläche erst als Fläche und damit als unscharfer Punkt wahrgenommen, wenn er größer ist als der Zerstreukreis. Die Größe dieses Zerstreukreises ist abhängig vom Sensor. Im Falle der Netzhaut im Auge als Sensor wird von einem Zerstreukreisdurchmesser Z von 9,74 µm ausgegangen [8].

Die Schärfentiefe T ist der Entfernungsbereich von a_{nah} bis a_{fern}, der vom Betrachter noch scharf wahrgenommen wird, wenn er auf eine definierte Entfernung fokussiert. [9] gibt für diesen Schärfentiefenbereich die folgenden Zusammenhänge an:

$$a_{nah/fern} = \frac{a \cdot f^2}{f^2 \pm Z \cdot k \cdot (a - f)} \tag{3.2}$$

Es ist hierbei zu berücksichtigen, dass die Brennweite f des Auges von der Entfernung zum fokussierten Objekt a oder auch der Gegenstandsweite g abhängt. Die Blendenzahl k berechnet sich zu:

$$k = \frac{f}{d_{EP}} \tag{3.3}$$

Mit Formel 3.1 und Formel 3.3 vereinfacht sich Formel 3.2 zu:

$$a_{nah/fern} = \frac{d_{EP} \cdot a \cdot b_{Auge}}{d_{EP} \cdot b_{Auge} \pm Z \cdot a} \tag{3.4}$$

Hieraus lässt sich beispielhaft ableiten, dass beim Fixieren eines Punktes in einer Entfernung von 500 mm bei einem Pupillendurchmesser von 4 mm alle Punkte im Bereich von 466 mm bis 539 mm vom Menschen scharf wahrgenommen werden (Bild 3.4).

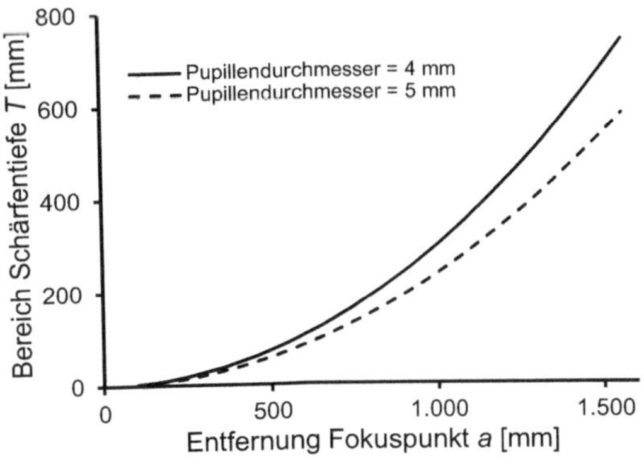

Bild 3.4
Abhängigkeit Größe Schärfentiefenbereich von Entfernung und Pupillendurchmesser

3.6 Fehlsichtigkeit

Gemäß [10] tragen 67 % der Gesamtbevölkerung in Deutschland eine Brille. Weitere 5,5 % tragen Kontaktlinsen. Diese Werte betreffen das Jahr 2019, stabilisieren sich jedoch auf diesem Niveau [11]. Ungefähr 25 % der deutschen Bevölkerung ist kurzsichtig [12]. Bei Kurzsichtigkeit oder Myopie ist der Augapfel oder die Brechkraft des optischen Systems des Auges zu groß. Beim Betrachten eines Objekts aus der Ferne bündelt das kurzsichtige Auge das Licht zu stark und bildet nicht mehr scharf auf der Netzhaut ab. Im Gegensatz dazu kann das Licht, das aus der Nähe ins Auge fällt, normal gebündelt werden. Kurzsichtige Menschen können Gegenstände in der Nähe richtig erkennen, aber nicht in der Ferne. Zur Korrektur werden Brillen mit Zerstreuungslinsen (Minuslinsen) verwendet.

Bei Weitsichtigkeit oder Hyperopie ist der Augapfel zu kurz oder die Brechkraft des optischen Systems des Auges ist zu gering. Beim Betrachten eines Gegenstandes aus der Nähe gelingt es dem weitsichtigen Auge nicht, das Licht stark genug zu bündeln und es scharf auf der Netzhaut abzubilden. Das Licht, das das Auge aus der Ferne erreicht, kann dagegen normal gebündelt werden. Weitsichtige Menschen können Objekte in der Ferne richtig sehen, aber nicht in der Nähe. Zur Korrektur werden Brillen mit Sammellinse (Pluslinse) verwendet.

Eine weitere Art der Fehlsichtigkeit ist der Astigmatismus. Die Form der Hornhaut des Auges oder der Linse weicht von der idealen sphärischen Form ab. Statt der Kugelform liegt eine ellipsenförmige oder torische Form vor. Damit werden Lichtstrahlen in Abhängigkeit vom Eintrittsort ins Auge unterschiedlich stark gebrochen. Das Auge besitzt damit unterschiedliche Brennpunkte. Eine solche Fehlsichtigkeit wird durch ein Brillenglas kompensiert, dessen Form aus einer Kombination aus sphärischer und zylindrischer Fläche besteht. Neben der Brechkraft wird für solche Brillengläser auch der Winkel des Zylinders angegeben.

Werden solche Fehlsichtigkeiten durch eine Brille korrigiert, so beeinflusst das Brillenglas, das sich ungefähr in einem Abstand von 15 bis 20 mm vor dem Auge befindet, neben der von ihm verursachten Korrektur auch das Gesichtsfeld. Die Korrekturgläser beeinflussen das Gesichtsfeld. Der Bereich hinter dem Korrekturglas erzeugt, korrekte Anpassung vorausgesetzt, ein scharfes Bild im Auge. Die Zonen um das Korrekturglas herum verändern die Abbildung im Auge. Bei einer Sammellinse tritt eine Abdunklung oder Verdeckung dieser Bereiche auf. Eine Zerstreuungslinse verursacht eine partielle Bildverdopplung. Die weiter außen liegenden Bereiche, in denen die Sehstrahlen nicht vom Korrekturglas beeinflusst werden, erzeugen ein unscharfes Bild (Bild 3.5) [2].

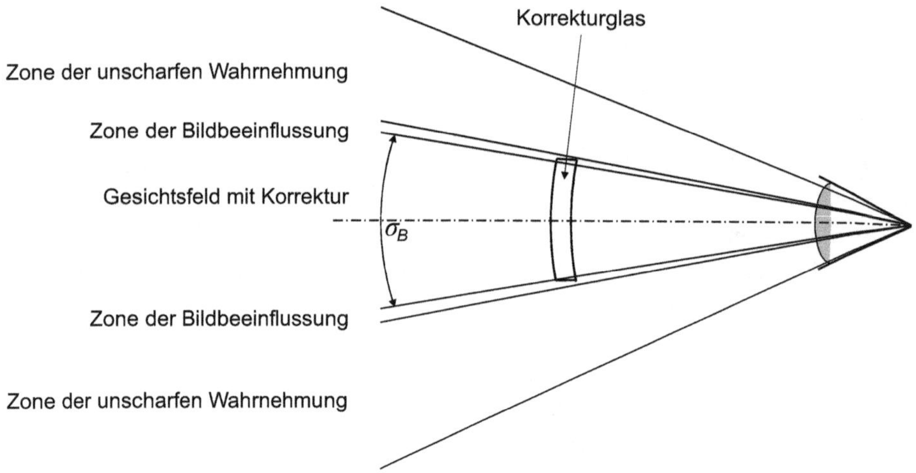

Bild 3.5 Zonen des Gesichtsfelds

Dieser Zusammenhang verdeutlicht, dass die geometrische Größe der Korrekturgläser eine direkte Auswirkung auf die Größe des Gesichtsfeldes mit der Korrektur hat.

Werden statt der Korrekturgläser Kontaktlinsen verwendet, so entspricht das Gesichtsfeld mit der Korrektur dem Gesichtsfeld eines Normalsichtigen, der keine Korrektur benötigt.

3.7 Pupillendistanz

Als Pupillendistanz (PD) wird der Abstand der Pupillenmittelpunkte der beiden Augen beim Fixieren eines unendlich fernen Punktes bezeichnet. Bild 3.6 zeigt die statistische Verteilung des Pupillenabstands.

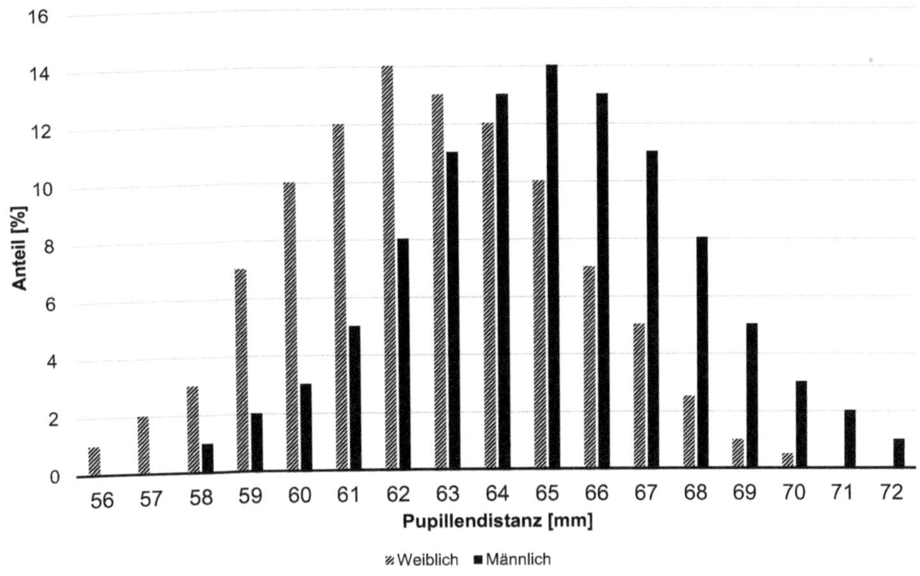

Bild 3.6 Statistische Verteilung des Pupillenabstands bei erwachsenen Deutschen [2]

3.8 Sehschärfe

Das Auflösungsvermögen des Auges, auch Sehschärfe oder Visus genannt, wird mit Normsehzeichen (z. B. Landoltring) bestimmt. Für einen Visus = 1 wird die Aussparung im Landoltring unter einem Sehwinkel σ von 1′ (= 0,0167°) sicher wahrgenommen [2]. Dieser Wert entspricht auch der maximalen Auflösung des Auges (σ_R = 0,0167°). Er gilt nur für den Ort des schärfsten Sehens.

Bild 3.7 Landoltring

Wird beispielsweise die Öffnung im Landoltring mit der Größe 1,45 mm in einer Entfernung von 5 m sicher erkannt, so beträgt der Sehwinkel 1′ und der Visus damit 1. Sehschärfen zwischen 0,8 und 1,6 werden als ausreichend bis sehr gut bezeichnet. Die Sehschärfe ist altersabhängig.

Die Angabe der Sehschärfe bezieht sich nur auf den zentralen Bereich der Netzhaut der Sehgrube oder der Foveola (Bild 3.8). In diesem Bereich ist die Dichte der lichtempfindlichen Zellen am größten (siehe Abschnitt 3.1). Mit zunehmendem Abstand von der Foveola nimmt die Dichte der lichtempfindlichen Zellen ab, und damit verringert sich die Sehschärfe in diesen Bereichen.

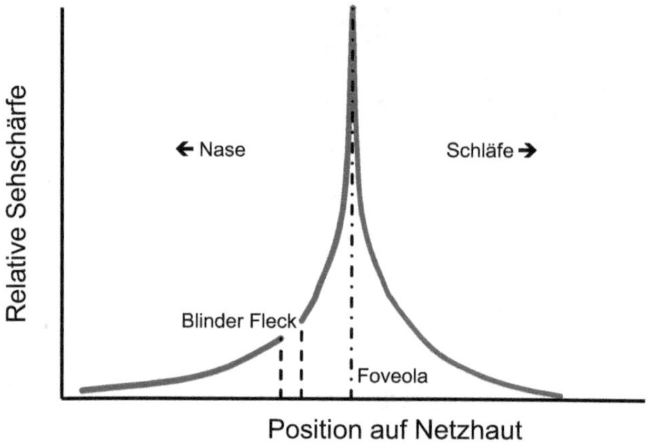

Bild 3.8 Relative Sehschärfe in Abhängigkeit von Netzhautort

3.9 Adaption

Das visuelle System kann sich an einen sehr großen Bereich der Leuchtdichte der Umgebung anpassen (Tabelle 3.3). Diese Anpassung, auch Adaption genannt, kann in drei Bereiche eingeteilt werden. Im Bereich der Leuchtdichten kleiner als 10–3 cd/m^2 arbeiten nur noch die Stäbchenzellen in der Netzhaut. Dieses Nachtsehen wird auch als skotopisches Sehen bezeichnet. Der Bereich zwischen 10–3 cd/m^2 und 10 cd/m^2 wird als mesoptisches Sehen oder Dämmerungssehen bezeichnet. In diesem Leuchtdichtebereich werden sowohl die Stäbchenzellen als auch die farbempfindlichen Zapfenzellen der Netzhaut angesprochen. Bei Leuchtdichten größer als 10 cd/m^2 spricht man von Tagsehen oder photopischem Sehen, bei dem ausschließlich die Zapfenzellen aktiviert sind. Diese Anpassungsfähigkeit über den großen Bereich der vom Auge wahrnehmbaren Leuchtdichte, auch Adaption genannt, geschieht durch langsame fotochemische Prozesse in den lichtempfindlichen Rezeptoren und durch schnelle neuronale Veränderungen in den rezeptiven Feldern. Die Veränderung des Pupillendurchmessers (Iris) besitzt eine geringere Bedeutung [2].

Tabelle 3.3 Ungefähre Werte der Leuchtdichten und Sehbereiche [2]

Objekt oder Sehbereich	Leuchtdichte L
Mond- und wolkenloser Nachthimmel	10^{-6} – 10^{-3} cd/m²
Wolkenloser Nachthimmel bei Vollmond	10^{-2} cd/m²
Straßenbeleuchtung	10^{-1} – 1 cd/m²
Buchseite im Lampenlicht	> 10^{2} cd/m²
Straße bei Tag im Schatten oder Vollmondscheibe	10^{3} – 10^{4} cd/m²
Leuchtstofflampe	10^{4} – 10^{5} cd/m²
Tageshimmel; Blendungsgrenze	10^{4} – 10^{6} cd/m²
Straße in Mittagssonne	10^{5} cd/m²
Scheinwerfer	10^{7} cd/m²
Sonnenscheibe	10^{9} cd/m²

Ab Leuchtdichten zwischen 10^4 bis $1{,}6 \cdot 10^5$ cd/m² ist eine Adaption des Auges an die Leuchtdichte nicht mehr möglich. Es tritt Absolutblendung für den Menschen auf [13].

Für den hier betrachteten Anwendungsfall ist festzustellen, dass sich die Schärfentiefe des Auges durch das Schließen der Iris vergrößert. Die Schärfentiefe beschreibt den Bereich vor und hinter dem fixierten Objekt, der für den Nutzer oder Betrachter so abgebildet wird, dass er vom Nutzer scharf wahrgenommen wird. Der Effekt ist im Leben bekannt, wenn Menschen beispielsweise die Beleuchtungsstärke erhöhen, um im Nahbereich schärfer sehen zu können. Die Öffnung der Pupille ist abhängig von der Beleuchtungsstärke, vom Lebensalter des Menschen und von seinem allgemeinen Zustand. Tabelle 3.4 zeigt diesen Zusammenhang.

Tabelle 3.4 Durchmesser der Eintrittspupille eines normalsichtigen Auges in Abhängigkeit von der Beleuchtungsstärke [2]

Beleuchtungsstärke E		Durchmesser Eintrittspupille d_{EP}
0 lx	Dunkelheit	7,63 mm
0,1 lx		6,66 mm
1,0 lx	Dämmerung	5,88 mm
10 lx		4,98 mm
100 lx	Kinobildschirm	3,92 mm
1000 lx	ca. 10 Min. nach Sonnenaufgang	3,09 mm
2500 lx		2,61 mm

Der Zusammenhang aus Tabelle 3.4 kann bei Nichtbetrachtung des Wertes bei Dunkelheit mit der folgenden empirischen Formel beschrieben werden:

$$d_{EP} = -0,391 \cdot \ln(E) + 5,7506 \tag{3.5}$$

3.10 Blendung

Als Blendung wird eine Störempfindung durch eine zu hohe Leuchtdichte oder durch zu große Unterschiede der Leuchtdichte beziehungsweise aufgrund einer ungünstigen Verteilung der Leuchtdichte im Gesichtsfeld bezeichnet. Die Leuchtdichte des Gesichtsfelds ergibt sich typischerweise aus den Ergonomieanforderungen des Arbeitsplatzes. Große Unterschiede der Leuchtdichte im Gesichtsfeld führen zur Blendung (Relativblendung). Die Blendung ist abhängig von der Adaption des Auges und damit von der Leuchtdichte des Umfeldes.

Das Diagramm in Bild 3.9 zeigt den Zusammenhang zwischen der adaptierten Leuchtdichte des Gesichtsfeldes und der Blendungsleuchtdichte. Alle Leuchtdichten der Blendungsquelle oberhalb der Blendgeraden führen zur Blendung des Betrachters. Befindet sich beispielsweise ein Mensch in einem beleuchteten Innenraum mit einer Leuchtdichte des Gesichtsfeldes von 10 cd/m², so würde eine Leuchtstofflampe mit einer Leuchtdichte größer 10 000 cd/m² als Blendung wahrgenommen.

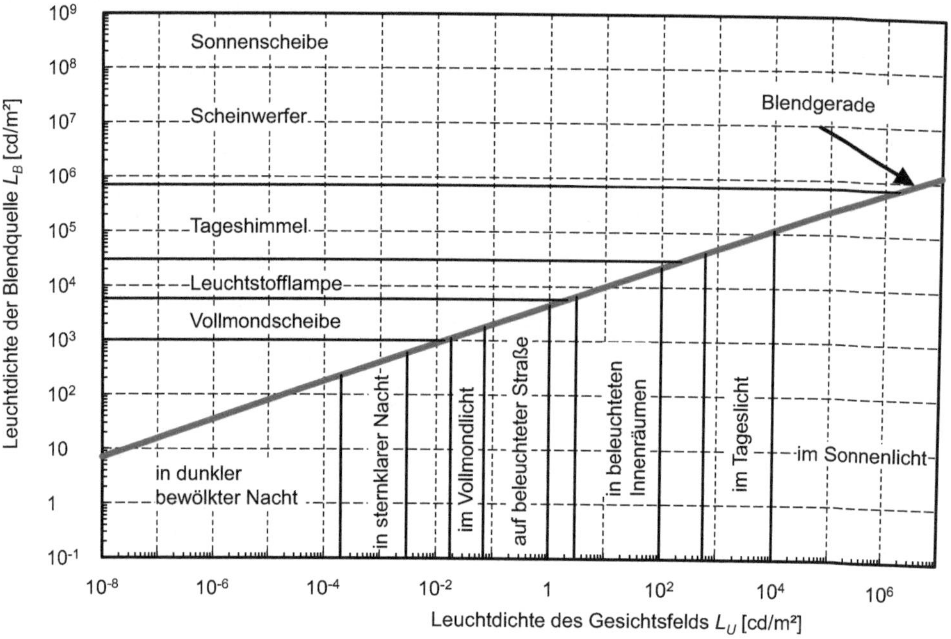

Bild 3.9 Zusammenhang Leuchtdichte der Blendquelle und Leuchtdichte des Gesichtsfeldes, Quelle Carl Zeiss [2]

3.11 Helligkeitskontrast

Für ein sicheres Erkennen von Strukturen, gekennzeichnet durch ihre Ortsfrequenz, ist neben der Helligkeit ein ausreichender Unterschied der Leuchtdichte erforderlich. Die Ortsfrequenz beschreibt die räumliche Ausdehnung von Strukturen, im Falle eines Gitters beschreibt sie den Kehrwert der Gitterkonstante. Der Unterschied der Leuchtdichte verschiedener Bereiche im Gesichtsfeld wird als fotometrischer Kontrast bezeichnet. Für ein sicheres Erkennen von Objekten in einer Situation ist es erforderlich, dass der Unterschied der Leuchtdichte der zu differenzierenden hellen und dunklen Objekte ausreichend groß ist. Das bedeutet, dass der Kontrast zwischen dem zu erkennenden Objekt und dem Umfeld so groß ist, dass ein sicheres Erkennen gewährleistet ist. Bild 3.10 zeigt beispielhaft, dass die Schrift mit dem höheren Kontrast bis zu einer kleineren Schriftart lesbar ist, als die graue Schrift, die einen geringeren Kontrast zum Hintergrund aufweist. Die kleinere Schriftart besitzt eine höhere Ortsfrequenz als die größere. Höhere Ortsfrequenzen benötigen einen größeren Kontrast für ein sicheres Erkennen der Strukturen.

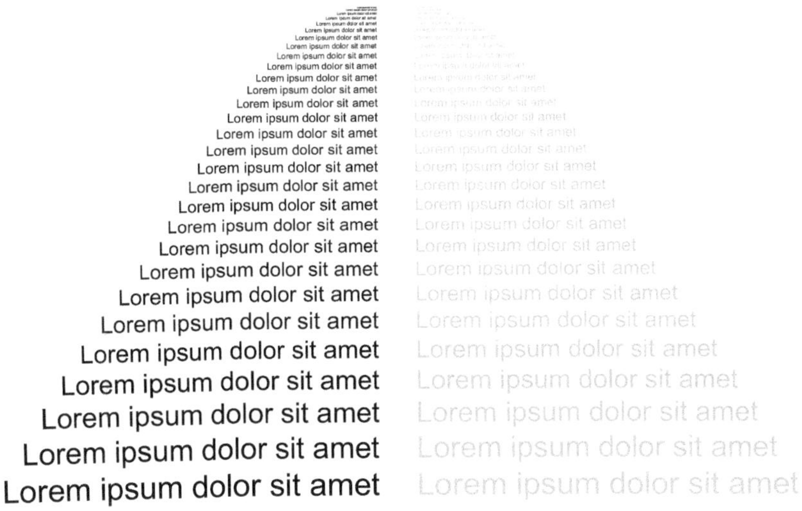

Bild 3.10 Beispiel Zusammenhang Ortsfrequenz, Kontrast

Je nach Anwendung werden unterschiedliche formelmäßige Zusammenhänge zur Beschreibung des Kontrastes verwendet. Bei kleineren Flächen mit der Leuchtdichte L_I in einer größeren homogenen Fläche mit der Leuchtdichte L_U ist der Weber-Kontrast K_W gemäß Formel 3.6 zweckmäßig. Bei periodischen Veränderungen der Leuchtdichte wird der Michelsen-Kontrast K_M gemäß Formel 3.7 als Maß herangezogen [2]. Zur Anwendung der hier beschriebenen Zusammenhänge des Kontrasts auf die Anzeige in Datenbrillen wird die Leuchtdichte der darin angezeigten Zeichen L_Z als die größere Leuchtdichte angenommen.

$$K_W = \frac{L_I - L_U}{L_U} = \frac{L_Z - L_U}{L_U} \quad (3.6)$$

$$K_M = \frac{L_{max} - L_{min}}{L_{max} + L_{min}} = \frac{L_Z - L_U}{L_Z + L_U} \quad (3.7)$$

Die Kontrastschwelle oder der Schwellenkontrast K_{MS} ist der kleinste Michelsen-Kontrast, der noch zu einer Wahrnehmung der Struktur führt. Je geringer die Kontrastschwelle ist, desto feiner kann der Nutzer Helligkeitsunterschiede auflösen. Die Kontrastempfindlichkeit K_E ist der Kehrwert des Schwellenmaßes im Michelsen-Maß [14]. Je höher die Kontrastempfindlichkeit ist, desto feiner kann der Betrachter die Helligkeitsunterschiede auflösen.

Formt man Formel 3.7 entsprechend um, so ergibt sich für den Unterschied der Leuchtdichte ΔL in Abhängigkeit von der Kontrastempfindlichkeit K_E folgender Zusammenhang:

$$\Delta L = L_Z - L_U \quad (3.8)$$

$$\Delta L = \left(\frac{K_E + 1}{K_E - 1} - 1 \right) \cdot L_U \quad (3.9)$$

3.11.1 Kontrastempfindlichkeit in Abhängigkeit von der Ortsfrequenz (Ansatz 1)

Die Kontrastempfindlichkeit ist abhängig von der Art und der Feinheit der wahrgenommenen Bilder. Die Feinheit der Bilder wird durch die Ortsfrequenz charakterisiert. Die Ortsfrequenz bezeichnet die Anzahl der Perioden minimaler und maximaler Leuchtdichte bezogen auf die Ausdehnung [15]. Je höher die Ortsfrequenz f_r, desto feiner ist die wahrgenommene Struktur. Das Beispiel aus Bild 3.10 zeigt im linken Teil, dass die Lesbarkeit des Textes mit abnehmender Größe schwindet. Der Kontrast zwischen Buchstaben und Hintergrund ist hier maximal. Im rechten Teil hingegen ist der Kontrast zwischen der grauen Schrift und dem weißen Hintergrund bedeutend geringer. Die Lesbarkeit des Textes mit abnehmender Schriftgröße nimmt in diesem Falle schneller ab als im linken Teil des Bildes. Die Erkennbarkeit von Zeichen hängt daher ab von ihrer Größe und der damit verbundenen Auflösung oder Ortsfrequenz sowie vom Kontrast im Bild. Je größer der Kontrast, desto besser ist die Erkennbarkeit.

Aus Bild 3.11 lässt sich ableiten, dass bei Buchstabendarstellungen die Kontrastempfindlichkeit zuerst auf einem konstanten Niveau liegt und dann abfällt. Beim Sinusgitter steigt zunächst die Kontrastempfindlichkeit mit der Ortsfrequenz an, erreicht bei 2 bis 5 cpd[2)] oder Perioden pro Grad ihr Maximum, um dann wieder abzufallen.

[2] cpd: cycles per degree oder PpG: Perioden pro Grad

Hierbei kann die unterschiedliche Betrachtungsaufgabe bei Sinusgitter und Buchstaben der Grund dafür sein. [16] unterscheidet bei seiner Betrachtung die Erkennung (Detection) und die Unterscheidung (Discrimination). Vergleicht man die Ermittlungen der Kontrastempfindlichkeit aus den beiden Quellen [14] und [17], so ist festzustellen, dass für eine Leuchtdichte von 500 cd/m² die Ergebnisse einander entsprechen.

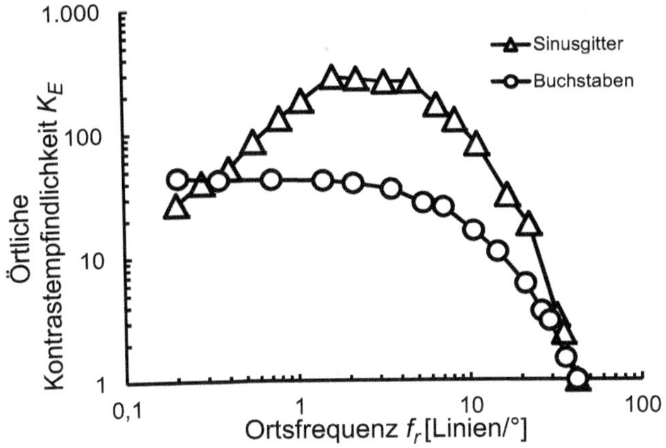

Bild 3.11
Kontrastempfindlichkeit in Abhängigkeit von der Ortsfrequenz bei Leuchtdichte der Umgebung 500 cd/m² nach [14]

Für die beiden Ortsfrequenzen f_r = 5 cpd und f_r = 30 cpd ergibt sich für ein Sinusgitter bei einer Leuchtdichte der Umgebung L_U = 500 cd/m² eine Kontrastempfindlichkeit K_E gemäß Bild 3.12. Aus diesen Werten lässt sich dann der jeweilige minimale Leuchtdichteunterschied ΔL_{min} in Abhängigkeit von der Ortsfrequenz f_r mit dem Zusammenhang aus Formel 3.9 berechnen.

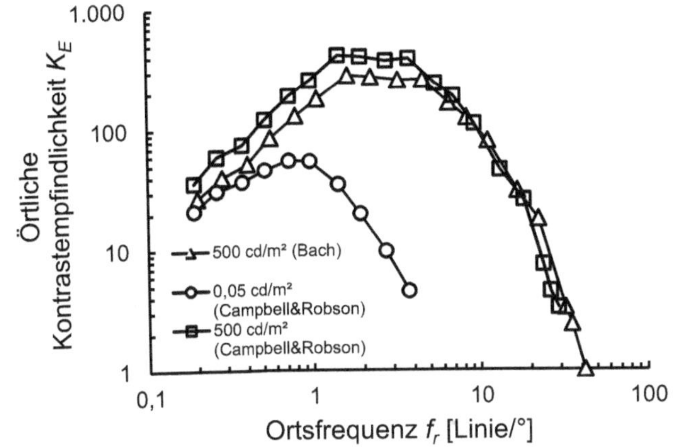

Bild 3.12
Gegenüberstellung Kontrastempfindlichkeiten

Daraus lässt sich folgender Schluss ableiten: Bei einer Struktur mit einer Ortsfrequenz von f_r = 30 cpd ist mindestens ein Leuchtdichteunterschied ΔL_{min} = 300 cd/m² erforderlich, um die Struktur noch sicher erkennen zu können. Bei den anderen Ortsfrequenzen gilt es analog (Tabelle 3.5).

Tabelle 3.5 Leuchtdichteunterschied in Abhängigkeit von der Kontrastempfindlichkeit, der Ortsfrequenz für die Leuchtdichte der Umgebung 500 cd/m²

Orts-frequenz f_r	Kontrast-schwelle K_{MS}	Kontrast-empfind-lichkeit K_E	$\left(\frac{K_E+1}{K_E-1}-1\right)$	min. Leucht-dichteunter-schied Δ_{Lmin}	Orts-frequenz f_r	Kontrast-schwelle K_{MS}	Kontrast-empfind-lichkeit K_E
Sinusgitter							
5 cpd	0,004	250	0,008	0,8 cd/m²	5 cpd	0,004	250
30 cpd	0,5	2	3	300 cd/m²	30 cpd	0,5	2
Buchstaben							
5 cpd	0,022	45	0,045	4,5 cd/m²	5 cpd	0,022	45
30 cpd	0,5	2	3	300 cd/m²	30 cpd	0,5	2

Diesen minimalen Leuchtdichteunterschied ΔL_{min} kann der Mensch in der jeweiligen Sehsituation gerade eben noch wahrnehmen. Im Umkehrschluss muss bei einer entsprechenden Ortsfrequenz beziehungsweise Auflösung der Anzeige deren Leuchtdichte mindestens um den Wert des minimalen Leuchtdichteunterschieds höher sein als die Leuchtdichte der Umgebung, um vom Menschen sicher wahrgenommen werden zu können. Das wird als sicherer Leuchtdichteunterschied angenommen.

Die Untersuchung [17] zeigt weiterhin, dass die Kontrastempfindlichkeit und maximale Ortsfrequenz mit abnehmender Leuchtdichte auch abnehmen. Hierbei ist allerdings zu berücksichtigen, dass Leuchtdichten des Umfelds in der Größenordnung von unter 10 cd/m² im industriellen Umfeld nicht üblich sind und daher im Folgenden nicht weiter betrachtet werden.

3.11.2 Kontrast in Abhängigkeit von der Leuchtdichte der Umgebung (Ansatz 2)

Bei der Beurteilung von Kontrasten in Anzeigen wird alternativ das Verhältnis der beiden Leuchtdichten L_Z (Zeichen) und L_U (Umfeld) herangezogen [18]. Das entspricht dem Weber-Kontrast.

$$C = \left|\frac{L_Z - L_U}{L_U}\right| = \overline{C} \tag{3.10}$$

Der Zusammenhang aus Formel 3.10 kann entsprechend für den Schwellenkontrast $\overline{C}$ verwendet werden. Das ist der Kontrast, der für eine bestimmte Sehaufgabe mindestens erforderlich ist. Für den Schwellenkontrast beschreibt Formel 3.11 den Zusammenhang.

$$\overline{C} = MF_C \cdot \overline{C}_{min} \cdot f_1 \cdot f_2 \tag{3.11}$$

$$f_1 = 1 + \left(\frac{L_U}{c_1}\right)^{c_2} \tag{3.12}$$

$$f_2 = 1 + \left(\frac{\alpha_0}{\alpha}\right)^2 \tag{3.13}$$

$$\alpha_0 = c_3 + c_4\left(1 - \frac{1}{1 + (L_U/c_5)^{c_6}}\right) \tag{3.14}$$

Der Schwellenkontrast ist in diesem Modell abhängig von der Leuchtdichte der Umgebung (L_U), der Größe des betrachteten Objektes (α) und den Beobachtungsbedingungen (MF_C). Für die Konstanten gibt [18] die folgenden Werte an, die sich aus einer Ausgleichsrechnung von Messdaten ergeben haben (Tabelle 3.6). Hierbei ist f_1 eine Leuchtdichtefunktion mit der adaptionsbestimmenden Leuchtdichte der Umgebung L_U und f_2 eine Funktion abhängig von der Sehobjektgröße α in der Einheit „Bogenminuten" sowie der Leuchtdichte der Umgebung L_U [18].

Tabelle 3.6 Konstanten für Formel 3.11 bis Formel 3.14 [18]

$\overline{C}_{min}$	0,00275
MF_C	1
c_1	0,158
c_2	-0,484
c_3	7,5
c_4	133
c_5	0,00075
c_6	-0,383

Der Wert für den Grenzschwellenkontrast $\overline{C}_{min}$ ($MF_C = 1$) wurde für günstige Beobachtungsbedingungen wie z. B. junge Beobachter, einfaches und bekanntes Sehobjekt, foveale Betrachtung, ausreichend lange Beobachtungszeit, homogenes Umfeld bei genügend langer Adaptionszeit und einem Wahrnehmungsniveau von ca. 50 % ermittelt. Schwierigere und mehr an der industriellen Praxis orientierte Bedingungen lassen sich durch den Multiplikationsfaktor MF_C berücksichtigen. Bei Sehaufgaben unter Tageslichtbedingungen liegt der Faktor in der Größenordnung von 10 bis 20, bei Vorliegen von Nachtbedingungen kann der Faktor Werte zwischen 50 und 100 annehmen [18]. Bild 3.13 zeigt den Verlauf des Schwellenkontrasts in Abhängigkeit von der Leuchtdichte des Umfelds und der Sehobjektgröße.

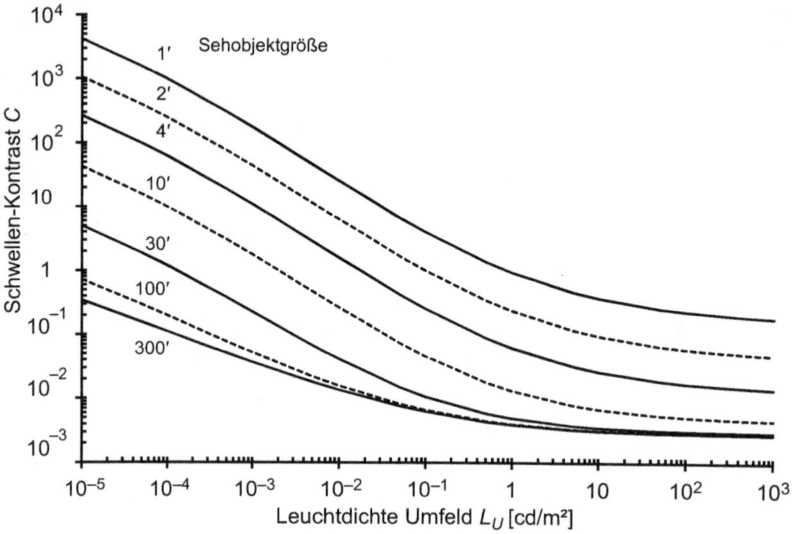

Bild 3.13 Abhängigkeit des Schwellenkontrastes von der Leuchtdichte Umfeld und der Sehobjektgröße für $MF_C = 1$ nach [18]

3.11.3 Zusammenführung

Der Ansatz 1 zeigt einen gemessenen Zusammenhang zwischen der Kontrastempfindlichkeit und der Ortsfrequenz des betrachteten Objektes bei einer Leuchtdichte der Umgebung von 500 cd/m² beziehungsweise bei 0,05 cd/m². Der Ansatz 2 zeigt eine empirisch ermittelte Funktion des Kontrastes in Abhängigkeit von der Leuchtdichte der Umgebung und der Größe des Sehobjektes. Um beide Ansätze vergleichen zu können, sind folgende Festlegungen zu treffen:

Der Ansatz 1 bezieht sich auf die Ortsfrequenz. Bei einem Bildschirm zeigen zwei nebeneinanderliegende Pixel eine solche Periode „Schwarz-Weiß“ an. Für die Darstellung einer Ortsfrequenz $f_r = 5$ cpd werden daher 10 Pixel oder 5 Doppelpixel benötigt. Ein solches Doppelpixel wird als Sehobjekt im Sinne des Kontrasts in Abhängigkeit von der Leuchtdichte der Umgebung verstanden. Es ergibt sich damit ein Sehwinkel α von 12′ (= 0,2°). In der Formel 3.15 ist α in Bogenminuten und f_r in cpd einzusetzen.

$$\alpha = \frac{60}{f_r} \tag{3.15}$$

Tabelle 3.7 Vergleich der minimalen Zeichenleuchtdichte der beiden Ansätze bei einer Leuchtdichte der Umgebung von 500 cd/m²

		Kontrastempfindlichkeit/ Ortsfrequenz		Kontrast/Leuchtdichte	
5 cpd	12′	250	504 cd/m²	0,0041	502 cd/m²
30 cpd	2′	2	750 cd/m²	0,0509	526 cd/m²

Für den Vergleich werden die Werte für das Sinusgitter des Zusammenhangs Kontrastempfindlichkeit in Abhängigkeit von der Ortsfrequenz gewählt. Bei niedrigen Ortsfrequenzen entsprechen die ermittelten minimal erforderlichen Leuchtdichten der Anzeige einander. Wird beim Zusammenhang Kontrast in Abhängigkeit von der Leuchtdichte ein Multiplikationsfaktor $MF_C = 10$ zur Berücksichtigung der Sehaufgaben unter Tageslichtbedingungen verwendet, um die Realität besser abzubilden, so ändern sich die Werte aus Tabelle 3.7 zu:

Tabelle 3.8 Vergleich der minimalen Zeichenleuchtdichte der beiden Ansätze bei einer Leuchtdichte der Umgebung von 500 cd/m² unter Berücksichtigung des MF_C

		Kontrastempfindlichkeit/ Ortsfrequenz		Kontrast/Leuchtdichte	
5 cpd	12′	250	504 cd/m²	0,0414	521 cd/m²
30 cpd	2′	2	750 cd/m²	0,5086	754 cd/m²

Um beide Ansätze miteinander vergleichen zu können, sollen die formelmäßigen Zusammenhänge des Ansatzes der Abhängigkeit des Kontrasts von der Leuchtdichte unter Verwendung von Formel 3.15 so dargestellt werden, dass für definierte Leuchtdichten des Umfelds die Kontrastempfindlichkeit in Abhängigkeit von der Ortsfrequenz berechnet wird. Die entsprechenden Kurven zeigt Bild 3.14.

Es ist erkennbar, dass die rechnerisch ermittelten Verläufe den im Versuch ermittelten Verläufen aus der Abhängigkeit der Kontrastempfindlichkeit von der Ortsfrequenz, wie in Bild 3.11 für Buchstaben dargestellt, entsprechen. Bei beiden Ansätzen ist zu beachten, dass es sich um Mittelwerte handelt. Im industriellen Alltag können individuelle Abweichungen davon auftreten.

Das Modell aus dem Zusammenhang von Kontrast und Leuchtdichte zeigt die Anhängigkeit zwischen dem erforderlichen Schwellenkontrast für die Anzeige in der Datenbrille von der Umfeldleuchtdichte. Daher sollte für eine spätere Regelung der Leuchtdichte in einer Datenbrille dieses Modell auf Basis der Formel 3.11 (Ansatz 2) zugrunde gelegt werden.

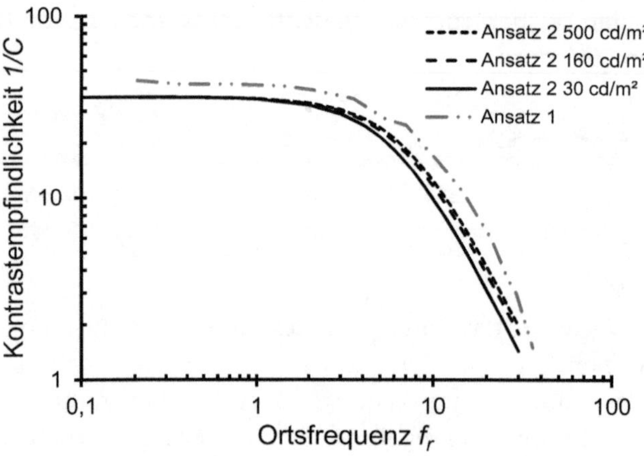

Bild 3.14 Zusammenhang zwischen Ortsfrequenz und Kontrastempfindlichkeit nach beiden Ansätzen

3.12 Farbkontrast

Der Mensch nimmt sein Umfeld in der Regel farbig wahr. Unterschiedliche Objekte besitzen meist unterschiedliche Farben. Zwischen zwei unterschiedlich farbigen Objekten ergibt sich somit ein Farbkontrast. Die Erkennbarkeit oder Wahrnehmbarkeit der Strukturen wird auch vom Farbkontrast beeinflusst. Ein grünes Objekt ist beispielsweise vor einem auch grünfarbigen Hintergrund schwerer zu erkennen (grüne Schrift vor Rasenhintergrund). Zwei Farben mit dem größten Farbkontrast liegen auf dem Farbenkreis diametral gegenüber. Solche Farbenduos, wie z. B. Rot-Grün, Blau-Orange oder Gelb-Violett, werden als Komplementärfarben bezeichnet. In der Normfarbtafel (CIE-Farbraum) in Bild 3.24 liegen Kompensationsfarben oder Komplementärfarben auf dem Spektralfarbenzug sowie auf der verbindenden Geraden, die durch den Unbuntpunkt oder Weißpunkt führt.

3.13 Fusionierung

Das einzelne Auge des Menschen ist nur für das zweidimensionale Sehen geeignet. Es erzeugt von einer dreidimensionalen Szene ein zweidimensionales Bild auf der Netzhaut. Dies wird auch als monokularer Sinneseindruck bezeichnet. Da die Augen jeweils an unterschiedlichen Positionen im Kopf angeordnet sind, erzeugen sie auch unterschiedliche Bilder der betrachteten Szene. Ohne weitere Fusion der Bilder beider Augen führt dieser Sinneseindruck zu Doppelbildern (binokulare Disparität). Sollen solche Doppelbilder vermieden werden (binokulares Einfachsehen), so müssen die jeweiligen Bilder auf korrespondierenden Bereichen auf der Netzhaut der jeweiligen Augen abgebildet werden. Die Punkte im Bildraum, für die das möglich ist, und die beiden Knotenpunkte der Augen bilden theoretisch einen Kreis (Vieth-Müller-Kreis). Die empirisch ermittelte Kurve weicht von diesem Kreis ab. Sie bildet eine Art Ellipse (Horopter) (Bild 3.15).

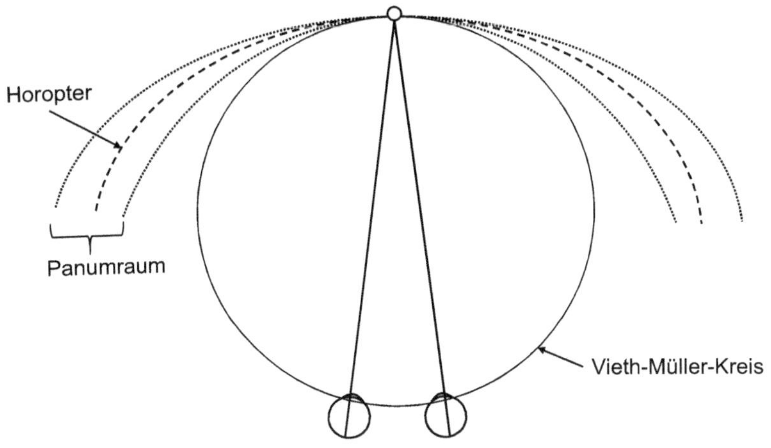

Bild 3.15 Horopter

Punkte, die in einem Bereich vor und hinter dem Horopter liegen, werden vom visuellen System noch zu einem Punkt fusioniert. Dieser Bereich wird Panumraum genannt. Liegen die Punkte vor oder hinter dem Panumraum, so ist das visuelle System noch im begrenzten Umfang in der Lage, eine stereoskopische Beurteilung der räumlichen Lage durchzuführen, obwohl hierbei schon Doppelbilder auftreten [2].

Diese Fusion kann in die sensorische Fusion und die motorische Fusion unterschieden werden. Bei der sensorischen Fusion finden im Gehirn zahlreiche Vorgänge statt, die diese beiden unterschiedlichen Bilder zu einem verschmelzen. Die Verschmelzung kann stattfinden, wenn die Abbildungen innerhalb der Panum-Bereiche, das ist die Abbildung des Panumraumes innerhalb des Auges, erfolgen. Die sensorische Fusion steuert die motorische Fusion durch die Ansteuerung der entsprechenden Muskeln im Auge zur Erzeugung der Vergenzbewegung des Augenpaares, sodass sich die Fixierlinien beiden Augen in einem Punkt treffen.

Der Lüscher-Winkel σ_L definiert den zulässigen Sehwinkel zwischen Nahpunkt und Fernpunkt des Schärfebereichs des visuellen Systems (Bild 3.16). In diesem Bereich können die Objekte gleichzeitig scharf wahrgenommen werden [19]. Der Lüscher-Winkel ist abhängig von der Größe des Bereichs des schärfsten Sehens im Auge (Foveola). Er bestimmt die Tiefe des Panumraumes t_P. Formel 3.16 und Formel 3.17 beschreiben die Zusammenhänge.

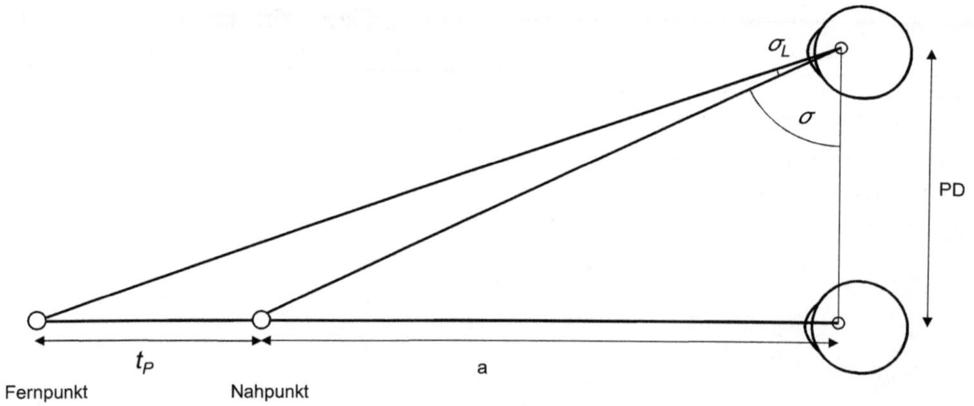

Bild 3.16 Lüscher-Winkel

$$\tan\sigma = \frac{a}{PD} \tag{3.16}$$

$$t_P = \frac{PD^2 \cdot \tan(\sigma_L) + a^2 \cdot \tan(\sigma_L)}{PD - a \cdot \tan(\sigma_L)} \tag{3.17}$$

In der Ferne ab ca. 2,5 bis 3 m ist der Bereich zwischen Nah- und Fernpunkt signifikant größer als der Abstand. Das zeigt die Bedeutung der Größe des Panumraumes im Nahbereich des Sehens (Tabelle 3.9).

Tabelle 3.9 Tiefe des Panumraums in Abhängigkeit von der Entfernung für PD = 65 mm, σ_L = 70′

Abstand a	Tiefe Panumraum t_P
200 mm	14,8 mm
250 mm	22,7 mm
300 mm	32,6 mm
400 mm	58,8 mm
500 mm	94,5 mm
700 mm	198,4 mm
1000 mm	458,4 mm
2000 mm	3362,6 mm

3.14 Stereoskopisches Sehen oder Tiefenwahrnehmung

Das Auge erfasst ein zweidimensionales Bild der jeweiligen betrachteten Szene. Aus dem Sinneseindruck können Entfernungen zwischen zwei im Bild wahrgenommenen Objekten erfasst werden. Dieses ermöglicht das räumliche Sehen oder den Tiefeneindruck. Es gibt unterschiedliche Arten von Tiefenreizen, die es dem Menschen in den vielfältigen Situationen ermöglichen, die dreidimensionale Tiefe des Raumes wahrzunehmen:

3.14.1 Okulomotorische Tiefenreize

Okulomotorische Tiefenreize werden durch die Winkelstellung der Augen (Konvergenz) sowie durch die – durch Akkommodation der Augen verursachten – Muskelreizungen (siehe Abschnitt 3.4) erzeugt. Als Konvergenz wird das Drehen der Augen nach innen beim Betrachten naher Objekte bezeichnet (Bild 3.17). Für den Tiefeneindruck sind die beiden physiologischen Tiefenkriterien Akkommodation und Konvergenz maßgeblich. Die Akkommodation ist im Entfernungsbereich zwischen 20 cm und 300 cm wirksam, die Konvergenz ist wirksam bis zu einer Entfernung von 6 m. Fixiert ein Mensch Punkte, die weniger als 6 m entfernt sind, so drehen sich die Augen gegenläufig nach innen (Konvergenz), sodass die Sehachsen im Fixierungspunkt zusammenlaufen [20]. Es wird in der Quelle darauf hingewiesen, dass beim natürlichen Sehen beide Mechanismen miteinander gekoppelt, aber bei vielen Stereo-Anzeigetechniken entkoppelt sind, was zu Problemen führen kann.

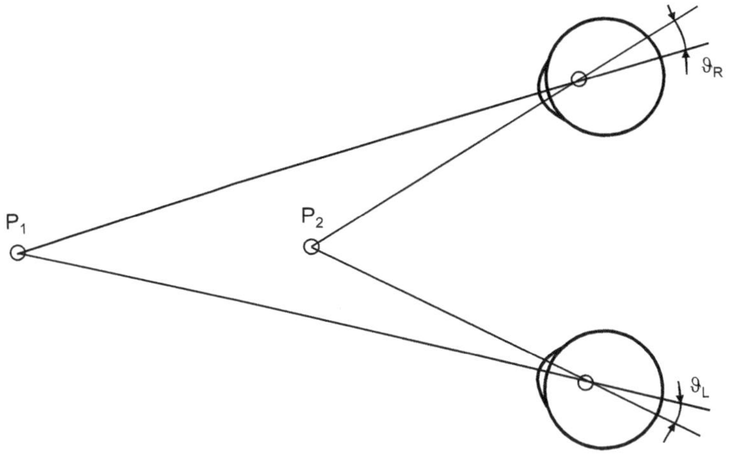

Bild 3.17 Vergenz der Augen

3.14.2 Monokulare Tiefenreize

Monokulare Tiefenreize können von nur einem Auge zur Erfassung der räumlichen Ausdehnung einer Szene verwendet werden. Sie lassen sich in bildbezogene und bewegungsbezogene Tiefenreize unterscheiden.

Durch die Verdeckung und Überlappung eines Objektes durch ein zweites Objekt kann klar erkannt werden, welches Objekt näher am Betrachter ist. Sie können ohne Bewegung des Nutzers eingesetzt oder ausgewertet werden.

Weniger entfernte Objekte erscheinen kontrastreicher als weiter entfernte Objekte. Weiter entfernte Objekte werden weniger kontrastreich, heller und unschärfer wahrgenommen (perspektivische Konvergenz). Die in der Luft befindlichen Partikel wie Staub, Wasser, Verschmutzungen verursachen diese Abnahme des Kontrasts.

Bei der atmosphärischen Perspektive wird ausgewertet, wie nah ein Objekt zum Horizont entfernt scheint. Je näher ein Objekt an der Linie des Horizonts angeordnet ist, desto entfernter wird es wahrgenommen.

Sind dem Beobachter die realen Größen von Objekten bekannt (vertraute Größe), so kann er aus der Größe der Abbildung dieses Objektes im Auge die Entfernung abschätzen. Kennt der Betrachter die realen Größen zweier Objekte, so kann er aus der erfassten relativen Größe abschätzen, welches Objekt sich näher zu ihm befindet und welches entfernter angeordnet ist. Befinden sich mehrere Objekte im Sichtfeld, deren Größe dem Betrachter bekannt ist, so kann er aus der relativen Größe der bekannten Objekte zueinander abschätzen, welches Objekt näher ist (relative Größe im Blickfeld).

Besitzen Objekte bekannte, möglichst konstante Strukturen, so kann aus der Abnahme der wahrgenommenen Struktur auf eine Tiefe geschlossen werden (Texturgradient). Fugen von Bodenfliesen haben typischerweise denselben Abstand, der aber mit zunehmender Entfernung vom Betrachter in der Wahrnehmung abnimmt.

Schatten kennzeichnen beispielsweise die relative Lages eines Objektes zum Boden. Berührt der Schatten das Objekt, so wird davon ausgegangen, dass es auf dem Boden steht.

Durch die Bewegung des Kopfes oder natürlich des gesamten Körpers ergeben sich Tiefenreize, die die Wahrnehmung der räumlichen Tiefe noch effizienter machen.

Eine Bewegungsparallaxe tritt auf, wenn Objekte am Betrachter vorbeiziehen oder sich der Betrachter an Objekten vorbeibewegt. Dabei scheinen sich nahe Objekte schneller als ferne Objekte an uns vorbeizubewegen. Fernere Objekte bewegen sich scheinbar langsamer.

Der Tiefenreiz des fortschreitenden Zudeckens von Flächen entsteht, wenn ein weiter entferntes Objekt von einem näheren Objekt verdeckt wird, während sich der Betrachter relativ zu den Objekten seitlich bewegt.

3.14.3 Binokulare Tiefenreize

Bei Fixieren eines Objektes mit beiden Augen wird das Bild des Objektes auf unterschiedlichen Orten auf der Netzhaut des rechten und des linken Auges abgebildet. Diese Unterschiede der Bildlage auf der Netzhaut wird als Querdisparation bezeichnet. Sie ist abhängig von der personenindividuellen Pupillendistanz. Das visuelle System des Menschen besitzt die Fähigkeit, aus den Unterschieden beider Bilder Erkenntnisse zum Erfassen des Raumes abzuleiten. Hierbei beeinflusst die Lage der Objekte zum Horopter (siehe Abschnitt 3.13) auch die Wahrnehmung. Liegen die betrachteten Objekte vor dem Horopter, so spricht man von gekreuzter Querdisparation, die Bilder der Objekte fallen auf die äußeren Bereiche der beiden Netzhäute. Der umgekehrte Fall, die Objekte liegen hinter dem Horopter, wird als ungekreuzte Disparation bezeichnet.

3.14.4 Erfassbare Tiefenunterschiede

Aus zwei unterschiedlichen Wahrnehmungen von Objekten in unterschiedlicher Entfernung leitet das visuelle System den Tiefeneindruck ab. Das visuelle System des Menschen kann Tiefenunterschiede (= Entfernungsunterschiede) unterhalb der Tiefensehschärfe t nicht mehr unterscheiden. Sie stellt damit die Grenze der Unterscheidungsmöglichkeit der Entfernungen dar. Diese Tiefensehschärfe ist abhängig von der Pupillendistanz PD, dem individuellen Stereogrenzwinkel ϑ_G[3] und dem Abstand des betrachteten Objektes zum Auge a. [21] gibt für diesen Zusammenhang die folgende Formel für das Intervall der Tiefensehschärfe von nah t_{nah} bis fern t_{fern} an:

$$t_{nah,fern} = \frac{a^2 \cdot \vartheta_G}{PD \pm a \cdot \vartheta_G} \tag{3.18}$$

Hierbei ist zu beachten, dass der Stereogrenzwinkel ϑ_G vom Sehstrahl zum Punkt in der Entfernung t_{nah} und zum Punkt in der Entfernung t_{fern} gebildet wird (Bild 3.18).

3 Stereogrenzwinkel (kleinster Stereowinkel für Stereosehen) $\vartheta_G = 10'' = 0{,}00278° = 4{,}848 \cdot 10^{-5}$ rad

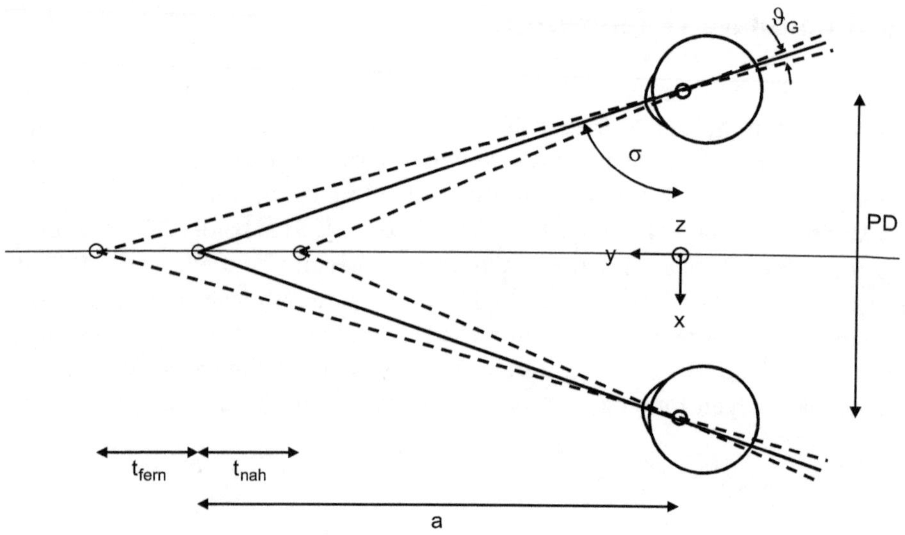

Bild 3.18 Zusammenhang von Tiefensehschärfe und Stereogrenzwinkel

Dieser Zusammenhang kann mit den folgenden Formeln beschrieben werden:

$$\tan(\sigma) = \frac{2 \cdot a}{PD} \tag{3.19}$$

Aus Bild 3.18 lassen sich für die Winkel σ und ϑ_G folgende Zusammenhänge ableiten:

$$\tan\left(\sigma \pm \frac{\vartheta_G}{2}\right) = \frac{2(a \pm t_{fern,nah})}{PD} \tag{3.20}$$

Mit den Additionstheoremen für die Tangensfunktion ergibt sich daraus:

$$\tan\left(\sigma \pm \frac{\vartheta_G}{2}\right) = \frac{\tan(\sigma) \pm \tan\left(\frac{\vartheta_G}{2}\right)}{1 \mp \tan(\sigma) \cdot \tan\left(\frac{\vartheta_G}{2}\right)} \tag{3.21}$$

Damit ergibt sich für den Abstand t_{fern} beziehungsweise t_{nah} der folgende Zusammenhang:

$$t_{fern,nah} = \frac{1}{2} \cdot \frac{4 \cdot \mathrm{a}^2 \cdot \tan\left(\frac{\vartheta_G}{2}\right) + \mathrm{PD}^2 \cdot \tan\left(\frac{\vartheta_G}{2}\right)}{PD \mp 2 \cdot \mathrm{a} \cdot \tan\left(\frac{\vartheta_G}{2}\right)} \tag{3.22}$$

Formel 3.18 und Formel 3.22 liefern entsprechende Zahlenwerte. In einem Entfernungsbereich bis zu 1 m ist das Auge in der Lage, Unterschiede der Tiefe beziehungsweise der Entfernung von ≈ 0,8 mm aufzulösen. Der Unterschied zwischen der Tiefensehschärfe nach vorne t_{nah} und nach hinten t_{fern} kann bei diesen Entfernungen vernachlässigt werden. Bild 3.19 zeigt für unterschiedliche Pupillendistanzen den Verlauf der Tiefensehschärfe.

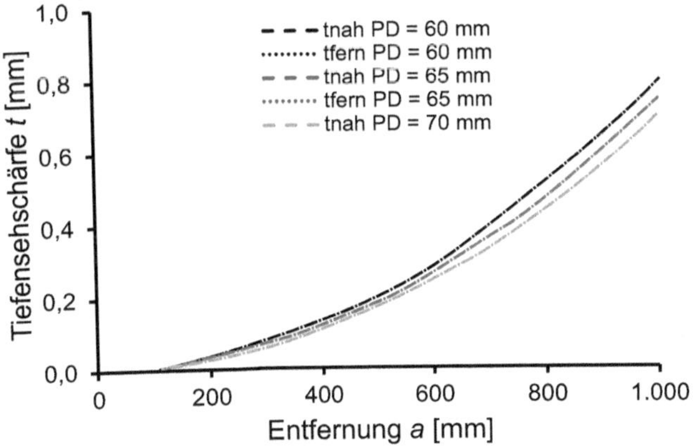

Bild 3.19 Tiefensehschärfe in Abhängigkeit von der Entfernung für PD = 60, 65 und 70 mm und $\vartheta_G = 10''$

Der für die Tiefsehschärfe bestimmende Stereogrenzwinkel ϑ_G ist einerseits ein individuelles Maß des Nutzers und andererseits von der Leuchtdichte des Umfeldes abhängig. Bild 3.20 zeigt die Abhängigkeit. Hierbei ist festzustellen, dass sich bei den in der Industrie üblichen Leuchtdichten der Stereogrenzwinkel nur unwesentlich ändert.

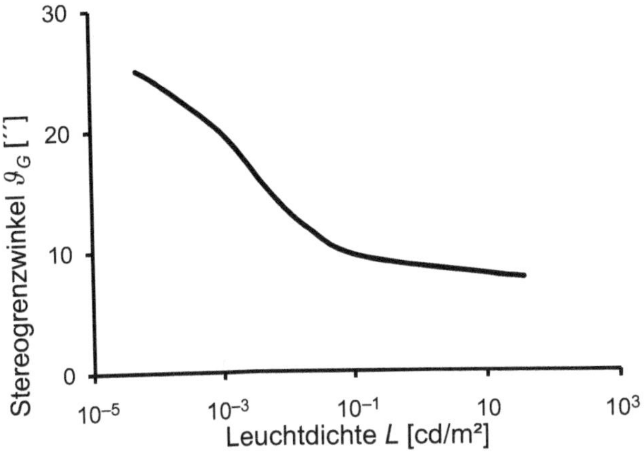

Bild 3.20 Abhängigkeit des Stereogrenzwinkels ϑ_G von Leuchtdichte des Umfelds, Quelle Carl Zeiss [2]

3.15 Farbwahrnehmung

Das Licht ist der für den Menschen sichtbare Teil des elektromagnetischen Spektrums der einfallenden Strahlung, der eine Lichtempfindung verursacht. Dieses Licht besteht typischerweise aus mehreren Spektralfarben (Farbvalenz), das ist der Sinneseindruck beim Menschen, der durch Licht einer bestimmten Wellenlänge erzeugt wird. Es lässt sich durch den jeweiligen Anteil von drei Grundfarben (Rot, Grün, Blau) charakterisieren. Diese Strahlung erzeugt im Auge des Menschen in den farbempfindlichen Rezeptoren (Zapfen) Sinnesreize, die vom Menschen als Farbwahrnehmung wahrgenommen werden.

Diese Farbvalenz ist eine messtechnisch bestimmbare Eigenschaft des Lichtes (Wellenlänge), die im Auge Sinnesreize auslöst. Die wahrgenommene Farbe ist der vom Gehirn aufbereitete Sinneseindruck. Es ist eine subjektive Empfindung, die durch das Licht ausgelöst und von der Beschaffenheit des Auges, der Empfindlichkeit der Rezeptoren und dem Wahrnehmungsapparat bestimmt wird.

Im zentralen Bereich der Netzhaut befinden sich die drei Arten von farbempfindlichen Zapfenzellen. Die drei Zapfenarten werden als S-Zapfen, M-Zapfen und L-Zapfen bezeichnet und besitzen eine unterschiedliche spektrale Empfindlichkeit, S-Zapfen für Blau, M-Zapfen für Grün und L-Zapfen für Rot. Bild 3.21 zeigt diese normierte spektrale Empfindlichkeit.

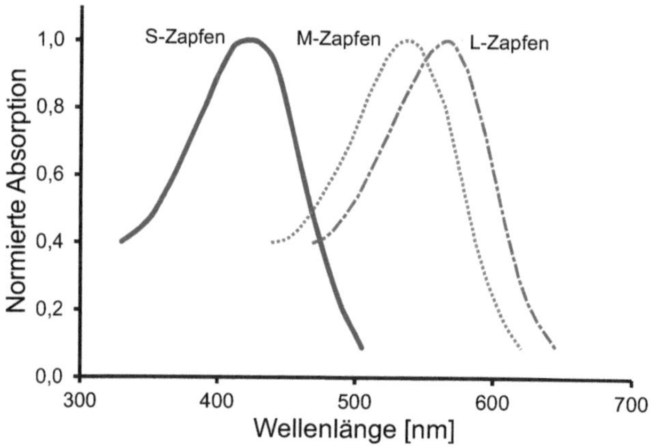

Bild 3.21 Normierte spektrale Absorptionskurven der drei Zapfenzellen

Ein Farbrezeptor kann nicht unterscheiden, auf welcher Wellenlänge in seinem Empfindlichkeitsbereich er gereizt wird. Es unterscheidet nur stärkere und schwächere Reize. Zwei Lichtstrahlen mit gleicher Stärke, aber unterschiedlichen Wellenlängen können von den Rezeptoren nur als unterschiedlich starke Reize erfasst werden. Beispielsweise reizt Licht mit der Wellenlänge 420 nm den S-Zapfen stärker als ein gleich starker Lichtstrahl der Wellenlänge 370 nm.

Die relative Empfindlichkeit der drei Farbrezeptoren des menschlichen Farbwahrnehmungsapparates wurden experimentell für jede sichtbare Spektralfarbe ermittelt. Darüber wird der sogenannte Normalbeobachter definiert (Bild 3.22). Es handelt sich hierbei also um Mittelwerte, die personenindividuell abweichen können. Mit dem CIE-Normvalenzsystem wurde eine Definition geschaffen, die eine Relation zwischen dem verursachenden Farbreiz und der menschlichen Farbwahrnehmung (Farbe) herstellt. Sie basiert auf empirisch ermittelten visuellen Farbnachstellungen durch Versuchspersonen. Hieraus ergab sich die $\overline{r}$, $\overline{g}$, $\overline{b}$-Farbabgleichsfunktion, die allerdings negative Werte enthielt. Sie beschreiben die Einstellwerte der drei Grundfarben Rot, Grün, Blau. Diese Werte wurden in die Spektralwertfunktionen $\overline{x}$, $\overline{y}$ und $\overline{z}$ linear transformiert, um keine negativen Werte mehr nutzen zu müssen. Auf Basis dieser Spektralwertfunktionen lässt sich die Farbwahrnehmung einer durchschnittlichen Person aus dem Spektrum des wahrgenommenen Lichtes berechnen. Diese von Menschen wahrnehmbaren Farben lassen sich durch drei Zahlenangaben beschreiben. Diese Farbkoordinaten tragen auch die Bezeichnung xyz-Farbraum oder Tristimulus-Farbraum.

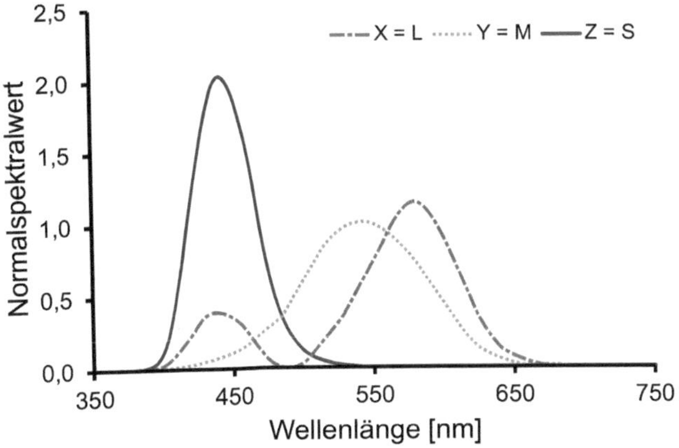

Bild 3.22 Spektralwertfunktion des CIE-Normalbeobachters

Die Intensität des eintreffenden Lichtes wird für jede der drei Spektralwertfunktionen für jede Frequenz multipliziert. Es ergeben sich dann die drei Werte X, Y, und Z. Diese Werte werden gemäß folgendem Zusammenhang normiert:

$$x = \frac{X}{X+Y+Z}; y = \frac{Y}{X+Y+Z}; z = \frac{Z}{X+Y+Z} \qquad (3.23)$$

Die drei relativen Spektralwertfunktionen in Bild 3.23 zeigen den Anteil der Sinneswahrnehmung der unterschiedlichen Farbrezeptoren bei den unterschiedlichen Wellenlängen des Lichtes.

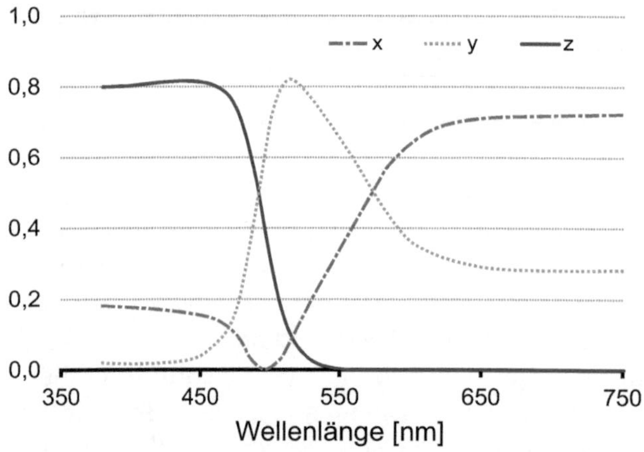

Bild 3.23
Relative Spektralwertfunktion

Die Summe der normierten Werte x, y und z ergibt immer 1, sodass damit ein zweidimensionales Diagramm für x und y erstellt werden kann. Die jeweilige z-Wert ergibt sich aus dem Zusammenhang nach Formel 3.23. Mit den x- und y-Werten kann das zweidimensionale Diagramm in Bild 3.24 erstellt werden.

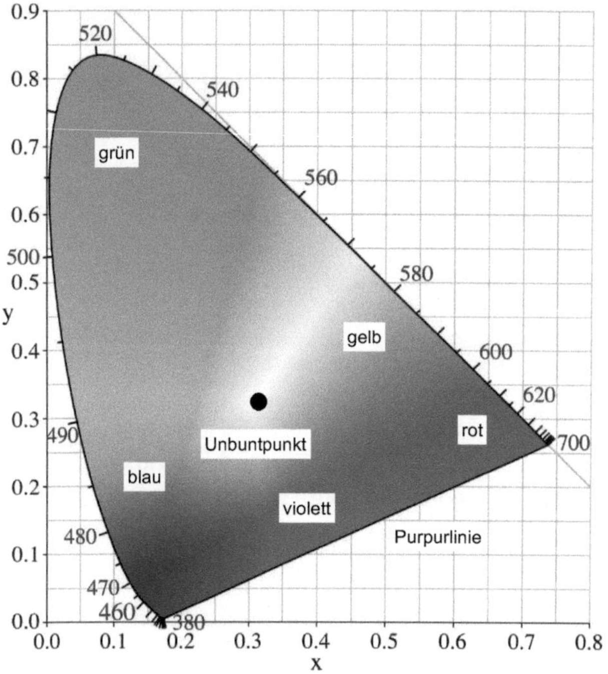

Bild 3.24
CIE-xy-Farbraum (Normfarbraum) [22]

Die aus den Spektralwertfunktionen sowie dem Normierungszusammenhang ermittelten x- und y-Werte bilden den hufeisenförmigen CIE-Farbraum. Der Farbraum stellt die Beziehung zwischen der menschlichen Farbwahrnehmung und den physikalischen Ursachen der Farbreizung dar. Die äußere gekrümmte, hufeisenförmige Begrenzung ist der spektrale (oder monochromatische) Ort für die Wellenlängen der reinen Farben. Das sind die Farben mit der höchsten Sättigung, die nur auf Strahlung einer Wellenlänge basieren. Die Farben im Inneren der Fläche setzen sich aus Licht mehrerer Wellenlängen oder mehrerer Frequenzen zusammen. Die Koordinaten $x = ⅓$ und $y = ⅓$ kennzeichnen den Unbuntpunkt oder Weißpunkt. Farben, die auf einer Geraden liegen, die durch den Unbuntpunkt verläuft, besitzen den größten Farbkontrast.

3.16 Farbsinnstörung

Bei Menschen kann die Fähigkeit zur Wahrnehmung von Farben eingeschränkt oder gestört sein. Die Farbsinnstörungen können in drei Kategorien eingeteilt werden:

1. anomale Trichromasie
2. Diechromasie
3. Monochromasie

Bei der anomalen Trichromasie ist die Wahrnehmung einer Farbe gestört. Es gibt eine Fehlfunktion einer der drei Zapfenarten. Bei der Dichromasie können zwei Farben nicht wahrgenommen werden, da zwei der drei Zapfenarten eine Fehlfunktion aufweisen. Bei der Monochromasie ist der Mensch nicht in der Lage, überhaupt Farben wahrzunehmen. Er nimmt seine Umgebung nur in Grautönen wahr. Solche Farbsinnstörungen treten meist bei männlichen Personen auf. Mit ca. 5 % tritt die Deuteranomalie oder auch Grünschwäche am häufigsten auf [2].

3.17 Flimmerverschmelzungsfrequenz

Eine Folge periodisch auftretender Lichtreize, wie beispielsweise Bilder, wird vom Menschen als ein kontinuierlicher Lichteindruck wahrgenommen, wenn die Frequenz der Lichtreizwechsel höher ist als die Flimmerverschmelzungsfrequenz (FVF). Diesen Effekt macht sich der Film oder das Fernsehen zunutze, bei denen auch nur einzelne Bilder in schneller Folge dem Menschen präsentiert werden. Lichtreize mit einer Frequenz unterhalb der Flimmerverschmelzungsfrequenz werden als flackernd und damit als störend empfunden.

Die Flimmerverschmelzungsfrequenz ist abhängig von der Leuchtdichte, der Ausdehnung der betrachteten Fläche und der Modulation des Lichtreizes sowie vom Alter des Menschen. [18] gibt als Funktion der FVF einer mehr als 60° großen Betrachtungsfläche den folgenden empirischen Zusammenhang an:

$$FVF_{60} = 45,1 + \lg(L_m) \cdot (13,8 + 2,3 \cdot \lg(m)) + 17,2 \cdot \lg(m) \qquad (3.24)$$

L_m ist hierbei die zeitlich gemittelte Leuchtdichte der flimmernden Fläche und m deren zeitlicher Modulationsgrad.

$$m = \frac{L_2 - L_1}{L_2 + L_1} \qquad (3.25)$$

L_2 ist die Leuchtdichte der helleren und L_1 die Leuchtdichte der dunkleren Teilfläche der flimmernden Fläche. Den für industrielle Bereiche typischen Bereich der Leuchtdichte zeigt Bild 3.25.

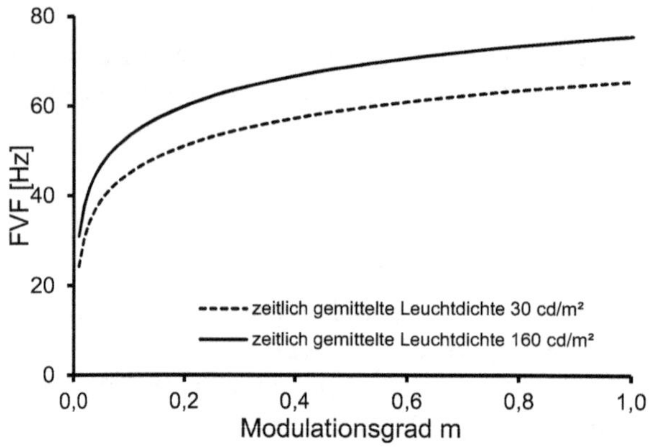

Bild 3.25 Flimmerverschmelzungsfrequenz in Abhängigkeit von der gemittelten Leuchtdichte und dem Modulationsgrad

Mit zunehmendem Kontrast der flimmernden Flächen und damit mit zunehmendem Modulationsgrad nimmt die Flimmerverschmelzungsfrequenz zu. Das bedeutet, dass der Mensch bei höherem Kontrast schnellere Abfolgen von Bildern noch in Einzelbilder auflösen kann. Vergleichbares gilt bei steigender mittlerer Leuchtdichte der flimmernden Fläche. Je heller diese Fläche ist, desto mehr Einzelbilder pro Sekunde kann der Nutzer in Einzelbilder auflösen.

Flimmern im sichtbaren Bereich kann epileptische Anfälle auslösen. Längere Exposition kann zu Unwohlsein oder Kopfschmerzen führen. Weiterhin sind negative Auswirkungen des Flimmerns auf Migränepatienten bekannt [23].

Teilweise geben Beleuchtungseinrichtungen nicht konstantes Licht ab. Das tritt auf, wenn die Helligkeit einer Lichtquelle elektronisch heruntergeregelt wird. Hier kann es zu Überlagerungen der Lichtwechsel und der Wiederholrate der Bilder auf der Bildquelle kommen.

3.18 Altersbedingte Veränderungen

Das zunehmende Alter innerhalb einer Belegschaft in der Industrie ist allgemein bekannt. Mit zunehmendem Alter steigt zusätzlich der Anteil der Brillenträger in dieser Gruppe (Tabelle 3.10).

Tabelle 3.10 Anteil Brillenträger [24]

Altersgruppe	2019	2014
20 - 29-Jährige	36 %	32 %
30 - 44-Jährige	44 %	38 %
45 - 59-Jährige	74 %	73 %
60-Jährige und Ältere	91 %	92 %

Der starke Anstieg der Brillenträger ab einem Alter von 45 Jahren ist auf die Alterssichtigkeit der Menschen zurückzuführen. Das Akkommodationsvermögen der älteren Menschen sinkt ab diesem Alter sehr stark. Die Ursache liegt in der nachlassenden Flexibilität der Augenlinse. Sie kann damit nicht mehr so stark durch den Ziliarmuskel gewölbt werden. Damit kann die Brennweite der Augenlinse nicht mehr so weit wie bei geringerem Alter verringert werden, und die minimale Sehweite nimmt ab.

Bild 3.26 zeigt, dass Menschen ab 45 Jahre Dinge in der Nähe (< 50 cm) nicht mehr fixieren und damit scharf sehen können. Der Nahpunkt entfernt sich immer mehr, sodass für das Scharfsehen in der Nähe eine Korrektur benötigt wird. Bei einem Akkommodationsvermögen, das kleiner als 4 dpt ist, spricht man von Alterssichtigkeit oder Presbyopie. Eine derzeit übliche Korrekturmaßnahme ist die Nutzung einer Brille. Kommt zu der Alterssichtigkeit noch ein weiterer Korrekturbedarf hinzu, so nutzen die Menschen primär eine Gleitsichtbrille. Im Gegensatz dazu tragen jüngere Brillenträger, die noch nicht von der Alterssichtigkeit betroffen sind, typischerweise Brillen mit Einstärkengläsern.

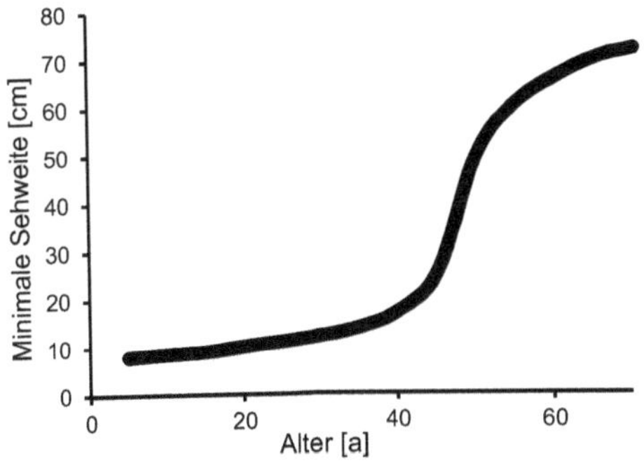

Bild 3.26
Minimale Sehweite in Abhängigkeit vom Alter [25] nach [26]

Mit zunehmendem Alter verändern sich Eigenschaften des visuellen Systems des Menschen. In den folgenden Punkten wird nur auf die altersbedingten Veränderungen des Auges eingegangen [27]. Bild 3.27 zeigt deutlich, wie sich die unterschiedlichen Eigenschaften des visuellen Systems ab einem Alter von 25 Jahren verändern. Diese Veränderungen betreffen den Altersbereich, in dem die Menschen in der Industrie (Betrachtungszeitraum) arbeiten. Krankhafte Veränderungen, die im Alter typischerweise vermehrt auftreten, werden hierbei nicht betrachtet.

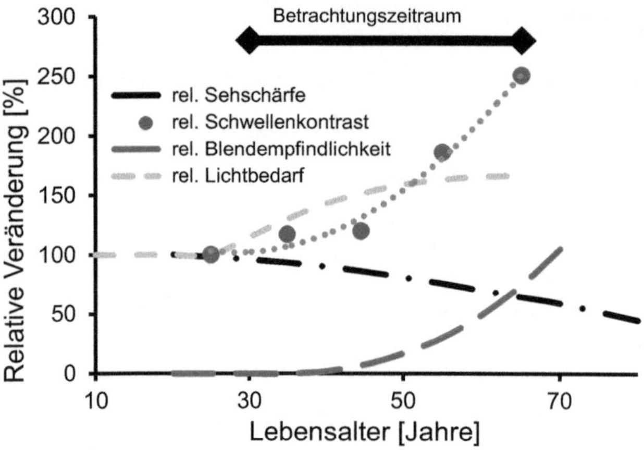

Bild 3.27 Altersabhängige Veränderung von Sehschärfe [2], Schwellenkontrast [28], Blendempfindlichkeit [29], Lichtbedarf [30]

Mit zunehmendem Alter nimmt die Sehschärfe ab. Diese Abnahme kann im Alter ab siebzig Jahren durchaus 50 % betragen. Die Gründe dafür sind primär die verringerte Netzhauthelligkeit aufgrund des abnehmenden Pupillendurchmessers sowie der Trübung des Auges.

Der Zusammenhang zwischen der Leuchtdichte des Umfelds und der Kontrastempfindlichkeit wurde in Abschnitt 3.11 dargestellt. Mit zunehmendem Alter verändert sich jedoch die Kontrastempfindlichkeit. Bild 3.27 zeigt die von [28] ermittelten Korrekturfaktoren in Abhängigkeit vom Alter. Der Korrekturfaktor beschreibt das Verhältnis der Kurven der Leuchtdichten der Umgebung zum Schwellenkontrast der Referenzgruppe im Alter von zwanzig bis dreißig Jahren zu der betrachteten Altersgruppe. Bis zur Altersgruppe vierzig bis fünfzig Jahre steigt dieser Faktor nur unwesentlich an. Erst mit zunehmendem Alter nimmt der Faktor überproportional zu. Das bedeutet, dass Menschen der Altersgruppe sechzig bis siebzig Jahre durchschnittlich einen 2,5-fach höheren Schwellenkontrast benötigen, um einen Kontrast sicher wahrnehmen zu können. Diese Tendenz wird von [16] Und [29] bestätigt. Der Effekt tritt besonders bei mittleren und hohen Ortsfrequenzen auf [27].

Blendempfindlichkeit ist die Eigenschaft, einen Menschen bei bestimmten Licht- und Kontrastverhältnissen noch klar zu sehen, ohne dabei durch helles Licht geblendet zu werden. Die Blendempfindlichkeit kann auch als ein Verhältnis der Leuchtdichte der Blendquelle zur Leuchtdichte des Gesichtsfelds betrachtet werden. In Abschnitt 3.10 wurde als Beispiel angeführt, dass ein Mensch bei einer Gesichtsfeldleuchtdichte von 10 cd/m^2 eine Lichtquelle mit einer wahrgenommenen Leuchtdichte von 10 000 cd/m^2 gerade eben als Blendung wahrnehmen würde. Das zeigt die Blendgerade in Bild 3.9. Ein Mensch mit erhöhter Blendempfindlichkeit würde in derselben Lichtsituation des Gesichtsfeldes eine Blendquelle mit einer geringeren Leuchtdichte als Blendung wahrnehmen.

Diese Blendempfindlichkeit des Menschen steigt mit zunehmendem Alter. Ein Grund dafür ist die Trübung der Augenmedien, die zu vermehrter Streuung des Lichts im Auge führt. Das Streulicht erzeugt einen Lichtschleier auf der Netzhaut. Das führt zu einem verminderten Kontrast der Wahrnehmung [27].

Die beschriebenen altersbedingten Veränderungen im Auge des Menschen erfordern auch eine mit dem Alter zunehmende Beleuchtung.

Durch die mit zunehmendem Alter auftretende Trübung des Auges verändert sich die Wahrnehmung von Farben aufgrund der Änderung der Farbe der Linse hin zu Gelb oder gar Braun, und es wird so das eintretende Licht gefiltert. Das betrifft typischerweise die blauen Anteile des eintretenden Lichts. Damit verändert sich auch die Wahrnehmung der Lichtfarbe Weiß. Weiß wird dann eher gelblich wahrgenommen. Zusätzlich reduziert sich der Kontrast der Wahrnehmung.

Zusätzlich zu den aufgeführten Veränderungen des Auges verkleinert sich das Gesichtsfeld des Menschen mit zunehmendem Alter.

3.19 Nutzung von Gleitsichtgläsern

Gleitsichtgläser stellen im oberen Bereich des Brillenglases eine Korrektur bereit, mit der bei entsprechendem Korrekturbedarf eine scharfe Sicht in die Ferne ermöglicht wird. Im unteren Teil des Brillenglases wird die für den Nahbereich erforderliche Korrektur bereitgestellt. Der mittlere Bereich, der den Übergang zwischen dem oberen und unteren Bereich darstellt, verändert sich durch die Korrektur so, dass sie eine Verbindung zwischen den beiden Teilen ermöglicht. Die obere Fernteilzone geht ohne Trennlinie und ohne Bildsprung stufenlos über den Progressionskanal (mittlere Bereich) in die untere Nahteilzone über (Bild 3.28). Die Wirkung des Brillenglases ändert sich daher kontinuierlich in Abhängigkeit vom Ort, an dem der Sehstrahl das Brillenglas passiert [2]. Die Neigung des Kopfes beeinflusst zusätzlich den Ort, an dem der Sehstrahl auf das Glas der Brille trifft.

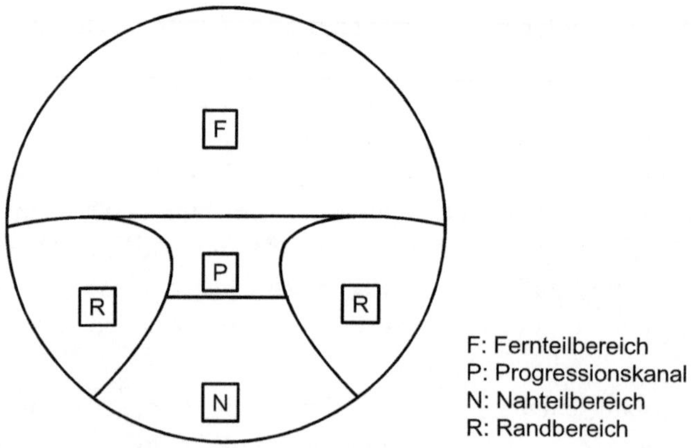

Bild 3.28 Zonen des Gleitsichtglases

Gleitsichtgläser verfügen über die oben beschriebenen unterschiedlichen Zonen, die unterschiedliche optische Eigenschaften besitzen. Damit kann die Korrektur beziehungsweise die Brechkraft individuell an die Erfordernisse des jeweiligen Menschen angepasst werden.

Zur Nutzung der Möglichkeiten des Gleitsichtglases muss der Brillenträger seinen Kopf so neigen, dass der Sehstrahl durch den jeweiligen Bereich des Brillenglases gelenkt wird, der für die Entfernung des fixierten Objektes die angemessene Korrektur bietet. Für die korrekte Fixierung müssen daher Kopf- und Augenbewegungen koordiniert werden (Bild 3.29).

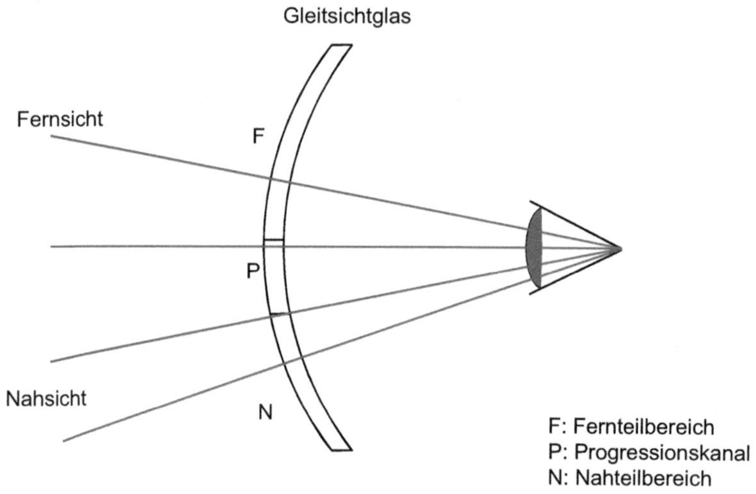

Bild 3.29 Sehstrahlen beim Blick durch Gleitsichtglas

Die Nutzung von Gleitsichtgläsern ermöglicht es, die eingeschränkte Akkommodationsfähigkeit des Auges eines älteren Menschen durch die flexible Korrektur des Gleitsichtglases zu kompensieren. Allerdings belastet die dadurch erforderliche Kopfbewegung die Nackenmuskulatur, was zu Beschwerden führen kann.

Literatur

[1] Talos, „Anatomie des Auges", 25. 07. 2008, *Wikipedia* [Online] Available: *https://de.m.wikipedia.org/wiki/Datei:Auge.png*. [Zugriff am 31. 10. 2023].

[2] H. Goersch, Handbuch für Augenoptik, 4. Auflage Hrsg., C. Zeiss, Hrsg., Oberkochen, 2000, S. 362.

[3] M. Adler und et.al., *Ergonomiekompendium*, BAuA, Hrsg., Dortmund, 2010.

[4] H. Strasburger, „Gesichtsfeld (Wahrnehmung)", 13. 06. 2023, *Wikipedia* [Online] Available: *https://de.wikipedia.org/wiki/Gesichtsfeld_(Wahrnehmung)*. [Zugriff 28. 08. 2023].

[5] W. Lange und et al., Kleine Ergonomische Datensammlung, 17. Auflage Hrsg., B. f. A. u. Arbeitsmedizin, Hrsg., Köln: TÜV MediaGmbH, 2019.

[6] Deutsches Institut für Normung e. V., *Begriffe der physiologischen Optik*, Beuth Verlag GmbH, 2022.

[7] H. Fischer, „Die physiologischen Grenzen der horizontalen Augenbewegungen", Januar 1950. [Online]. Available: *https://link.springer.com/article/10.1007/BF00681043*. [Zugriff am 27. 03. 2024].

[8] Wikipedia.org, „Schärfentiefe", 03. 05. 2024. [Online]. Available: *https://de.wikipedia.org/wiki/Sch%C3%A4rfentiefe*. [Zugriff am 19. 05. 2024].

[9] Jos. Schneider Optische Werke GmbH, „Optische Abbildungsformeln", [Online]. Available: *https://schneiderkreuznach.com/de/industrieoptik/wissens-hub/optische-abbildungsformeln*. [Zugriff am 19. 05. 2024].

[10] J. Wetzel, „Brillenstudie 2019", 2019. [Online]. Available: *https://www.zva.de/brillenstudie*. [Zugriff am 16. 03. 2024].

[11] L. Lohmeier, „Anzahl der Personen in Deutschland, die Sehhilfen (Brille oder Kontaktlinsen) nutzen, von 2019 bis 2023,", Statista, 02. 01. 2024. [Online]. Available: *https://de.statista.com/statistik/daten/studie/171243/umfrage/tragen-einer-brille-oder-von-kontaktlinsen/*. [Zugriff am 16. 03. 2024].

[12] J. Klauth, „Deutschlands neue Volkskrankheit", 06. 02. 2021. [Online]. Available: *https://www.welt.de/wirtschaft/article225782661/Kurzsichtigkeit-Deutschlands-neue-Volkskrankheit.html*. [Zugriff am 16. 03. 2024].

[13] Strahlenschutzkommission, „Blendung durch natürliche und neue künstliche Lichtquellen und ihre Gefahren". Bonn, 2006.

[14] M. Bach und et al., „Photopisches Kontrastsehen", *Ophthalmologe*, Nr. 2008, 19. 12. 2007.

[15] K. Höllerhage, Das menschliche Kontrastsehen – Vergleich zweier Testverfahren, Freiburg, 2011, S. 79.

[16] C. Owsley, R. Sekuler und C. Boldt, „Aging and low-contrast vision: face perception", *Investigative Ophthalmology & Visual Science*, Nr. 21, S. 362 – 365, August 1981.

[17] F. W. Campbell und J. G. Robson, *Application of fourier analysis to the visibility of gratings*, 3, Hrsg., Bd. 197, 1968, S. 551 – 566.

[18] S. Kokoschka, *Script zur Vorlesung „Grundlagen der Lichttechnik"*, Karlsruhe, 2003.

[19] A. Placke, *Grenzwertbestimmung stereoskopischer Seheindrücke*, H. d. T. H. Köln, Hrsg., 2011.

[20] J. Funke, *Unterrichtsmaterialien zur Vorlesung Allgemeine Psychologie*, R. H. Psychologisches Institut, Hrsg., Heidelberg, 2008.

[21] H. Goersch, „Grundlagen der Stereopsis", *Neues Optiker Journal*, November 1980.

[22] PAR, „CIExy1931.png", Wikipedia.org, 21. 06. 2005. [Online]. Available: *https://commons.wikimedia.org/wiki/File:CIExy1931.png*. [Zugriff am 25. 03. 2024].

[23] C. Vandahl und C. Schierz, „Prävention von negativen gesundheitlichen Auswirkungen bei Lichtflimmern durch LEDs", 30.06.2023. [Online]. Available: *https://www.tu-ilmenau.de/fileadmin/Bereiche/MB/lichttechnik/Literatur/2022_2023/Praevention_bei_Lichtflimmern_2023_06_30.pdf*. [Zugriff am 27.03.2024].

[24] Zentralverband der Augenoptiker und Optometristen (ZVA), *Brillenstudie 2019*, Düsseldorf.

[25] Anton, „Akkomodationsbreite", 28.08.2005, *Wikipedia* [Online], Available: *https://de.wikipedia.org/wiki/Datei:Akkomodbreiterp.png*. [Zugriff 28.08.2023].

[26] A. Duane, „Studies in monocular and binocular accommodation, with their clinical application", *Transactions of the American Ophthalmological Society*, Nr. 20, 1922.

[27] A. Berke, „Alter und Sehen", 24.10.2016. [Online]. Available: *https://www.sehzentrum.de/2016/10/24/alter-und-sehen/*. [Zugriff am 11.03.2024].

[28] O. M. Blackwell und H. R. Blackwell, „Visual Performance Data for 156 Normal Observers of Various Ages", *Journal of IES*, Oktober 1971.

[29] Deutsche Gesetzlich Unfallversicherung e. V. (DGUV), *Natürliche und künstliche Beleuchtung von Arbeitsstätten*, Berlin, 2016.

[30] Trilux GmbH & Co. KG, *Beleuchtungspraxis*, T. G. &. C. KG, Hrsg., Arnsberg, 2022.

4 Industrielle Anwendungen

Es wird in zahlreichen Veröffentlichungen davon ausgegangen, dass durch den Einsatz von Datenbrillen – natürlich als Komponente eines Augmented-Reality-Systems – in der Industrie die Effizienz der menschlichen Arbeit signifikant verbessert wird. Die Verwendung solcher Datenbrillen ermöglicht den Einsatz beider Hände für die Arbeitsaufgabe. Gleichzeitig werden die virtuellen Informationen in Abhängigkeit von den realen Objekten im Blickfeld des Nutzers eingeblendet. Der Nutzer kann durch diese Informationen geführt oder unterstützt werden. Nebenzeiten können für die Aufnahme von Informationen verwendet werden.

In diesem Kapitel werden daher die Industriebereiche kurz beschrieben, in denen Augmented-Reality-Systeme mit Datenbrillen einsetzbar sind oder sein sollen. Dazu gehören auch die unterschiedlichen Einflüsse, die in dem betrachteten Bereich herrschen können und die damit einen Einfluss auf den Menschen und das im Bereich eingesetzte Augmented-Reality-System haben können. Abschnitt 4.7 stellt dann dar, welche Auswirkungen diese Einflüsse im Arbeitsbereich auf den Einsatz von Datenbrillen oder in einem Augmented-Reality-System haben.

4.1 Einsatzbereiche

Datenbrillen können in unterschiedlichen Bereichen der Industrie eingesetzt werden. Dazu zählen beispielsweise:

- Produktentwicklung
- Produktionsplanung
- Produktion

- Logistik
- Wartung, Instandhaltung, Service
- Training

Diese Aufzählung ist nicht vollständig, stellt aber eine Auswahl dar, die für die meisten Anforderungen beispielhaft ist. Alle der genannten Bereiche stellen bereichsspezifische Anforderungen an eine solche Augmented-Reality-Unterstützung. Weiterhin besitzen sie unterschiedliche Charakteristika wie beispielsweise Arbeitsentfernung, Einsatzdauer oder Art der Visualisierung. An dieser Stelle sei auf die unterschiedlichen Untersuchungen in den Bereichen bei [1], [2], [3] hingewiesen.

4.1.1 Produktentwicklung

Durch die Datenbrille betrachtet, bewertet, verändert und optimiert der Konstrukteur im Rahmen der Produktentwicklung einzelne Bauteile, Komponenten, Anlagen oder das Gesamtsystem im Rahmen seiner Konstruktionstätigkeiten. Funktionalitäten des konstruierten Bauteils können visualisiert und damit einfacher beurteilt und kontrolliert werden. Der Konstrukteur ist nicht mehr auf die Fläche seines CAD-Bildschirms begrenzt. Er nutzt den Raum für die Darstellung seiner Konstruktion. Um die Bauteile zu verändern oder aus einem anderen Blickwinkel zu betrachten, interagiert er mit den visualisierten virtuellen Bauteilen (Bild 4.1).

Bild 4.1 Bauteilmodell visualisiert durch die Datenbrille [4], Quelle Teamviewer Germany GmbH

Es ist weiterhin vorstellbar, dass der Konstrukteur die neu erstellten oder veränderten virtuellen Bauteile mit realen Bauteilen vergleicht. Es ist vorstellbar, reale und virtuelle Bauteile zu einem Gesamtsystem zu kombinieren und damit einfacher beurteilbar zu machen. Das wäre der Soll-Ist-Vergleich, für den sich Augmented Reality besonders gut eignet.

4.1.2 Produktionsplanung

Zur Unterstützung der Produktionsplanung kann Augmented Reality die Planung von Anlagen und Prozessen innerhalb der vorhandenen Betriebsräume visualisieren. Es können statische und dynamische Informationen zu den Anlagen, ihren Zuständen sowie zum Material-, Medien- und Informationsfluss visualisiert und verändert werden.

Es können auch hier neue virtuelle Komponenten mit real vorhandenen Komponenten kombiniert beurteilt werden. Generell ist vorstellbar, im Rahmen eines Soll-Ist-Vergleichs die Übereinstimmung einer realen Anlage mit ihrem virtuellen Modell zu überprüfen. So können eventuelle Kollisionen oder Überschneidungen früher und sicherer erkannt werden oder Bereiche, in denen spezielle Messungen zu Feststellung der Geometrie durchzuführen sind. Diese Prüfung kann eine Voraussetzung für die spätere sichere Nutzung der virtuellen digitalen Modelle aus der Digitalen Fabrik für Entscheidungen sein.

Zum Aufbau neuer Logistikstrukturen kann Augmented Reality sinnvoll eingesetzt werden. Hierbei werden die digitalen Modelle neuer Gegenstände oder Komponenten in die Wahrnehmung der Realität eingeblendet. Der Nutzer muss sich nicht mehr die Modelle vorstellen, er bekommt sie angezeigt (Bild 4.2).

Bild 4.2 Logistikplanung mit Augmented Reality [5], Quelle Audi AG

Die Planung kann mit solchen Augmented-Reality-Systemen effizienter durchgeführt werden. Fehler oder Probleme können frühzeitig im Digitalen und nicht erst später in der Realität erkannt werden, was zu signifikanten Kosten- und Zeiteinsparungen führt und zu einer Verbesserung der Entscheidungssicherheit beiträgt.

4.1.3 Produktion

Durch den Einsatz von Augmented Reality in der Produktion können spezielle, für ein Produkt zugehörige Informationen inklusive Erfahrungswerte oder Know-how dem Mitarbeiter während des Produktionsprozesses in Abhängigkeit vom erreichten Prozessschritt bereitgestellt werden. Die Informationen können kontextabhängig und ortsabhängig visualisiert werden. Durch einen solchen Einsatz können Suchzeiten für Informationen oder für Teile vermieden werden. Das Auffinden des genauen Arbeitsortes kann durch eine Augmented Reality dem Nutzer angezeigt werden. Das führt zu einer Reduzierung von Fehlern oder Nacharbeiten.

Die Beispiele in Bild 4.3 und Bild 4.4 zeigen deutlich, wie solche teilespezifischen oder prozessschrittspezifischen Informationen visualisiert werden können, um den Mitarbeiter zu unterstützen. Neben der Einsparung von Suchzeiten nach den entsprechenden Informationen kann der Mitarbeiter beide Hände für seine wertschöpfende Tätigkeit nutzen.

Bild 4.3 Beispiel für Anwendung von Augmented Reality in der Produktion [6], Quelle Fraunhofer IPT

Bild 4.4 Augmented Reality bei manueller Tätigkeit [7]

Auch im Aufgabenbereich des Trainings der Produktionsmitarbeiter kann Augmented Reality effizienzsteigernd eingesetzt werden (Bild 4.5). Der trainierende Mitarbeiter erhält die für ihn relevanten Informationen in sein Blickfeld eingeblendet. Er muss seinen Blick und damit seinen Fokus nicht mehr vom Ort der Tätigkeit weglenken, um Trainingsinformationen wahrzunehmen.

Bild 4.5 Augmented Reality beim Training für die Produktion [8], Quelle BMW

4.1.4 Logistik

In der Warenlogistik kann Augmented Reality für die direkte Mitarbeitersteuerung verwendet werden. Durch entsprechende Navigationsanzeige führt das System den Mitarbeiter zu dem Ort, Platz oder Fach, an dem er die nächsten Teile greifen und kommissionieren soll. Im Nahbereich zeigt das System an, welche Teile in welcher Anzahl zu greifen sind (Bild 4.6).

Bild 4.6 Augmented Reality in der Logistik [9]

Mit einer solchen Mitarbeiterführung können optimal geplante Wege effizient zugewiesen werden. Das führt zu einer Verbesserung der Wirtschaftlichkeit. Eine Kamera kann das Teil oder Kennzeichnungen des Teils erfassten und überprüfen. Damit kann automatisiert festgestellt werden, ob der Mitarbeiter das richtige Teil kommissioniert hat. Damit kann ein Qualitätsregelkreis geschlossen werden. Die Effizienzsteigerung in Verbindung mit der Reduzierung der Fehlerrate ist von [10] untersucht und festgestellt worden. Auch hierbei wirkt sich die Verfügbarkeit beider Hände für die Haupttätigkeit positiv auf die Produktivität aus. Weiterhin kann die Informationsbereitstellung für den Mitarbeiter und die Informationsaufnahme in die Nebenzeiten verlagert werden.

4.1.5 Wartung, Instandhaltung, Service

Bei Einsatz von Augmented Reality im Bereich der Instandhaltung, Wartung oder im Service werden technische Informationen oder auch Checklisten im Blickfeld des Nutzers dargestellt. Diese Idee wurde in [11] (Bild 1.1) schon sehr früh vorgeschlagen. Durch eine entsprechende überlagernde Darstellung kann der Mitarbeiter auch effizient zum Ort des Fehlers und damit der Reparatur hingeführt werden (Bild 4.7).

Bild 4.7 Augmented Reality in der Wartung [12], Quelle Skoda

Dieser Einsatz einer Augmented-Reality-Unterstützung im Service reduziert die Suchzeiten, minimiert Fehler und erhöht damit die Effizienz. Bild 4.8 zeigt auch hier den Vorteil des Einsatzes beider Hände des Nutzers mit der Augmented-Reality-Unterstützung.

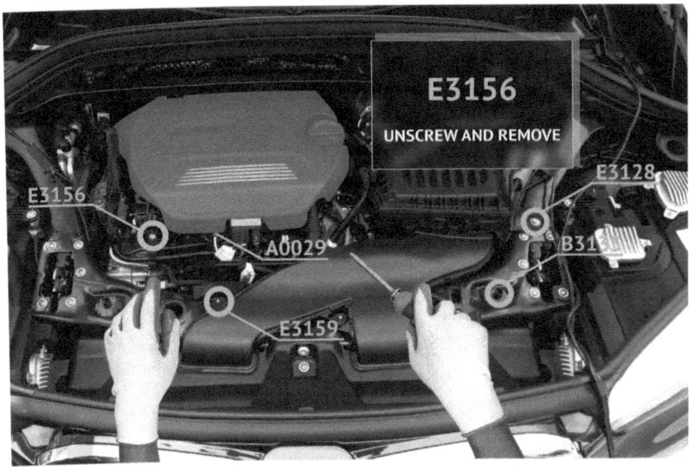

Bild 4.8 Augmented Reality im Service [13]

4.1.6 Training

Für das Training von Mitarbeitern, sei es bei der Neueinstellung (Onboarding) oder bei der Einarbeitung in die Bedienung neuer Anlagen oder Durchführung neuer Aufgaben, kann Augmented Reality eine sinnvolle und effiziente Methode der Wissensvermittlung sein. Das Augmented-Reality-System kann dem Mitarbeiter mit der Datenbrille Komponenten in der Realität aufzeigen, auf die sich die folgenden Informationen beziehen. Der Mitarbeiter muss dann nicht mehr seinen Blick und damit die Aufmerksamkeit von der Komponente wegbewegen, um Informationen aufzunehmen.

Es entfallen auch Wege zu einer zentralen Stelle, an der die erforderlichen Informationen oder Lerninhalte dargestellt werden. Es bleibt am Ort des Geschehens und kann sich auf die Informationsaufnahme, auf das Lernen konzentrieren.

Es besteht auch die Möglichkeit, dass sich der Lehrende die dem Lernenden in seinem Sichtfeld überlagerten Informationen parallel auf seinem Ausgabegerät ansehen kann. Aufgrund dieser Erkenntnisse kann der Lehrende dann Hilfen anbieten oder die Geschwindigkeit der Informationsbereitstellung an den Lernenden anpassen.

4.2 Arbeitsentfernung

Bei manuellen Montagetätigkeiten in der Industrie, wie sie zuvor beschrieben wurden, beträgt die typische Greifweite bis zu 400 mm [14]. Das kann auch auf die Arbeitsentfernung beim Konstruieren übertragen werden. Bei Tätigkeiten an Maschinen und Anlagen kann sich dieser Abstand auf eine Armlänge vergrößern. Auf Basis der Daten aus [15] lassen sich Werte abschätzen. Sie liegen in der Größenordnung von bis zu 800 mm. [16] gibt an, dass im Bereich der von Augmented Reality unterstützten Fabrikplanung Planungsbereiche in der Größe von 50 × 30 m abgebildet und bearbeitet werden. In diesem Bereich sollen virtuelle Objekte manipuliert werden können.

Der Nutzer betrachtet oder erfasst Objekte im Bereich bis 800 mm (Handbereich) sowie im Fernbereich bis 10 m (Bild 4.9). Die Darstellungen der Anwendungen aus den unterschiedlichen Veröffentlichungen zeigen weiterhin, dass die virtuellen Objekte meist auch in dieser Entfernung visualisiert werden oder visualisiert werden sollten.

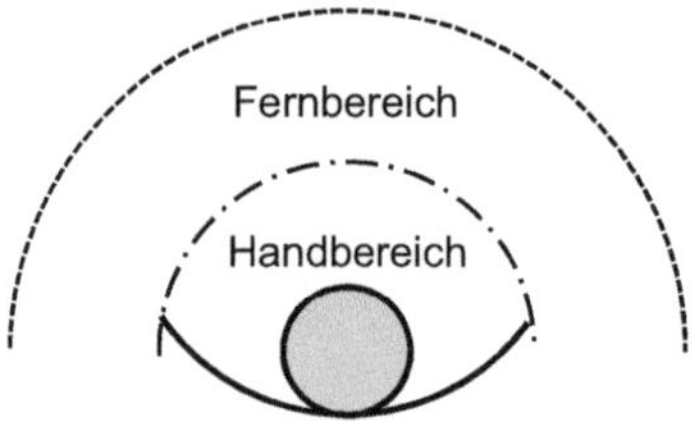

Bild 4.9
Arbeitsbereiche, Sehbereiche

4.3 Sehentfernung

Unter Berücksichtigung der unterschiedlichen Arbeitsentfernungen gibt es für solche Arbeitsplätze auch unterschiedliche Sehentfernungen. Die Sehentfernung ist der Abstand der Augen von dem fixierten, also für das Auge scharfgestellten Bereich im Blickfeld. Liegt die Arbeitsentfernung im Handbereich, dann ist dieser Abstand die Sehentfernung. Der Mitarbeiter muss seine Hände fixieren, um die Arbeit korrekt verrichten und um eventuelle Gefahren bei der Ausführung der Arbeit erkennen zu können. Weiterhin wird der Mitarbeiter den Fernbereich betrachten und damit auf diese Sehentfernung fokussieren. Dabei besitzt das Erkennen von herankommenden Gefahren eine besondere Bedeutung. Der Handbereich und der Fernbereich können dabei durchaus vergleichbare Leuchtdichten aufweisen. Betrachtet der Mitarbeiter jedoch sein noch weiter entferntes Umfeld, z. B. indem er aus dem Fenster schaut, so fokussiert er auf sehr große Sehentfernungen. Gleichzeig können dabei noch sehr große Leuchtdichteunterschiede auftreten (siehe Abschnitt 4.7).

4.4 Einsatzdauer

Je nach Anforderungen des Einsatzbereichs wird eine Datenbrille von einer Stunde bis zu einer kompletten Schicht von acht Stunden getragen und betrieben. Sie muss während der gesamten Einsatzzeit voll funktionsfähig sein. Das bedeutet, dass entweder eine Akkukapazität verfügbar ist, die die Datenbrille mit den dazugehörigen Steuerungssystemen während dieses Zeitraums sicher mit elektrischer Energie versorgt, oder die Datenbrille muss mit einer Hot-Swap-Fähigkeit für den Akkuwechsel ausgerüstet sein. Das bedeutet, dass im laufenden Betrieb erkannt und angezeigt wird, welcher Akku nicht mehr über eine ausreichende Ladung verfügt, und dass das System beim Abkoppeln des leeren Akkus durch den weiteren Akku in Betrieb gehalten wird.

Eventuelle Arbeitspausen, in denen die Datenbrille abgelegt wird, sind bei dieser Maximalbetrachtung von acht Stunden nicht berücksichtigt. Sie könnten für ein Aufladen des Akkus verwendet werden. Durch den dadurch bedingten Einsatz eines kleines Akkus kann Gewicht eingespart werden. Im Allgemeinen kann man davon ausgehen, dass eine steigende Akkukapazität immer mit steigendem Gewicht einhergeht. Hier sind natürlich die Steigerungen der Akkukapazität durch verbesserte chemische Speichersysteme nicht berücksichtigt.

4.5 Charakterisierung der Arbeitsbereiche

Fasst man die Erkenntnisse über die Arbeitsentfernung und die Einsatzdauer zusammen, so lassen sich daraus Anforderungen für Datenbrillen ableiten (Tabelle 4.1).

Tabelle 4.1 Zuordnung Arbeitsentfernung und Einsatzdauer zu Arbeitsbereichen

Bereich	Arbeitsentfernung	Einsatzdauer
Produktentwicklung	Handbereich, naher Fernbereich, abhängig von Produktgröße	Theoretisch 8 h Realistisch 4 h
Produktionsplanung	Planung Arbeitsplätze: Handbereich Fernbereich bis 50 × 30 m	Theoretisch 8 h Realistisch 4 h
Produktion	Handbereich zur Unterstützung manueller Tätigkeiten Überwachung größerer Anlage bis ca. 10 m	8 h
Logistik	Handbereich zur Unterstützung Such- und Greiftätigkeit Fernbereich für Führung und Navigation	8 h
Wartung, Instandhaltung, Service	Handbereich zur Unterstützung manueller Tätigkeit Fernbereich für Fehlersuche	bis zu 8 h
Training	Handbereich zur Unterstützung manueller Tätigkeit Fernbereich für Fehlersuche	bis zu 8 h

4.6 Alter der Mitarbeiter

Die Veränderungen in der Altersstruktur der Bevölkerung in Deutschland und damit auch in der Altersstruktur der Arbeitnehmer in der Industrie sind hinlänglich bekannt. Die Vorhersagen zeigen einen signifikanten Rückgang der erwerbsfähigen Bevölkerung in Deutschland [17]. Bis 2035 wird ein Abnehmen der erwerbsfähigen Bevölkerung zwischen 8,5 % und 11,6 % vorhergesagt (Bild 4.10). Das kann zu einem nicht erfüllten Bedarf an Arbeitskräften in der Industrie führen, was weitere negative Auswirkungen auf die in der Industrie verfügbare Kapazität haben kann.

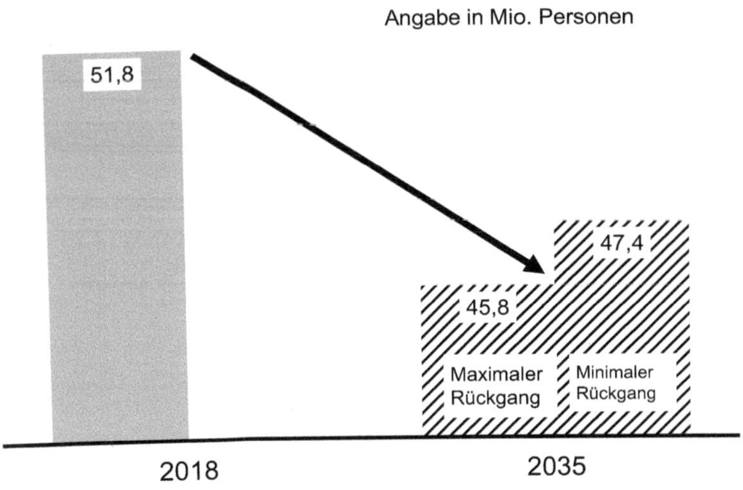

Bild 4.10 Rückgang erwerbsfähiger Bevölkerung 2018 bis 2035 [17]

Parallel zu dieser Herausforderung erhöhen sich weiterhin die Anforderungen an die Arbeitskräfte. Diese Herausforderungen ergeben sich aus den Kundenanforderungen an die Hersteller der Produkte. Der Trend zu immer kürzeren Lieferzeiten bei steigender Anzahl von Produktvarianten ist seit den 1990er-Jahren eine allseits bekannte Entwicklung. Diese erfordert eine zunehmende Automatisierung der durch Menschen ausgeführten Produktionsprozesse und eine zunehmende Assistenzfunktion für den Menschen in der Produktion [18].

Um die für die Gesamtwirtschaft erforderliche Stabilität beziehungsweise Steigerung der Wirtschaftsleistung sicherstellen zu können, sind unterschiedliche Maßnahmen nötig oder vorstellbar. Eine Maßnahme kann die Heraufsetzung des Rentenalters sein, was dann auch zu einer Erhöhung des Durchschnittsalters der Belegschaft in der Industrie führen wird.

Der Einsatz von Datenbrillen kann eine Maßnahme sein, die Effizienz einzelner Mitarbeiter und hier speziell der älteren Mitarbeiter durch Assistenz zu stärken. Allerdings ist hierbei zu beachten, dass Mitarbeiter in dieser Alterskategorie sehr häufig Brillenträger sind. Aufgrund der in Abschnitt 3.18 beschriebenen Alterssichtigkeit trägt eine Vielzahl dieser Menschen Gleitsichtbrillen, was wiederum Auswirkungen auf den Einsatz von Datenbrillen hat.

4.7 Arbeitsplatzbeleuchtung

Die für einen Arbeitsplatz notwendigen Beleuchtungsstärken sind in Deutschland in den entsprechenden Regelwerken festgelegt. Für die für den Einsatz von Datenbrillen betrachteten Einsatzbereiche im industriellen Umfeld liegen die Beleuchtungsstärken zwischen 200 lx (Lagerbereiche mit Leseaufgabe) und 1000 lx (sehr feine Montagearbeiten) [19]. Diese Angabe der Beleuchtungsstärke beschreibt die Menge des auf eine Fläche von einer Lichtquelle auftreffenden Lichtes. Geht man von einem mittleren Reflexionsgrad der Oberflächen ρ im Arbeitsbereich aus, so kann der mit $\rho = 0{,}5$ aus [20] abgeschätzt werden. Mit dem Zusammenhang aus Formel 4.1 wird die vom Auge wahrgenommene Helligkeit der betrachteten Fläche (Leuchtdichte) ermittelt. Die Leuchtdichte liegt in dem betrachteten Falle zwischen 32 cd/m² und 159 cd/m².

$$L = \frac{\rho \cdot E}{\pi} \tag{4.1}$$

Hier ist zu beachten, dass es sich dabei um Mittelwerte über größere Bereiche handelt. Leuchtdichteunterschiede zwischen dem Bereich der Sehaufgabe und weiter entfernten, ausgedehnten Flächen im Gesichtsfeld sollten nicht mehr als 10 : 1 betragen [20]. Punktuell kann die Leuchtdichte jedoch in einem bedeutend größeren Bereich variieren. Es kann in einem Arbeitsbereich kleine Zonen geben, in denen Dunkelheit herrscht, die im Schatten liegen und daher eine bedeutend geringere Leuchtdichte aufweisen. Der Mitarbeiter kann im nahen zeitlichen Kontext beispielsweise durch das Fenster nach außen in den hellen, klaren Tageshimmel mit Sonne schauen und so bedeutend höhere Leuchtdichten (vgl. Tabelle 3.3) wahrnehmen.

4.8 Gleichmäßigkeit der Beleuchtung

Bei der Beleuchtung von Arbeitsplätzen ist zu berücksichtigen, dass die Beleuchtung gleichmäßig ist und es zu großen Unterschieden in der Beleuchtung kommt. [19] und [21] geben an, dass die Gleichmäßigkeit der Beleuchtung $U_0 \geq 0{,}6$ sein soll. Unter der Annahme, dass der Reflexionsgrad ρ und die Fläche konstant sind, kann die Formel 4.2 auf die Leuchtdichten angewandt werden.

$$U_0 = \frac{E_{min}}{E_{mittel}} = \frac{L_{min}}{L_{mittel}} \tag{4.2}$$

Durch eine örtlich gleichmäßige Beleuchtung des Arbeitsplatzes und des Umfeldes wird für den Mitarbeiter ein ergonomisches Umfeld geschaffen. Die Belastung der Augen durch häufiges Adaptieren an unterschiedliche Helligkeiten beziehungsweise Leuchtdichten wird so reduziert oder gar vermieden. Eine gleichmäßige Beleuchtung trägt auch maßgeblich dazu bei, dass Ermüdung vermieden wird. Eine gleichmäßige Beleuchtung schafft eine stabil empfundene Umgebung, die die Konzentration der Mitarbeiter fördert. Für eine zeitliche Gleichmäßigkeit der Beleuchtung ist auch zu sorgen. Hierunter ist zu verstehen, dass die Beleuchtung nicht flimmern oder pulsieren darf. Dadurch können sich die Unfallgefahren erhöhen [19].

4.9 Gesichtsfeld

In Abschnitt 3.2 ist das Gesichtsfeld des Mitarbeiters beschrieben. Das zentrale Gesichtsfeld wird primär für die Überwachung der Ausführung der Haupttätigkeit des Mitarbeiters benötigt. Er muss scharf, klar und farbig erkennen können, welche Tätigkeiten er ausführt. Das periphere Gesichtsfeld unterstützt ihn bei der frühzeitigen Erkennung von Gefahren und unerwarteten Ereignissen, bevor sie im zentralen Gesichtsfeld erkennbar werden. Zu solchen unerwarteten Ereignissen, die vom peripheren Gesichtsfeld wahrgenommen werden können, zählen beispielsweise seitlich herankommende Fahrzeuge auf Kollisionskurs, gefährliche seitlich ablaufende Maschinenbewegungen oder Hinweissignale. Bei dieser frühzeitigen Erkennung ist die Geschwindigkeit der Wahrnehmung von besonderer Bedeutung. Durch die schnelle und durchaus auch zunächst unscharfe Wahrnehmung wird die Aufmerksamkeit des Mitarbeiters sehr schnell auf diese neue Gefahr oder das neue Ereignis gelenkt.

4.10 Temperatur

Als Raumtemperatur wird die vom Menschen empfundene Temperatur seines Umfeldes bezeichnet. Lufttemperatur, Temperatur der umgebenden Flächen und Anlagen bestimmen sie. Sind die drei Parameter des Körpers, Wärmezufuhr von außen, Wärmeerzeugung und Wärmeabgabe in die Umgebung, ausgeglichen, dann spricht man von der gesundheitlich zuträglichen Temperatur. Ein weiterer wichtiger Faktor dafür ist die Schwere der Arbeit (Tabelle 4.2) [22].

Tabelle 4.2 Mindestwerte der Lufttemperatur in Arbeitsräumen [22]

	Arbeitsschwere		
Überwiegende Körperhaltung	ruhiges Sitzen beziehungsweise Stehen verbunden mit gelegentlichem Gehen	mittelschwere Hand-/Arm- oder Beinarbeit im Sitzen, Gehen oder Stehen	schwere Hand-/Arm-, Bein- und Rumpfarbeit im Gehen oder Stehen
Sitzen	+20 °C	+19 °C	–
Stehen, Gehen	+19 °C	+17 °C	+12 °C

In der Industrie sind Arbeitsplätze mit den unterschiedlichen Temperaturen vorhanden. Beispielsweise herrschen in einem Kühlhaus sehr tiefe Temperaturen, gegen die sich der Mitarbeiter entsprechend schützen kann. Am anderen Ende der Skala sind Arbeitsplätze mit sehr hohen Temperaturen. Dazu zählen beispielsweise Schweißereien oder Metallerzeugungsbereiche. Auch gegen diese hohen Temperaturen kann sich der Mitarbeiter schützen. Problematischer sind Arbeitsbereiche, in denen die Temperatur sehr stark schwankt. Hierfür soll ein Logistikarbeitsplatz in einem Kühlhaus als Beispiel dienen. Bei Arbeiten im Kühlhaus herrschen tiefe Temperaturen, außerhalb des Kühlhauses, beispielsweise im Beladebereich für Lkw, sind im Sommer die Temperaturen sehr hoch. Wie das Beispiel zeigt, sind Temperaturschwankungen für den Mitarbeiter von –20 °C bis +30 °C denkbar. Das sind Schwankungen von 50 °C. Solche großen Temperaturschwankungen beeinflussen Menschen und Anlagen in diesem Bereich und sind bei der Planung zu berücksichtigen.

4.11 Luftfeuchtigkeit

Luftfeuchte oder Luftfeuchtigkeit bezeichnet den Wassergehalt in der Luft. Bei hoher Temperatur kann die Luft mehr Wasser aufnehmen als bei niedriger Temperatur. Das bedeutet, dass die in die Luft eingebrachte Wärmeenergie einen großen Einfluss auf die Luftfeuchtigkeit ausübt. Zu trockene Luft führt zu vermehrtem Feinstaub oder größerer Anzahl Viren in der Luft. Damit sinkt das Wohlbefinden der Mitarbeiter. Zu hohe Luftfeuchtigkeit begünstigt Korrosion und wird in gleichem Maße von den Mitarbeitern negativ wahrgenommen. Die Luftfeuchtigkeit sollte daher im Bereich zwischen 40 % und 60 % liegen [22].

Es gibt jedoch Arbeitsplätze, an denen technikbedingt oder produktbedingt eine andere Luftfeuchtigkeit herrschen muss. Als Beispiel soll hier die Herstellung von Lithium-Ionen-Batteriezellen dienen. Aufgrund der stark hygroskopischen Eigenschaften des Aktivmatetrials herrscht an solchen Arbeitsplätzen eine Luftfeuchtigkeit von weniger als 2 %. Auch eine solche niedrige Luftfeuchtigkeit kann eine negative Auswirkung auf die Elektronik der Datenbrille oder der Steuereinheit haben.

4.12 Staub

Staub ist ein Gemisch aus sehr kleinen Partikeln und Luft. Die Größe des Staubes beeinflusst maßgeblich seine Gefährlichkeit. Die Partikel können aus den unterschiedlichen Materialien bestehen. Es kann sich um Abrieb aus den Anlagen handeln oder um Partikel aus der Handhabung von Pulvern oder aus anderen Quellen. Dieser Staub kann aus den unterschiedlichen Materialien bestehen: Metall, Kunststoff, Holz, Kohlenstoff oder Ähnliches. Eine weitere unterscheidende Eigenschaft der Partikel ist deren Leitfähigkeit. Neben den eventuell abrasiven Eigenschaften kann deren Leitfähigkeit einen negativen Einfluss auf die Elektronik der Datenbrille ausüben. [23] und die darin weiter zitierten Dokumente listen die Grenzwerte für Stäube aus unterschiedlichen Materialien auf. Hierbei liegt der Fokus auf der Arbeitssicherheit des Menschen.

4.13 Schmutz

Als Schmutz werden solche Materialien angesehen, die aus Sicht des Nutzers an der betrachteten Stelle unerwünscht sind. Schmutz kann als Staub, als Rückstand oder als Flüssigkeit auftreten. Schmutz kann Träger von Mikroorganismen, Schadstoff oder Material mit sonstigen unerwünschten Eigenschaften sein. Im Industriebetrieb besteht weiterhin die Gefahr, dass Schmutz auf das Produkt oder die Arbeitsmittel übertragen wird und diese dann schädigen kann.

4.14 Elektromagnetische Felder

Der Mensch ist im Allgemeinen permanent elektromagnetischen Feldern ausgesetzt. Die Quellen solcher Strahlung können natürlichen oder künstlichen Ursprungs sein. Gerade an industriellen Arbeitsplätzen besteht die Gefahr, dass vermehrt elektromagnetische Felder, verursacht durch elektrisch betriebene Maschinen und Anlagen, Leitungen für elektrische Energie oder Sendeeinrichtungen, vorhanden sind und auf den Menschen und die Anlagen einwirken. Auch an dieser Stelle sei auf das Regel- und Vorschriftenwerk im Bereich des Arbeitsschutzes hingewiesen [24].

4.15 Vibration

Vibrationen sind periodische mechanische Schwingungen, die in einem Arbeitsbereich von Quellen innerhalb oder von Quellen außerhalb des Arbeitsbereichs in den Arbeitsbereich hineinkommen. Quellen für Vibrationen können Maschinen, Anlagen oder Fahrzeuge sein. Zum Schutz der Mitarbeiter vor schädlichen Vibrationen ist im Rahmen des Gesundheitsschutzes ein umfassendes Regelwerk entstanden. Dazu zählen die Verordnung zum Schutz der Beschäftigten vor Gefährdungen durch Lärm und Vibrationen sowie andere Vorschriften und Regeln. Neben den negativen Auswirkungen der Vibrationen auf den Menschen können Vibrationen auch zu einem höheren Verschleiß der Datenbrille sowie der Steuerungseinheit mit eventuellen Kabelverbindungen ausüben.

4.16 Lärm

Als Lärm werden Geräusche bezeichnet, die auf den Menschen oder die Umwelt belastend oder gar schädigend einwirken. [25] beschreibt Lärm als jegliche Art von Schall, der zu einer Beeinträchtigung des Hörvermögens oder zu einer sonstigen mittelbaren oder unmittelbaren Gefährdung von Sicherheit und Gesundheit der Beschäftigten führen kann. Neben der schädigenden Wirkung von Lärm kann dieser die akustische Kommunikation zwischen Mitarbeitern behindern oder verhindern.

4.17 Mensch-Maschine-Schnittstelle

Im Rahmen seiner Tätigkeit am Arbeitsplatz oder im Arbeitsbereich interagiert der Mitarbeiter mit den Anlagen oder Einrichtungen an seinem Arbeitsplatz. Diese Interaktion kann auch mit dem vereinfachten Regelkreis aus Bild 2.7 beschrieben werden. Hierbei ist nicht relevant, ob es sich um einen Arbeitsplatz mit konventionellen Maschinen und deren Bedienung oder um einen Arbeitsplatz mit digitalisierter Ein- und Ausgabe handelt.

Literatur

[1] W. Friedrich und et al., ARVIKA, W. Friedrich, Hrsg., Erlangen: Pulbicis Corporate Publishing, 2004, S. 250.

[2] W. Schreiber und P. Zimmermann, Hrsg., Virtuelle Techniken im industriellen Umfeld, Heidelberg: Springer Verlag, 2011, S. 346.

[3] W. Schreiber, P. Zimmermann und K. Zürl, Hrsg., Web-basierte Anwendungen Virtueller Techniken, Berlin: Springer Vieweg, 2017, S. 462.

[4] Konradin-Verlag Robert Kohlhammer GmbH, „Industrial Metaverse – so nutzt die Industrie bereits Augmented Reality", 05. 09. 2022. [Online]. Available: *https://kem.industrie.de/digitalisierung/industrial-metaverse-so-nutzt-die-industrie-bereits-augmented-reality/#slider-intro-1.* [Zugriff am 13. 09. 2023].

[5] Audi AG, „Audi steigert Effizienz in der Logistikplanung durch augmented Reality", 01. 12. 2020. [Online]. Available: *https://www.audi-mediacenter.com/de/pressemitteilungen/audi-steigert-effizienz-in-der-logistikplanung-durch-augmented-reality-13441.* [Zugriff am 13. 09. 2023].

[6] WIN-Verlag GmbH & Co. KG, „Standards für Augmented-Reality-Anwendungen in der Produktion", Digital Manufacturing, 04. 08. 2020. [Online]. Available: file:///C:/Users/werne/Downloads/Standards%20f%C3%BCr%20Augmented-Reality-Anwendungen%20in%20der%20Produktion.htm. [Zugriff am 13. 09. 2023].

[7] Monopoly919, iot smart industry 4.0 concept. Industrial engineer(blurred) using smart glasses with augmented mixed virtual reality technology to read the data that how to fix or maintenance the machine, #188158708, Hrsg., Adobe Stock.

[8] A. Wild, „Wie Augmented Reality bereit für den Produktionsalltag wird", 04. 07. 2019. [Online]. Available: *https://www.produktion.de/technik/zukunftstechnologien/virtual-reality/wie-augmented-reality-bereit-fuer-den-produktionsalltag-wird-308.html.* [Zugriff am 13. 09. 2023].

[9] Summit Art Creations, Smart warehouse management system using augmented reality technology to identify package picking and delivery. Future concept of supply chain and logistic business, Adobe Stock.

[10] T. Alt, Augmented Reality in der Produktion, München: Herbert Utz Verlag, 2003, S. 137.

[11] WayBack Machine, Augmented Reality (August 1962), 2006.

[12] Škoda Auto a.s., „ŠKODA AUTO testet Augmented Reality-Brillen zur Maschinenwartung und für technische Schulungen", 10. 05. 2021. [Online]. Available: *https://www.skoda-storyboard.com/de/pressemitteilungen-archive/skoda-auto-testet-augmented-reality-brillen-zur-maschinenwartung-und-fuer-technische-schulungen/*. [Zugriff am 15. 09. 2023].

[13] zapp2photo, Augmented reality, customer service concept. Engineer using AR glasses instruction manual application to fix maintenance car engine. Adobe Stock.

[14] Berufsgenossenschaft Energie Textil Elektro Medienerzeugnisse, Ergonomische Gestaltung von Montagearbeitsplätzen, 2023.

[15] M. Adler und et al., Ergonomiekompendium, BAuA, Hrsg., Dortmund, 2010.

[16] G. Riexinger und et al., „Kooperative Fabrikplanung mit Mixed Reality", WT Werkstatttechnik, Bd. 113, Nr. 4, S. 135 – 139, 2023.

[17] Statistisches Bundesamt, Bevölkerung im Erwerbsalter sinkt bis 2035 voraussichtlich um 4 bis 6 Millionen, Wiesbaden, 2019.

[18] M. Schenk, Hrsg., Produktion und Logistik mit Zukunft, Berlin: Springer Verlag Berlin, 2015, S. 382.

[19] Ausschuss für Arbeitsstätten, ASR A3.4 Beleuchtung und Sichtverbindung, 2023.

[20] Trilux GmbH & Co. KG, Beleuchtungspraxis, T. G. &. C. KG, Hrsg., Arnsberg, 2022.

[21] Deutsche Gesetzliche Unfallversicherung e. V. (DGUV), Natürliche und künstliche Beleuchtung von Arbeitsstätten, Berlin, 2016.

[22] Ausschuss für Arbeitsstätten, ASR A3.5 Raumtemperatur, 2022.

[23] Ausschuss für Gefahrstoffe, „TRGS 900 Arbeitsplatzgrenzwerte", Januar 2006. [Online]. Available: *https://www.baua.de/DE/Angebote/Regelwerk/TRGS/TRGS-900.html__nnn=true*. [Zugriff am 23. 03. 2024].

[24] Bundesanstalt für Arbeitsschutz und Arbeitsmedizin (BAUA), „Elektromagnetische Felder", [Online]. Available: *https://www.baua.de/DE/Themen/Arbeitsgestaltung/Gefaehrdungsbeurteilung/Handbuch-Gefaehrdungsbeurteilung/Expertenwissen/Physikalische-Einwirkungen/Elektromagnetische-Felder/Elektromagnetische-Felder_dossier.html?pos=1*. [Zugriff am 23. 03. 2024].

[25] Ausschuss für Arbeitsstätten, „ASR A3.7 Lärm", 03 2021. [Online]. Available: *https://www.baua.de/DE/Angebote/Regelwerk/ASR/ASR-A3-7.html*. [Zugriff am 23. 03. 2024].

[26] Microsoft Corp., „Mixed Reality: Technologie und Impulsgeber für eine Arbeitswelt im Wandel", [Online]. Available: *https://news.microsoft.com/de-de/features/mixed-reality-technologien-neue-arbeitswelt/*. [Zugriff am 13. 09. 20223].

5 Datenbrillen

Da im Rahmen dieser Untersuchung Augmented-Reality-Anwendungen für kontextsensitive Visualisierung mit kongruenter Überlagerung betrachtet werden, werden ausschließlich binokulare Datenbrillen berücksichtigt. Sie besitzen je eine unabhängige Bildquelle für jedes Auge. Damit besteht die Möglichkeit, für Stereodarstellungen zwei unterschiedliche Bilder darzustellen, um den Stereoeindruck beziehungsweise den Tiefeneindruck der virtuellen Daten zu erzeugen. Bei den Datenbrillen ist derzeit die Position der Bildquellen im Gerät üblicherweise fest. Die Eigenschaften einiger Datenbrillen werden hier exemplarisch aufgeführt und erklärt. In den folgenden Abschnitten werden dann die Eigenschaften des visuellen Systems des Menschen mit den Anforderungen der Anwendungen und den Eigenschaften der Datenbrillen zusammengebracht.

5.1 Bildweite

Jedes optische System, das Bilder darstellt, stellt sie in einer definierten Entfernung scharf dar. In der Optik wird diese Entfernung als Bildweite b bezeichnet. Bei einer Datenbrille ist die Bildweite der Abstand von der Datenbrille zum Ort der scharfen Abbildung des Bildes oder vom Auge zu diesem Ort.

Die Bildweite von Datenbrillen ist im Allgemeinen fest oder lässt sich manuell für eine definierte Bildweite anpassen. In [1] wird diese Bildweite von Datenbrillen mit 1,5 m bis 3 m abgeschätzt. Für die speziellen industriellen Anwendungen ist diese Bildweite der verwendeten Datenbrille zu ermitteln.

5.2 Leuchtdichte Bildquelle

Die Leuchtdichte der von der Bildquelle dargestellten Bilder der Virtualität wird vom Nutzer wahrgenommen. Tabelle 5.1 zeigt, dass aktuelle Datenbrillen Leuchtdichten bis maximal 2000 cd/m^2 realisieren können. Allerdings liegen typische Leuchtdichten der Anzeigen der Datenbrillen im Bereich bis zu 500 cd/m^2. Für die MagicLeap2 wird eine minimale Leuchtdichte von 20 cd/m^2 angegeben. Zur Anpassung an eventuell hohe Leuchtdichte der Umgebung rüsten einige Hersteller die Datenbrille mit Zusatzfassungen mit getönten Gläsern oder getönten Aufsätzen aus (Bild 5.1).

Bild 5.1 Lichtreduzierende Aufsätze, Epson Moverio BT-200

Die Wirkung solcher getönten Aufsätze kann mit der einer Sonnenbrille verglichen werden. Die Leuchtdichte der Wahrnehmung der Realität wird gleichmäßig reduziert. Der getönte Aufsatz sitzt vor der Datenbrille, sodass das Licht der Bildquelle vom Aufsatz nicht beeinträchtigt wird. Das Tragen einer Datenbrille mit einem solchen Aufsatz in Innenräumen mit geringeren Leuchtdichten kann daher dazu führen, dass die Umgebung nicht sicher erkannt wird, beispielsweise werden Gefahrenstellen nicht erkannt. Bei Arbeiten im Freien mit einer Datenbrille kann es erforderlich sein, die Augen vor UV-Strahlung zu schützen. In diesem Fall ist zu prüfen, ob der Vorsatz für die Datenbrille über eine entsprechende Filterwirkung verfügt.

5.3 Sichtfeld, Bildwinkel

Das Sichtfeld bezeichnet den Bereich einer optischen Einrichtung, innerhalb dessen Ereignisse oder Veränderungen wahrgenommen werden können [2]. Bei einer Datenbrille ist das Sichtfeld der Winkelbereich, in dem virtuelle Bilder von der Bildquelle angezeigt und vom Nutzer wahrgenommen werden können (Bild 5.2). Bei Datenbrillen wird die Größe des Bildwinkels typischerweise als Winkel der Diagonale der Bildquelle α_d angegeben.

Für die weitere Betrachtung wird teilweise der Winkel der Bildquellenhorizontalen verwendet. Typischerweise werden für die Datenbrillen die Anzahl Pixel beziehungsweise Auflösung in horizontaler ($Anz\ Px_h$) und vertikaler ($Anz\ Px_v$) Richtung vom Hersteller angegeben. Aus dem Verhältnis V_P der beiden Anzahlen Pixel lassen sich die Zusammenhänge der Bildwinkel beschreiben:

$$V_P = \frac{Anz\ Px_h}{Anz\ Px_v} \tag{5.1}$$

$$\tan\left(\frac{\alpha_h}{2}\right) = \frac{V_P}{\sqrt{1 + V_P^2}} \cdot \tan\left(\frac{\alpha_d}{2}\right) \tag{5.2}$$

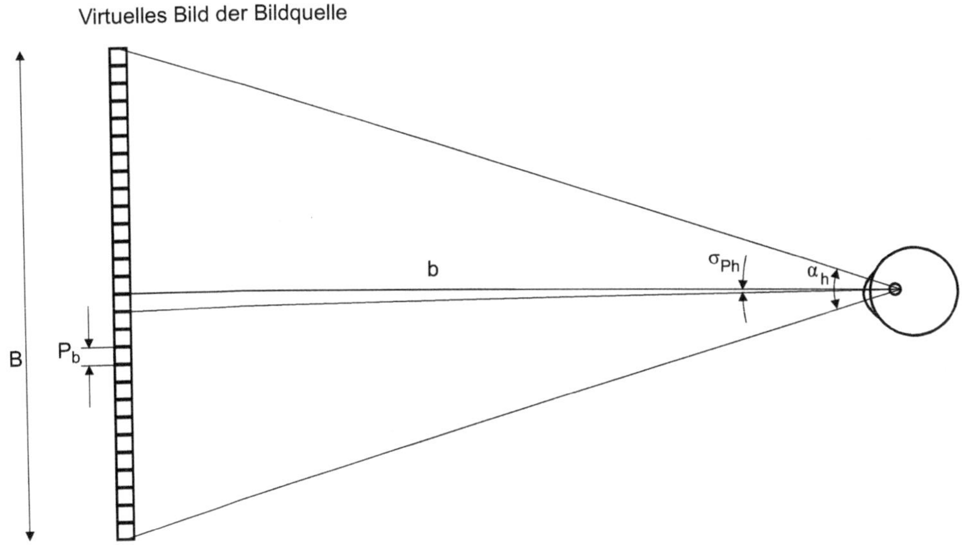

Bild 5.2 Verhältnisse zwischen Auge und Bildquelle

Das Bild der Bildquelle nimmt der Nutzer in der Bildweite b unter dem Bildwinkel α_h mit einer Breite B wahr.

$$B = 2 \cdot b \cdot \tan\left(\frac{\alpha_h}{2}\right) \tag{5.3}$$

Jedes Pixel der Datenquelle besitzt damit die Breite P_b:

$$P_b = \frac{B}{Anz\ Px_h} \tag{5.4}$$

und erscheint unter einem Sehwinkel σ_{Pb}.

$$P_b = b \cdot \tan \sigma_{Ph} \tag{5.5}$$

Damit ergibt sich folgender Zusammenhang zwischen Sehwinkel σ_{Pb}, dem Bildwinkel α_h und der Anzahl Pixel in horizontaler Ausrichtung $Anz\ Px_h$:

$$\tan \sigma_{Ph} = \frac{2 \cdot \tan\left(\frac{\alpha_h}{2}\right)}{Anz\ Px_h} \tag{5.6}$$

Für den vertikalen Bildwinkel α_v gilt der Zusammenhang analog.

5.4 Blickfeld Datenbrille

Analog zum Blickfeld des Nutzers (siehe Abschnitt 3.2) kann auch ein Blickfeld bei der Nutzung der Datenbrille beschrieben werden. Als Blickfeld der Datenbrille wird der Bereich definiert, den der Nutzer bei korrekter Positionierung der Datenbrille am Kopf bei unbewegtem Kopf durch die mögliche Bewegung der Augen durch die gesamte transparente Fläche der Datenbrille fixieren kann.

Das Blickfeld Datenbrille kann durch Konstruktionselemente der Datenbrille eingeschränkt werden. Dazu zählen beispielsweise der Rahmen, der optische Elemente fasst, oder die Bügel der Datenbrille, die sie auf dem Kopf halten. Jede größer diese Elemente sind, desto mehr vom Gesichtsfeld des Menschen wird davon abgedeckt und kann folglich vom Menschen nicht sofort überblickt werden (Bild 5.3).

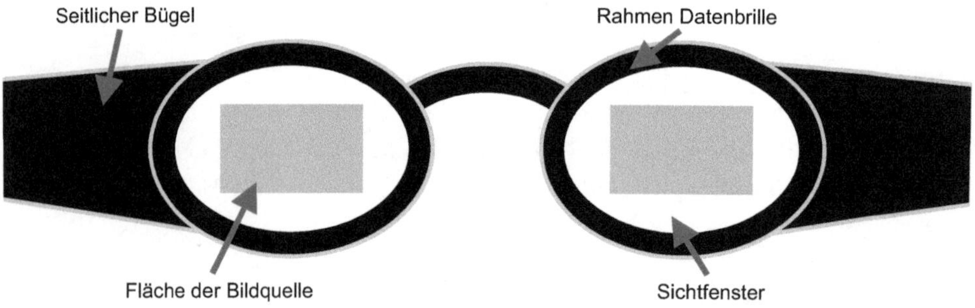

Bild 5.3 Schematische Darstellung des Blickfelds der Datenbrille

Das Blickfeld der Datenbrille ist größer als deren Bildfeld, in dem computergenerierte Daten visualisiert werden können. Das bedeutet, dass der Nutzer neben der Fläche, die von der Bildquelle für die Projektion verwendet wird, vorbeischauen kann. In diesem Bereich nimmt er ausschließlich die Realität wahr.

5.5 Aktuelle Datenbrillen

Die hier betrachteten Datenbrillen stellen natürlich nur eine kleine Auswahl der am Markt verfügbaren Systeme dar (Tabelle 5.1). Die Aufstellung dient als Beispiel und kann mit den dazugehörigen Ableitungen für andere, nicht aufgeführte Datenbrillen leicht nachvollzogen werden.

Die hier aufgeführten Bezeichnungen der Datenbrillen werden nur zur Bezeichnung der jeweiligen Datenbrille verwendet. Die Markenrechte stehen dem jeweiligen Rechtsinhaber zu.

Tabelle 5.1 Daten der Datenbrillen

Datenbrille	Auflösung *Anz* $Px_h \times$ *Anz* Px_v	Bildwinkel α	Bildweite b	Leuchtdichte L	Quelle
Epson Moverio BT-200	960 × 540	23° dia	2,5 m		[3]
Epson Moverio BT-300	1280 × 720	23° dia	2,5 m		[4]
Epson Moverio BT-35E	1280 × 720	23° dia	2,5 m		[5], [6]
Epson Moverio BT-40/40S	1920 × 1080	34° dia	2,5 m		[7], [8]
Epson Moverio BT-45C/CS	1920 × 1080	34° dia	5 m		[9], [10]
MagicLeap2	1760 × 1440	70° dia 44,6° ver 53,6° hor	0,37 m bis ∞	20 – 2000 cd/m²	[11], [12]
Microsoft HoloLens2	2048 × 1080	54° dia	1,5 m bis 5 m opt. 2 m	500 cd/m²	[13], [14], [15], [16], [17]
Nreal light	1920 × 1080	52° dia	3 m	280 cd/m²	[18], [19], [20]
		dia: diagonal ver: vertikal hor: horizontal			

Die Auflösung der Datenbrille wird hier in Anzahl Pixel in horizontaler und vertikaler Richtung angegeben. Die Auflösung beeinflusst die Schärfe und die Detaillierung des Bildes der Bildquelle. Die Eigenschaften der optischen Elemente, die das Bild von der Bildquelle zum Auge leiten, bestimmen zusätzlich maßgeblich die Schärfe des vom Nutzer wahrgenommenen Bildes.

Tabelle 5.2 Daten der Datenbrillen (Bildweite gemäß Tabelle 5.1)

Datenbrille	Bildbreite in Bildweite *B*	Bildhöhe in Bildweite *H*	Bildwinkel horizontal α_h	Bildwinkel vertikal α_v	Sehwinkel pro Pixel horizontal σ_{Ph}
Epson Moverio BT-200	886 mm	499 mm	20,1°	11,4°	0,021°
Epson Moverio BT-300	886 mm	499 mm	20,1°	11,4°	0,016°
Epson Moverio BT-35E	886 mm	499 mm	20,1°	11,4°	0,016°
Epson Moverio BT-40/40S	1332 mm	749 mm	29,8°	17,0°	0,016°
Epson Moverio BT-45C/CS	2665 mm	1499 mm	29,8°	17,0°	0,016°
MagicLeap2 (*b* = 370 mm)	401 mm	328 mm	53,6° [1)]	144,6°	0,035°
MagicLeap2 (*b* = 2500 mm)	2710 mm	2217 mm	53,6° [1)]	144,6°	0,035°
Microsoft HoloLens2 (*b* = 1500 mm)	1352 mm	713 mm	48,5°	26,7°	0,025°
Microsoft HoloLens2 (*b* = 2000 mm)	2058 mm	950 mm	48,5°	26,7°	0,025°
Microsoft HoloLens2 (*b* = 5000 mm)	5095 mm	2376 mm	48,5°	26,7°	0,025°
Nreal light	2551 mm	1435 mm	46,1°	26,9°	0,025°

[1)] Für die MagicLeap2-Datenbrille sind die Werte in [21] angegeben.

Die Sehwinkel pro Pixel σ_{Ph} der unterschiedlichen Datenbrillen ist größer als das maximale Auflösungsvermögen vom Auge von 0,01667° (siehe Abschnitt 3.8).

5.5.1 Epson

Bei den hier aufgeführten Modellen der Datenbrillen der Firma Epson handelt es sich um binokulare Systeme. Sie besitzen eine drahtgebundene Steuerungseinheit, in der auch die Lithium-Ionen-Akkus zur Energieversorgung eingebaut sind. Auf der Steuerungseinheit befindet sich ein Touchpad, mit dem Daten in das System eingegeben werden können.

Es kann ein getönter Aufsatz vor die Datenbrille montiert werden. Mit einer auf der Rückseite der Anzeigeeinheit montierbaren Fassung können nutzerindividuelle Korrekturgläser angebracht werden. Ein Lichtsensor erfasst die Helligkeit der Umgebung. Auf Basis dieser Information wird die Bildhelligkeit eingestellt. Bei den Epson-Modellen wird im Datenblatt jeweils ein virtueller Betrachtungsabstand oder eine Bildweite von 2,5 m oder 5 m (siehe Tabelle 5.1) angegeben.

5.5.2 MagicLeap2

Bei der Datenbrille MagicLeap2 handelt es sich um ein binokulares System mit einem Kopfträger, einer kabelgebundenen Steuereinheit sowie einer funkgekoppelten Steuereinheit. Korrekturgläser können an der Datenbrille angebracht werden. Die Datenbrille ist mit einer Autofokuskamera sowie mit unterschiedlichen Sensoren ausgestattet. Dazu gehören Umfeldkameras, Tiefenkamera, Kameras für Augentracking sowie ein Lichtsensor für das Umgebungslicht.

Für die MagicLeap2 wird ein Arbeitsbereich für die Darstellung des virtuellen Bildes von 0,37 m bis unendlich in den technischen Daten angegeben [11]. Für das Produkt wird weiterhin angegeben, dass es für Nutzer mit einer Pupillendistanz zwischen 54 und 76 mm geeignet ist. Damit wird der Bereich gemäß Bild 3.6 vollständig abgedeckt [21]. Die Helligkeit der Bildquelle wird nur auf [12] mit 20 nt[1)] bis 2000 nt angegeben.

5.5.3 Microsoft HoloLens2

Die Microsoft HoloLens2 ist eine Datenbrille mit fest eingebauter Steuereinheit und Energieversorgung. Die komplette Einheit ist kopfgetragen. Durch die Anordnung der Komponenten wird für ein gewisses Gleichgewicht auf dem Kopf gesorgt.

Die HoloLens2 besitzt für das Kopftracking vier Kameras für sichtbares Licht, zwei IR-Kameras für das Augentracking, einen Tiefensensor, Beschleunigungsmesser, Kreisel, Magnetometer sowie eine Kamera für Fotos und Videos. Die Kameras für das Au-

1 Nit, Einheit für Leuchtdichte, 1 nt = 1 cd/m^2, meist in den USA verwendet

gentracking werden auch für die Bestimmung der Pupillendistanz, der See-Through-Kalibrierung sowie der Nutzeridentifikation durch Retina-Scan verwendet.

Das System wird durch spezielle Handbewegungen gesteuert. Die Bildquellenhelligkeit wird über eine Taste eingestellt. Für die Bildweite wird der Bereich von 1,5 m bis 5 m angegeben. Die optimale Bildweite soll 2 m betragen.

5.5.4 Nreal Light

Die Datenbrille Nreal Light ist ein mehrteiliges System mit einer binokularen Optik. Die Datenbrille kann sowohl im Durchsichtmodus für Augmented-Reality-Anwendungen oder im Virtual-Reality-Modus ohne Wahrnehmung der Realität betrieben werden. Sie besitzt ein eingebautes Trackingsystem, zwei Umfeldkameras mit ca. 120° Bildwinkel sowie einen Umgebungslichtsensor [18].

Korrekturgläser sind magnetisch in die Fassung einsetzbar. Für die Datenbrille wird für die Pupillendistanz ein Bereich von 53,5 bis 73,5 mm angegeben. Damit wird der in Bild 3.6 dargestellte Bereich der Pupillendistanz abgedeckt. Der Betrieb der Datenbrille erfordert die separate Computereinheit und die separate Steuerungseinheit.

5.6 Korrekturmöglichkeit

Nutzer, die mit Einstärkengläsern ihre Fehlsichtigkeit ausreichend kompensieren können, sollten die Korrekturgläser natürlich auch in Verbindung mit der Datenbrille nutzen können. Dafür muss die Datenbrille in zusätzlichen Halterungen oder Fassungen die Möglichkeit bieten, zusätzliche Brillengläser zu integrieren. Bild 5.4 zeigt einen solchen Einsatz für Korrekturgläser bei der Datenbrille Epson Moverio BT-200. Die Größe der Fassung der Korrekturgläser muss an die Form und die Größe des Sichtfeldes der Datenbrille angepasst sein. Die Verwendung der Korrekturgläser darf den Blick auf die Bildquelle nicht einschränken.

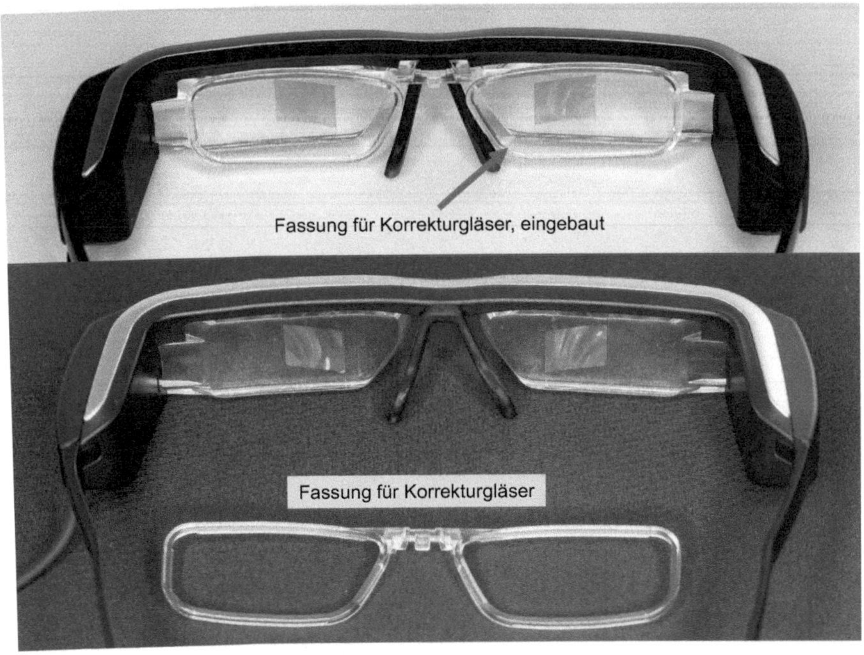

Bild 5.4 Einsetzbare Fassung für Brillengläser bei Epson Moverio BT-200

5.7 Anpassung Pupillendistanz

Für einen guten Tragekomfort muss die Datenbrille der Pupillendistanz des Nutzers angepasst werden. Das bedeutet, dass die Abstände der Bildquellen oder des Displays der Pupillendistanz des Nutzers entsprechen müssen. [1] rät bei der Verwendung von Datenbrillen unbedingt zur Möglichkeit der Einstellbarkeit der Pupillendistanz. Anderenfalls sieht der Nutzer nur einen Teil der Bildquelle und kann damit nicht das gesamte Sichtfeld der Datenbrille für seine Anwendung nutzen. Bild 5.5 rechts zeigt diesen Fall schematisch.

Die Einstellung kann mechanisch durch eine Abstandsverstellung in der Datenbrille oder elektronisch durch eine Verschiebung des Mittelpunktes der Bildquellen ausgeführt werden. Im letzten Fall bleibt ein Teil der Fläche der Bildquelle in jedem Falle ungenutzt.

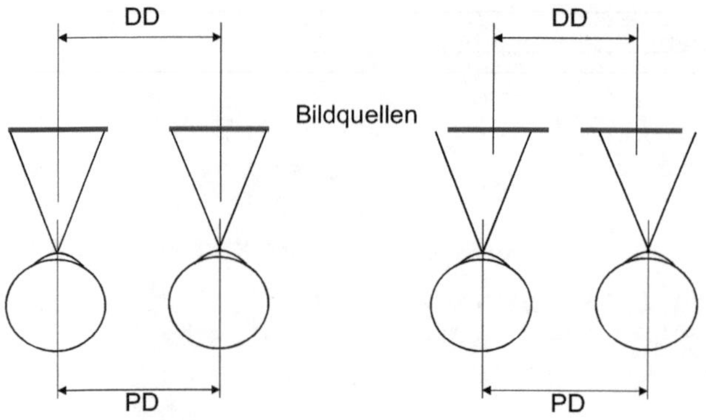

Bild 5.5
Zusammenhang von Pupillendistanz (PD) und Abstand der Bildquellen (DD)

5.8 Verzeichnung

Die Verzeichnung ist ein geometrischer Abbildungsfehler optischer Systeme, der zu einer lokalen Veränderung des Abbildungsmaßstabes führt. Die Maßstabsänderung beruht auf einer Änderung der Vergrößerung in Abhängigkeit vom Ort des abgebildeten Bildpunktes. In einer Datenbrille sind drei Quellen für eine Verzeichnung des dargestellten Bildes vorstellbar.

5.8.1 Verzeichnung Bild der Virtualität

Die Daten können theoretisch schon eine Verzeichnung beinhalten. Ein solcher Fehler sollte bei der Datengenerierung vermieden werden. Die Bildquelle kann aufgrund von Fertigungstoleranzen das Bild verzeichnet darstellen. Ein solcher Fehler kann durch Vermessen des dargestellten Bildes erfasst werden. Eine Datenbrille besitzt ein optisches System aus Linsen oder anderen Elementen. Damit wird es optische Verzeichnungen geben. Das Zusammenwirken der drei Ursachen für die Verzeichnung ist die Verzeichnung des optischen Systems der Datenbrille.

Als Verzeichnung eines optischen Systems wird die Änderung des Abbildungsmaßstabs über der Sensor- oder Bildquellenfläche bezeichnet. Im Falle einer Datenbrille kann die Verzeichnung des bildgebenden Systems auf Basis von Bild 5.6 mit der folgenden Formel beschrieben werden:

$$V = 1 - \frac{r_v}{r_u} \tag{5.7}$$

Der Abstand eines Bildpunktes auf der Bildquelle von der optischen Achse mit dem zentralen Pixel ist mit r bezeichnet. In diesem Fall bezeichnet r_u den Abstand des Mittelpunktes eines Pixels vom Mittelpunkt des zentralen Pixels ohne Verzeichnung. Das gestrichelt gezeichnete Quadrat in Bild 5.6 kennzeichnet die Fläche eines Pixels bei verzeichneter Darstellung. Der dazugehörige Abstand ist r_v. Legt man die Abbildungsgenauigkeit mit der Anforderungsklasse „fein“ gemäß Abschnitt 7.8.1 mit der halben Pixelbreite ($\pm P_h/2$) zugrunde, so ergibt sich das folgende Bild:

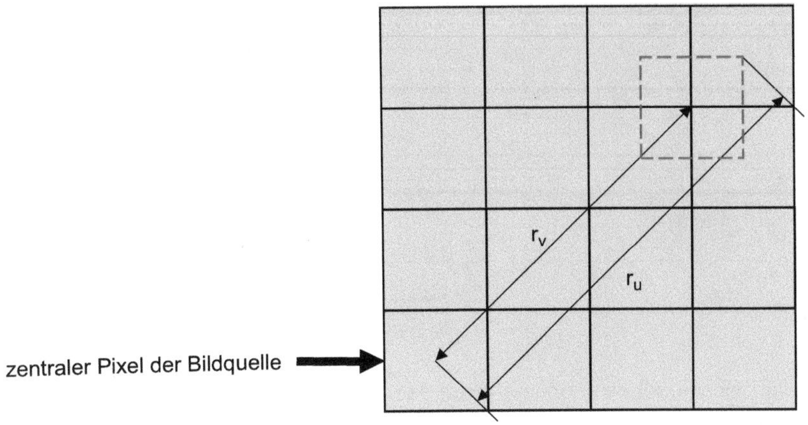

Bild 5.6 Bestimmung der Verzeichnung, schematisch

Datenbrillen besitzen meist bauartbedingt ein komplexes optisches System, das nicht rotationssymmetrisch aufgebaut ist. Solche Systeme besitzen daher eine komplexe Verzeichnung, die nicht einfach optisch zu korrigieren ist, wie es beispielsweise von Objektiven her bekannt ist. Bild 5.7 und Bild 5.8 zeigen solche komplexen optischen Systeme.

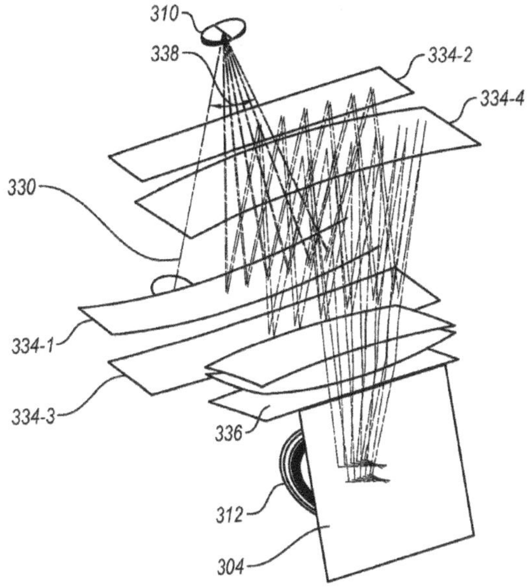

Bild 5.7
Optisches System, Microsoft HoloLens2 [22]

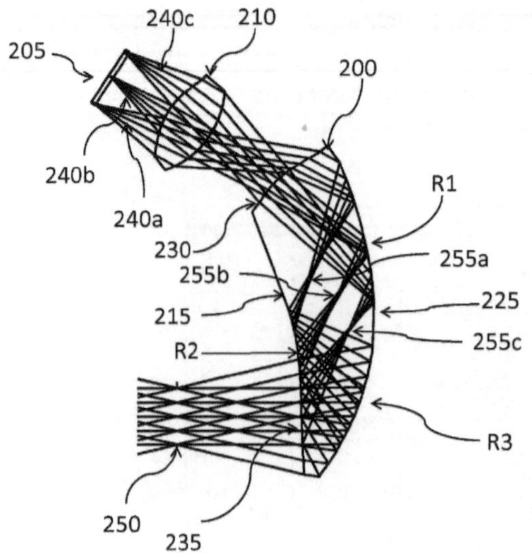

Bild 5.8
Optisches System Waveguide, MagicLeap [23]

Die Verzeichnung des optischen Systems einer Datenbrille sollte individuell berechnet oder idealerweise gemessen werden. Reichen die Korrekturen im optischen System nicht aus, um die Verzeichnung auf ein akzeptables Maß zu reduzieren, so kann sie im bilderzeugenden System korrigiert werden. Das erzeugte Bild wird dabei so vorverzeichnet, dass es vom Nutzer als unverzeichnet wahrgenommen wird. Solche rechnerischen Verfahren werden heute bei den gängigen Bildbearbeitungsprogrammen eingesetzt.

5.8.2 Verzeichnung Bild der Realität

In Abschnitt 5.4 wird das Blickfeld einer Datenbrille dargestellt. Innerhalb dieses Blickfeldes nimmt der Nutzer die Realität wahr. Da dieser Blick meistens durch weitere optische Elemente geführt wird, können hier Verzeichnungen der Wahrnehmung auftreten. Diese optischen Verzeichnungen hängen von der Geometrie und dem Werkstoff dieser optischen Elemente ab.

5.9 Chromatische Aberration

Die optischen Elemente der Datenbrille verursachen, wie optische Elemente in anderen Geräten, beispielsweise Fotoobjektive, Abbildungsfehler. Diese Abbildungsfehler können teilweise durch eine entsprechende Konstruktion und Materialauswahl des optischen Systems korrigiert werden. Chromatische Aberrationen entstehen aufgrund der unterschiedlichen Brechungsindices der verschiedenen Wellenlängen des Lichtes und verursachen Farbränder oder Farbsäume an Kontrastübergängen im Bild. In Fotoobjektiven kann durch eine entsprechende Kombination von Linsen unterschiedlicher Materialien dieser Fehler minimiert werden. In Datenbrillen ist das aufgrund der Gewichtsrestriktionen der Datenbrillen nicht möglich. Daher sind chromatische Aberrationen bei Datenbrillen eine Herausforderung. Hier besteht die Möglichkeit einer Korrektur durch entsprechende Algorithmen.

5.10 Bildwiederholrate

Die Bildquelle der Datenbrille erzeugt Einzelbilder, die in schneller Abfolge durch das optische System zum Auge des Nutzers geleitet werden. Die Bildwiederholrate ist ein Parameter, der die Möglichkeit der kontinuierlichen, flimmerfreien Wahrnehmung des Bildes in der Datenbrille beschreibt (Tabelle 5.3).

Tabelle 5.3 Bildwiederholraten von Datenbrillen

Datenbrille	Bildwiederholrate	Quelle
Epson Moverio BT-45CS	60 Hz	[9]
MagicLeap2	120 Hz	[24]
real light	60 Hz	[20]

5.11 Farbdarstellung

Die Farben, die der Mensch wahrnehmen kann, sind in Bild 3.24 als Normfarbraum dargestellt. Aufnahme- und Anzeigesysteme besitzen jedoch einen eingeschränkten Farbraum. Sie können nicht alle Farben des Normfarbraumes erfassen, ausgeben oder verarbeiten. Es wurden daher in der Vergangenheit unterschiedliche Farbräume für Geräte definiert und standardisiert. Ein solcher Farbraum ist der sRGB-Farbraum oder Standard-RGB-Farbraum. Er wurde für die Kathodenstrahlmonitore entwickelt. Eine Vielzahl von Herstellern von Monitoren und Druckern nutzen diesen Farbraum. Das ist eine der Grundlagen für die Austauschbarkeit der unterschiedlichen Geräte. Es ist derzeit ein international anerkannter Standard, den die meisten Geräte verarbeiten können. Ein anderer Farbraum ist der Adobe-RGB-Farbraum, der auf die Ausgabe hin optimiert wurde. Es deckt einen größeren Bereich des Normfarbraumes ab. Der Farbraum zeigt speziell im Bereich der Farbe Grün eine größere Vielfalt an Farben (Bild 5.9).

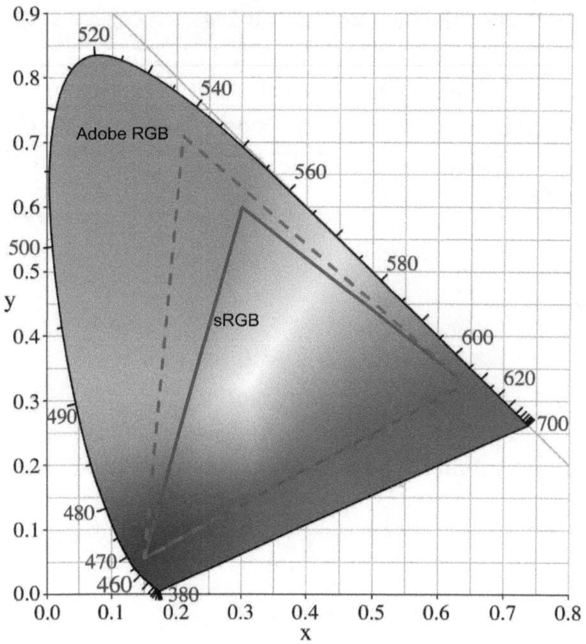

Bild 5.9 Unterschiedliche Farbräume im Vergleich zum CIE-xy-Farbraum (Normfarbraum) [25] mit Ergänzungen

Ein solcher individueller Farbraum kennzeichnet auch jede Datenbrille. Für die Datenbrillen von Epson beinhalten die Datenblätter keine Angaben zum Farbraum. Die Dokumentation beinhaltet nur Angaben über die Anzahl der darstellbaren Farben (17,8 Mio. Farben), was keine Auskunft über den Farbraum gibt [4 – 10]. Das Datenblatt der HoloLens2 enthält keine technischen Angaben zum Farbraum. Microsoft sagt aus, dass die HoloLens von einer „breiten Farbskala", die konzeptuell mit Adobe RGB vergleichbar ist, profitiert [26]. Das Datenblatt der MagicLeap2 kennzeichnet den Farbraum als sRGB [11].

5.12 Betriebsbedingungen

Die Hersteller oder die Inverkehrbringer der Datenbrillen spezifizieren die Umweltbedingungen, bei denen die Datenbrille betrieben oder gelagert werden darf. Die Hauptparameter sind hierbei Temperatur und Luftfeuchtigkeit. In der folgenden Tabelle 5.4 sind für einige Datenbrillen die Werte exemplarisch aufgeführt.

Tabelle 5.4 Bedingungen für Betrieb und Lagerung

Datenbrille	Betrieb		Lagerung		Quelle
	Temperatur	**Luftfeuchtigkeit**	**Temperatur**	**Luftfeuchtigkeit**	
Epson Moverio BT-45CS	5 °C – 35 °C	20 % – 80 %	–10 °C – 60 °C	10 % – 90 %	[9]
MagicLeap2	10 °C – 30 °C	5 % – 95 %	–20 °C – 45 °C	5 % – 95 %	[11]
Microsoft HoloLens2	10 °C – 35 °C				[14]

Die Werte zeigen, dass die vom Hersteller vorgeschriebenen Grenzen für die Einsatzbedingungen durchaus mit den in der Industrie typischen Einsatzbedingungen übereinstimmen.

Zu weiteren Eigenschaften wie Staubdichtigkeit, Dichtigkeit oder Ähnlichem werden meist keine Angaben von den Herstellern gemacht.

Literatur

[1] E. Jundt, S. Lampe, W. Schreiber und J. Tümler, Web-basierte Anwendungen Virtueller Techniken, Displaytechnologien Hrsg., W. Schreiber, P. Zimmermann und K. Zürl, Hrsg., Berlin: Springer-Verlag, 2017, S. 462.

[2] Invisigoth67, *Sichtfeld*, Wikipedia, Hrsg., 2023.

[3] Epson Deutschland GmbH, *See-Through Mobile Viewer Moverio BT-200*, Meerbusch, 2014.

[4] Epson Deutschland GmbH, *Smart Glasses Moverio BT-300*, Meerbusch, 2019.

[5] Epson Deutschland GmbH, *Smart Glasses Moverio BT-35E*, Meerbusch, 2018.

[6] Epson Deutschland GmbH, *Moverio BT-35E*, Meerbusch.

[7] Epson Deutschland GmbH, *Smart Glasses Moverio BT-40/40S*, 2020.

[8] Epson Deutschland GmbH, *Moverio BT-40S*, Meerbusch.

[9] Epson Europe B.V., *Smart Glasses Moverio BT-45C/BT-45CS*, 2022.

[10] Epson Deutschland GmbH, *Moverio* BT-45CS, Meerbusch.

[11] MagicLeap, Inc., *Magic Leap 2 full technology specifications*, 2023.

[12] Magic Leap Inc., „Product Specifications", 2023. [Online]. Available: *https://www.magicleap.care/hc/en-us/articles/7813913215373-Product-Specifications*. [Zugriff am 30. 40. 2024].

[13] Applikationszentrum V/AR, „Head-Mounted Displays and AR Smart Glasses: Messung des Sichtfelds (Field of View)", Fellbach, 2021.

[14] Microsoft Corp., [Online]. Available: *https://www.microsoft.com/de-de/d/hololens-2/91pnzzznzwcp?activetab=pivot:%C3%BCbersichttab*. [Zugriff am 01. 09. 2023].

[15] Bitnamic GmbH, „Microsoft HoloLens 2 | Funktionen und Verbesserungen", [Online]. Available: https://bitnamic.net/microsoft-hololens-2-funktionen-und-verbesserungen/. [Zugriff am 01. 09. 2023].

[16] Microsoft Corp., „Komfort", 21. 03. 2023. [Online]. Available: *https://learn.microsoft.com/de-de/windows/mixed-reality/design/comfort*. [Zugriff am 01.09.20223].

[17] Augmented IT AG, *AR- & VR-Brillen für Unternehmen: Vergleich und Überblick*, Berne, 2020.

[18] D. Ziesecke, „Nreal Light im Test – Augmented Reality im handlichen Format", 08. 06. 2021. [Online]. Available: *https://vr-legion.de/tests/nreal-light-im-test-augmented-reality-im-handlichen-format/*. [Zugriff am 29. 08. 2023].

[19] Plansysteme GmbH, *Nreal light Datenblatt*, Hamburg.

[20] Aleger Global GmbH, *Datasheet*, Gmunden.

[21] Magic Leap Inc., „Safety Guide and Regulatory Information", 16. 08. 2022. [Online]. Available: care.magicleap.com. [Zugriff am 09. 03. 2024].

[22] F. Chen und J. O. Miller, „Systems and methods of increasing pupil size in a display system". USA Patent US 2019 / 0278076 A1, 07. 03. 2018.

[23] C. Gao, „Ergonomic head mounted display device and optical system". USA Patent US 2014/0071539 A1, 11. 09. 2013.

[24] MagicLeap Corp., *MagicLeap2*.

[25] PAR, „CIExy1931.png", Wikipedia.org, 21. 06. 2005. [Online]. Available: *https://commons.wikimedia.org/wiki/File:CIExy1931.png*. [Zugriff am 25. 03. 2024].

[26] Microsoft, „Licht, Farbe und Materialien", 12. 07. 2023. [Online]. Available: *https://learn.microsoft.com/de-de/windows/mixed-reality/design/color-light-and-materials*. [Zugriff am 18. 06. 2024].

6 Integration

6.1 Arbeitssystem

Für Arbeitsplätze in der industriellen Fertigung oder bei der Erbringung von Dienstleistungen gibt es unterschiedliche Modelle. Nach REFA ist ein Arbeitssystem eine betriebliche Leistungseinheit, in der Personen mit den zur Arbeitsaufführung eingesetzten Betriebsmittel Materialien und Informationen unter den bestehenden Bedingungen bearbeiten [1]. Das Arbeitssystem nach [2] umfasst das Zusammenwirken eines einzelnen oder mehrerer Benutzer mit den Arbeitsmitteln, um die Funktion des Systems innerhalb der Arbeitsumgebung unter den durch die Arbeitsaufgaben vorgegebenen Bedingungen zu erfüllen. Das Arbeitssystem stellt ein Modell dar, das die Wechselwirkungen der Systemelemente berücksichtigt, um systematisch Gefährdungen der Beschäftigten und die Belastung, die auf die Beschäftigten einwirkt, zu erheben und zielgerichtet Maßnahmen abzuleiten. Daraus wird das folgende Modell des Arbeitssystems abgeleitet (Bild 6.1):

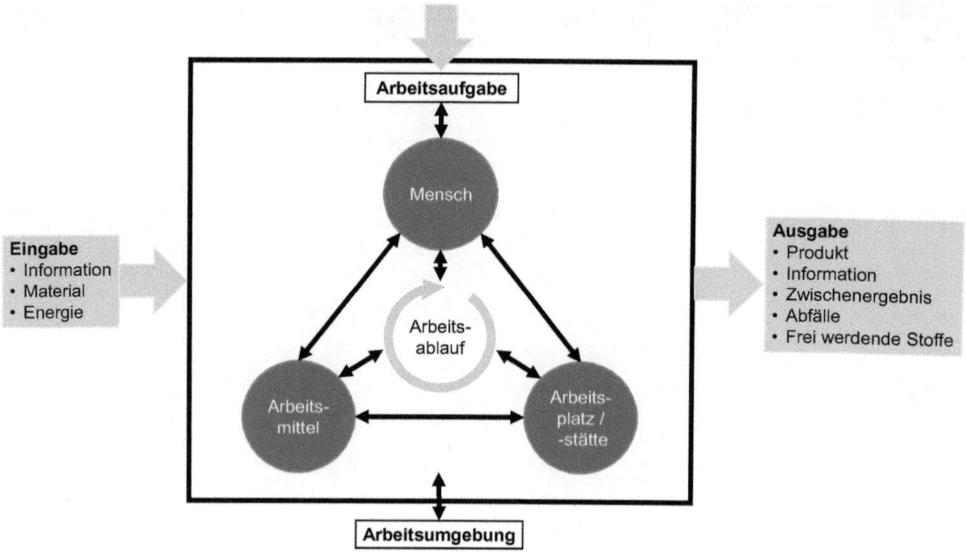

Bild 6.1 Arbeitssystem

Ein solches Arbeitssystem hat eine definierte Arbeitsaufgabe und dient zur Erzeugung von Erzeugnissen, Produkten oder Dienstleistungen. Es besitzt eine Eingabe und eine Ausgabe. Als Eingabe werden Informationen, Material und Energie betrachtet. Ausgaben sind Produkte, Zwischenprodukte, Informationen, Abfälle oder andere frei werdende Stoffe. Der Mensch agiert in diesem Arbeitssystem und interagiert mit den Eingaben, den Arbeitsmitteln und dem Arbeitsplatz. Er befolgt den vorgegebenen Arbeitsablauf, eine Abfolge von Arbeitsschritten mit Hinweisen und Tätigkeitsbeschreibungen. Das Arbeitssystem ist in eine Arbeitsumgebung eingebettet. In einem solchen Arbeitssystem würde der Mitarbeiter im klassischen Fall seine Informationen über den durchzuführenden Arbeitsablauf beispielsweise auf Papier erhalten.

Kommt in ein solches Arbeitssystem ein Augmented-Reality-System hinzu, so werden das Augmented-Reality-System und damit auch die Datenbrille Bestandteil der Arbeitsmittel des Arbeitssystems. Es empfängt eingehende Informationen, verarbeitet sie und gibt sie über die Datenbrille an den Menschen weiter. Der Mensch kann auch noch direkte Eingaben in das Augmented-Reality-System (Rückmeldung) zur Steuerung durchführen. Durch diese direkte Interaktion des Augmented-Reality-Systems wird der Arbeitsablauf oder der Arbeitsprozess in dem Arbeitssystem beeinflusst oder gesteuert (Bild 6.2).

Die direkte Schnittstelle Mensch–Datenbrille wird im Zuge der Beschreibung der Anwendungen in Kapitel 7 in den unterschiedlichen Aspekten betrachtet. Der Themenbereich Arbeitssicherheit in Bezug auf den Einsatz von Datenbrillen wird dann in Kapitel 10 behandelt.

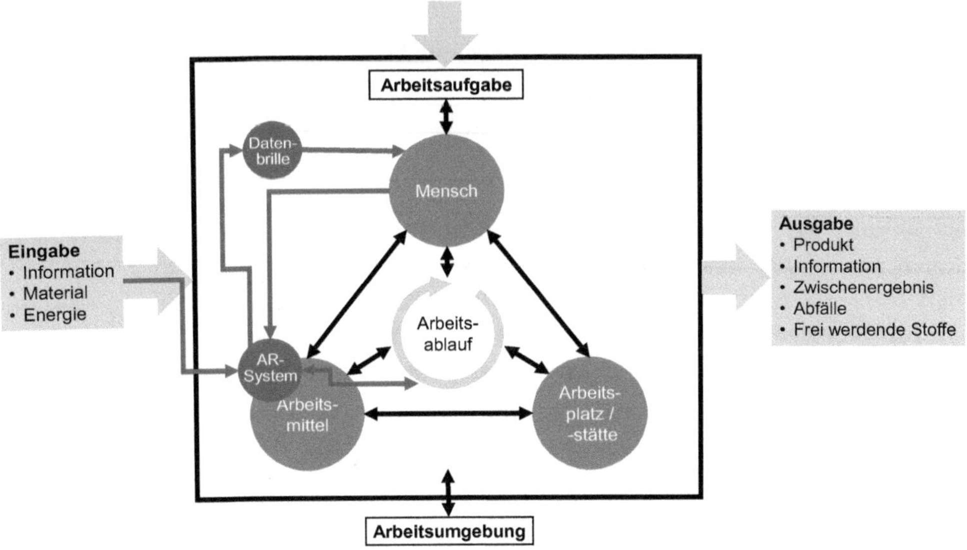

Bild 6.2 Arbeitssystem mit Augmented-Reality-System und Datenbrille

6.2 Datenquellen

Zur Steuerung der industriellen Prozesse ist der Einsatz digitaler Systeme Stand der Technik. Zu solchen Systemen zählen beispielsweise CAD (Computer Aided Design), Digitale Fabrik, ERP (Enterprise Resource Planning) oder MES (Manufacturing Execution System). Diese Systeme halten und verwalten Daten über die Konstruktion der Produkte, der Planung der Fabrik auf allen Ebenen, Daten aus den Bereichen Finanzen, Personalwesen, Fertigung, Lieferkette, Beschaffung, Wartung und Instandhaltung sowie zur Steuerung des Prozesses der Fertigung. Daten aus diesen Quellen sind die Eingangsinformationen, die in das Arbeitssystem geleitet werden müssen, um die Arbeitsaufgabe korrekt ausführen zu können. Typischerweise nutzen die unterschiedlichen Datensysteme unterschiedliche Datenstrukturen.

6.3 Datenbereitstellung

Für die Anzeige der virtuellen Daten im Augmented-Reality-System sind entsprechende Daten und Informationen erforderlich. Das können Positionsdaten, Geometrien, Farben oder Strukturen sein. Die Quelle für solche Daten können die vorhandenen Unternehmenssysteme wie CAD, ERP, MES etc. sein. In Abhängigkeit von der Anwendung kann das Augmented-Reality-System auf solche Daten zugreifen. Diese Daten sind in ihrer ursprünglichen Form allerdings nicht für die Anzeige im Augmented-Reality-System geeignet. Das kann unterschiedliche Ursachen haben.

Die Daten können zu komplex für die Augmented-Reality-Unterstützung sein. Das bedeutet, dass sie zu viele Details enthalten, die im Augmented-Reality-System nicht verarbeitet oder angezeigt werden können oder sollten. Das können typischerweise Daten aus dem CAD-System sein, das jede Kante und Fläche des Bauteils sowie die Bemaßung und weitere Zusatzinformationen für die Konstruktion enthält. Solche Daten müssen vor ihrer Anwendung im Augmented-Reality-System entfeinert werden. Das bedeutet, dass beispielsweise nicht sichtbare Kanten und Flächen oder andere Angaben entfernt werden müssen. Für die Verwendung solcher Daten in einem Augmented-Reality-System geschieht das in der Regel derzeit noch manuell.

Andere Daten sind nicht Bestandteil der CAD-Daten. Das können beispielweise Zeichen, Hinweise für die Produktion sein. Diese Situation soll an einem Beispiel (Bild 6.3) verdeutlicht werden. Die Arbeitsaufgabe besteht darin, eine Sechskantschraube mit einem Werkzeug zu lösen, um zwei Bauteile trennen zu können. In diesem Fall soll eine Reparatur- oder Wartungsanweisung in das Sichtfeld des Nutzers in Form von virtuellen Positionsanweisungen und Arbeitsanweisungen eingebracht werden.

Der Hinweis auf den Arbeitsschritt und auf das zu verwendende Werkzeug wird durch kontextabhängige, nicht kongruente Überlagerung visualisiert. Der jeweilige Pfeil, der die Schraube kennzeichnet, die gelöst werden soll, wird in kontextabhängiger kongruenter Überlagerung visualisiert. Die Darstellung in Bild 6.3 zeigt beispielhaft die drei Schrauben und das Metallteil, die die Realität repräsentieren und auch als solche vom Nutzer wahrgenommen werden, sowie die Zeichen und die Schrift, die als Virtualität wahrgenommen werden.

Die Geometrie, Position und Orientierung der Schraube sind aus dem CAD-System bekannt. Es soll aber nicht die Schraube, sondern ein Zeichen, in diesem Fall ein Pfeil mit Zusatzinformationen, visualisiert werden. Die relative Position des Nutzers zum Arbeitsort wird durch das Trackingsystem hinreichend genau erfasst. Auf Basis dieser Information kann dann die Position des Pfeils auf der Bildquelle bestimmt und für die Visualisierung verwendet werden.

Aktuell werden die Position, Form und Farbe der Zeichen manuell programmiert. Das ist die für die Augmented-Reality-Anwendung erforderliche Zusatzinformation. Weiterhin müssen die Zeichen in der richtigen gewünschten Reihenfolge visualisiert werden. Diese Reihenfolge ergibt sich aus den Arbeitsfolgen für diese spezielle Arbeits- oder Reparaturaufgabe. Typischerweise ist eine solche Reihenfolge nicht im CAD-Modell hinterlegt. In diesem Beispielfall bedeutet das, dass die Position der Schraube aus dem CAD-Modell extrahiert werden kann und unter Berücksichtigung der Position für den Abstand des Pfeils vom Schraubenkopf bestimmt wird. Mit entsprechenden Algorithmen kann auch die Richtung des Pfeils automatisiert aus dem CAD-Modell herausgenommen werden.

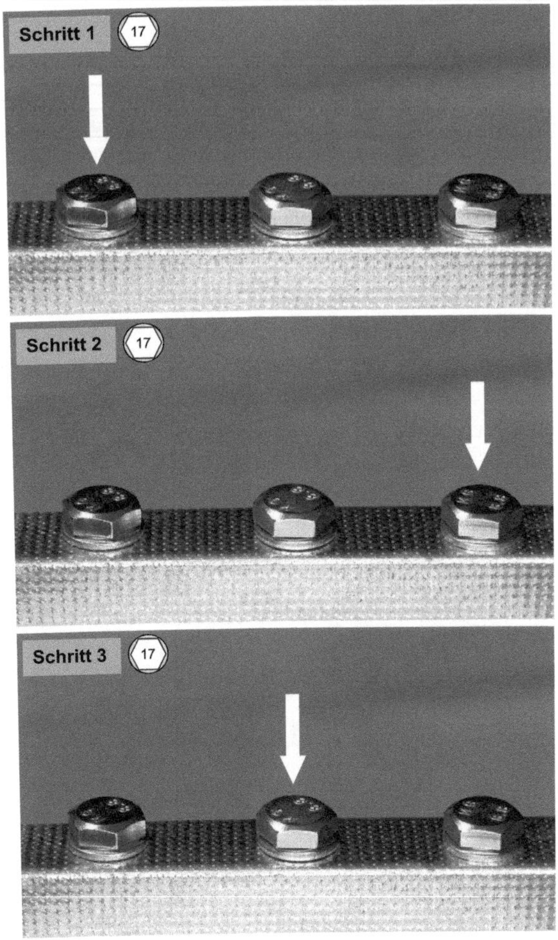

Bild 6.3
Darstellung Arbeitsaufgabe

Aktuell wird bei der Erstellung der Konstruktion die für die Augmented-Reality-Anwendung erforderliche Zusatzinformation nicht aufgenommen. Das bedeutet, dass diese für das Augmented-Reality-System relevante Informationen nachträglich dem Konstruktionsdatensatz hinzugefügt werden müssen. Das beschreibt das zuvor dargestellte Beispiel.

Für solche manuellen Arbeitsanleitungen werden derzeit Autorenwerkzeuge als Software angeboten. Diese Werkzeuge bieten Schnittstellen zu unternehmensinternen Informationsquellen. Sie unterstützen die redaktionellen Prozesse der Erstellung. Es sind aber nur Werkzeuge, die die manuelle Erstellung solcher Anweisungen für ein Augmented-Reality-System unterstützen und nicht selber automatisch generieren [3], [4].

Erste wissenschaftliche Ansätze für solche Algorithmen sind in Bearbeitung. Hierzu wird auf die Literatur verwiesen [5].

6.4 Wirtschaftliches Potenzial

Durch einen Einsatz von Augmented-Reality-Systemen können Suchzeiten für Informationen oder für Teile oder das Auffinden des genauen Arbeitsortes reduziert werden, Fehler vermieden und die Produktion damit effizienter gestaltet werden. Dieses Potenzial zeigte [6] bei dem Grundlagenversuch zur Beurteilung unterschiedlicher Augmented-Reality-Unterstützungen bei einem Suchprozess (Bild 6.4). Bei diesem Versuch wurde eine Anzahl unterschiedlicher Objekte an definierten Positionen positioniert (Station 1). Aus dieser Menge sollte der Proband ein bestimmtes Objekt heraussuchen und an einer anderen Position (Station 2) wieder ablegen. Die Anzahl der Objekte (Varianten) wurde dann erhöht und jeweils die Zeit gemessen, die für das Suchen des Objektes, den Transport, das Suchen der Ablageposition und das Ablegen benötigt wurde.

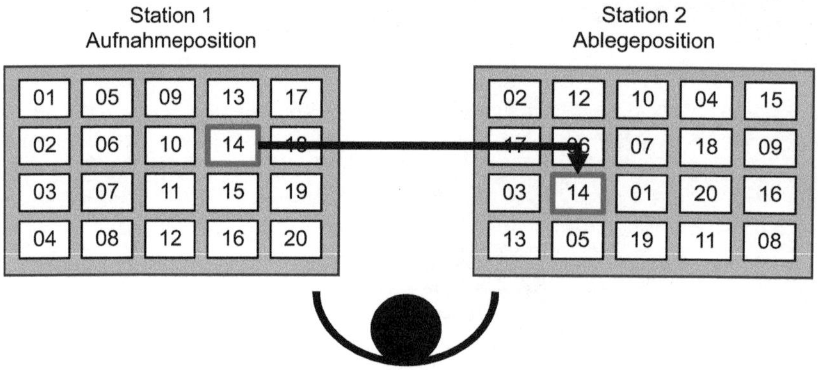

Bild 6.4 Versuchsaufbau schematisch [6]

Der jeweilige Arbeitsauftrag, welches Objekt gesucht und abgelegt werden sollte, wurde zunächst auf einer Papierliste dem Probanden mitgeteilt. Die Versuchsergebnisse (Bild 6.5) zeigten für diese Ausführungsart des Versuchs einen fast linearen Anstieg der benötigten Zeit für die Bearbeitung in Abhängigkeit von der Größe der Grundgesamtheit, aus der der Proband auszuwählen hatte. Bei der Vergrößerung der Anzahl der Objekte, aus denen das zu greifende Objekt herausgesucht werden soll, vergrößert sich die Fläche, die vom Nutzer abgesucht werden muss. Das erhöht den Suchaufwand und damit die dafür benötigte Zeit. Bei der Verwendung eines Augmented-Reality-Systems mit nur kontextabhängiger, aber nicht kongruenter Überlagerung beginnt dieser Anstieg der Bearbeitungszeit erst bei einer größeren Größe der Grundgesamtheit.

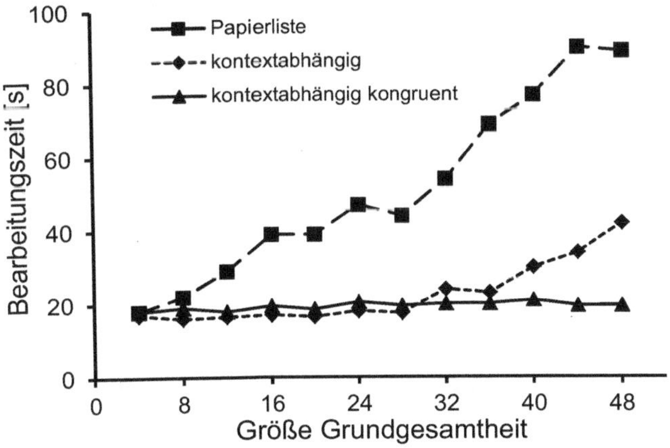

Bild 6.5 Abhängigkeit der Bearbeitungszeit von der Größe der Grundgesamtheit nach [6]

Bei der Unterstützung des Prozesses durch ein Augmented-Reality-System mit kontextabhängiger und kongruenter Überlagerung konnte ein Anstieg der Bearbeitungszeit im Rahmen des Versuchs nicht ermittelt werden. Bei den dort verwendeten Abmessungen konnte das Augmented-Reality-System den Nutzer ausreichend schnell zu dem Objekt leiten, das gegriffen werden sollte.

Diese Ergebnisse zeigen deutlich den Vorteil einer solchen Augmented-Reality-Unterstützung durch das Reduzieren der Suchzeiten. Der Nutzer wird durch das Augmented-Reality-System und durch die Anzeige in der Datenbrille auf die Aufnahmeposition und die Ablegeposition hingeführt. Die Reduzierungen der Fehler bei einem vergleichbaren Prozess wurden auch in [6] dargestellt. Neben diesem Potenzial zur Steigerung der Effizienz ist ein weiterer wichtiger Vorteil, dass der Nutzer beide Hände frei hat für seine Haupttätigkeit.

Bei dieser Untersuchung ist zu beachten, dass Lerneffekte, wie sie in Abschnitt 9.1 dargestellt werden, aufgrund der im Vergleich zum industriellen Dauereinsatz sehr kurzen Versuchsdauer nur in zu vernachlässigbarem Umfang oder gar nicht auftreten.

Weitere Informationen über diese Steigerung der Wirtschaftlichkeit durch den Einsatz von Datenbrillen lassen sich in der Literatur meist qualitativ finden. In den aktuellen Studien finden sich nur beschreibende Aussagen über die potenziellen Anwendungen. Es wird beispielsweise darauf hingewiesen, dass im Bereich der Wartung, der Instandhaltung oder des Services ein großes Einsparungspotenzial gesehen wird [4]. Hieraus kann weiter gefolgert werden, dass Datenbrillen und Augmented Reality in Anwendungen mit einer sehr geringen Wiederholrate, hoher Anzahl an Varianten und sehr langer Taktzeit sinnvoll und effizient eingesetzt werden kann. Das bestätigen auch Untersuchungen im Teilprojekt zum Thema Wartung und Service von Werkzeugmaschinen im Forschungsprojekt ARVIKA [7]. Weitere Ausführungen zum Thema Wirtschaftlichkeit sind in Kapitel 11 zusammengefasst.

Literatur

[1] REFA, „Arbeitssystem", [Online]. Available: *https://refa-international.com/lexikon/a/arbeitssystem*. [Zugriff am 20. 03. 2024].

[2] Ausschuss für Betriebssicherheit, „TRBS 1151 Gefährdungen an der Schnittstelle Mensch – Arbeitsmittel – Ergonomische und menschliche Faktoren, Arbeitssystem", März 2015. [Online]. Available: *https://www.baua.de/DE/Angebote/Regelwerk/TRBS/TRBS-1151.html*. [Zugriff am 20. 03. 2024].

[3] N. Meluzov, A. E. A. Friedewald und H. Lödding, „Aufwandsarme Erstellung von AR-Anleitungen für die maritime Instandhaltung", *Schiff & Hafen*, Bd. 71, Nr. 11, S. 12–16, November 2019.

[4] E. Heller, „AR im Service – Was spricht dafür?", 08. 11. 2021. [Online]. Available: *https://www.dokuschmiede.de/blog/artikel/ar-im-service-was-spricht-dafuer*. [Zugriff am 21. 03. 2024].

[5] J. Weise, Evolutionary Many-Objective Optimisation for Pathfinding, Otto-von-Geuricke-Universität, Hrsg., Magdeburg, 2022.

[6] T. Alt, Augmented Reality in der Produktion, München: Herbert Utz Verlag, 2003, S. 137.

[7] W. Friedrich und et al., ARVIKA, W. Friedrich, Hrsg., Erlangen: Pulbicis Corporate Publishing, 2004, S. 250.

7 Anwendung von Datenbrillen

Bei der Auslegung oder Auswahl von Datenbrillen, die im Bereich der Produktion eingesetzt werden sollen, sind die Anforderungen aus diesem Bereich der Produktion zu beachten und zu berücksichtigen. Gleiches gilt für die Anforderungen des visuellen Systems des Menschen an die Datenbrille. Werden die Anforderungen aus beiden Bereichen nicht ausreichend berücksichtigt, kann und wird es zu Schwierigkeiten bei der Anwendung kommen. Um den Einsatz einer Datenbrille als Komponente eines Augmented-Reality-Systems besser einschätzen zu können, wird der Regelkreis aus Bild 2.7 um die Anwendung zu einem Regelnetzwerk erweitert (Bild 7.1).

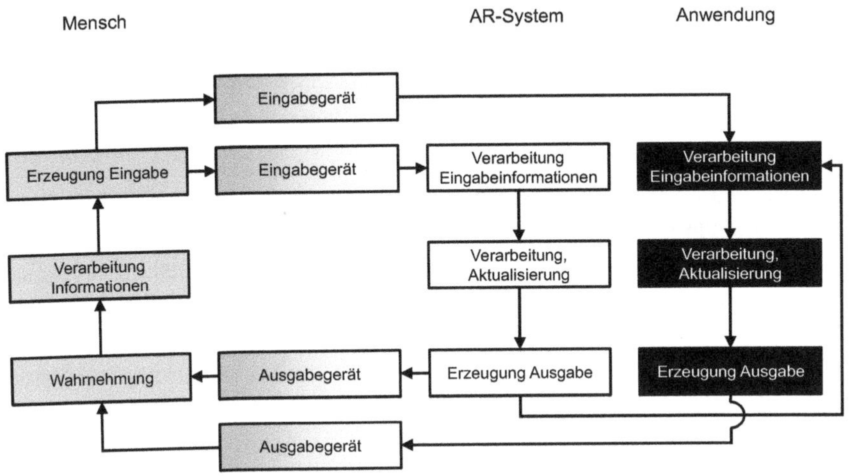

Bild 7.1 Regelnetzwerk

Hierbei wird deutlich, dass der Nutzer bei einer industriellen Anwendung sowohl Teil des Regelkreises Mensch–Augmented-Reality-System (Virtualität) als auch Teil des Regelkreises Mensch–Anwendung (Realität) ist. Dieses zeigt damit die höhere Belastung des Nutzers beim Einsatz des Augmented-Reality-Systems.

Der Regelkreis der Anwendung nutzt für seine Interaktion mit dem Nutzer typischerweise Tastaturen, Schalter, Dreh- oder Schieberegler oder andere Systeme für die Eingabe von Daten in das System. Die Ausgabe geschieht meist durch Bildschirme, analoge oder digitale Anzeigeinstrumente. Im Vergleich dazu geschieht die Interaktion zwischen dem Mitarbeiter und dem Augmented-Reality-System auf andere Weise. Hier wird eine zusätzliche Visualisierung in einer für den Mitarbeiter nicht natürlichen Weise dargeboten. Das Gesichtsfeld für diese Visualisierung ist eingeschränkt.

Im direkten Vergleich einer Anwendung mit und ohne Einsatz eines Augmented-Reality-Systems wird damit offensichtlich, dass die Nutzung des Augmented-Reality-Systems eine Zusatzbelastung für den Nutzer darstellt. Um die Belastung des Nutzers trotzdem in akzeptablen Grenzen zu halten, ist es daher erforderlich, die aus der Anwendung von Augmented Reality resultierende zusätzliche Belastung so klein wie möglich zu halten.

Da bei aktuellen Augmented-Reality-Systemen die Datenausgabe in den überwiegenden Fällen über den visuellen Kanal durchgeführt wird, wird dieser hier betrachtet. Es werden für diese Schnittstelle die Anforderungen beschrieben, die die Belastungen für den Nutzer reduzieren. Haptische und akustische Ausgaben werden nicht betrachtet.

Auf Basis der Augmented-Reality-Anwendungen in der Industrie werden Entscheidungen getroffen. Um solche sicheren Entscheidungen auf Basis oder mithilfe der Augmented-Reality-Anwendung treffen zu können, müssen die Ausgaben des Augmented-Reality-Systems korrekt und verlässlich sein. Ein solches entscheidungssicheres Augmented-Reality-System erfordert ein hohes Maß an Abbildungsgüte und Abbildungsgenauigkeit. Entscheidungssicherheit beschreibt, mit welcher Sicherheit eine Entscheidung auf Basis der vom System gelieferten Informationen getroffen werden kann.

Das ist vergleichbar mit einem in der Produktion eingesetzten Messmittel wie zum Beispiel einem Messschieber. Ein solcher Messschieber muss entsprechende Eigenschaften besitzen, die Normen erfüllen und regelmäßig überprüft werden. Der Messschieber liefert ein Maß als Messergebnis. Das ist die von ihm bereitgestellte Information. Nur so kann sichergestellt werden, dass mit diesem Messmittel die Produktion innerhalb der vorgegebenen Grenzen überwacht und somit auch gesteuert werden kann. Das bedeutet, dass auf Basis der Information des Messschiebers sichere Entscheidungen getroffen werden können.

Gemäß der Zielsetzung, dass der Einsatz einer Datenbrille positive Auswirkungen auf die Effizienz industrieller Prozesse haben soll, lassen sich folgende Basisbedingungen ableiten. Der Einsatz der Datenbrille darf keinen negativen Einfluss auf den Nutzer haben. Die Datenbrille darf den Nutzer beispielsweise nicht blenden und so seine Aufnahmefähigkeit oder Reaktionsfähigkeit negativ beeinflussen.

Die Datenbrille muss die von ihr dem Nutzer dargestellte Information jederzeit optimal sichtbar und erkennbar darstellen, ohne ihn dabei von seiner Aufgabe abzulenken. Die dargestellte virtuelle Information muss für den Nutzer leicht wahrnehmbar sein. Beispielsweise muss ein Warnhinweis schnell erkennbar und wahrnehmbar sein, ohne dass der Nutzer zu stark von der Wahrnehmung der Gefahr in der Realität abgelenkt wird.

Die Darstellung der virtuellen Informationen darf keine maßgeblichen Bereiche der Realität verdecken und damit für den Nutzer unsichtbar machen [1]. Da das virtuelle Bild räumlich immer vor der Wahrnehmung der Realität oder vor dem Bild der Realität vom Nutzer wahrgenommen wird, werden die virtuellen Informationen immer etwas verdecken. Das ist ein systembedingtes Dilemma. Dieser systembedingte Nachteil muss durch geeignete Maßnahmen minimiert werden.

Die Anforderungen an Datenbrillen sind nachfolgend in Kapitel 12 und die an die Anwendungen in Kapitel 13 zusammengefasst. Diese Zusammenfassungen können als eine Art Checkliste für die beiden Bereiche verwendet werden. Sie dienen dazu, schon bei der Planung die Vielzahl der unterschiedlichen Punkte und Aspekte zu beachten.

7.1 Objektweite, Bildweite

Wenn ein Nutzer Aufgaben, wie z. B. Teilemontage, mit seinen Händen durchführt, dann fokussieren seine Augen auf seine Hände. Das ist die Objektweite, in der sich das zu bearbeitende Objekt befindet (Bild 7.2).

Bild 7.2
Manuelle Tätigkeit unterstützt durch Augmented Reality [2]

In [3] wurde festgestellt: „Der Nutzer kann nur dann beide Bilder gleichzeitig wahrnehmen, wenn sie in der gleichen fokalen Entfernung abgebildet werden." Das bedeutet, dass die Bildweite (Abstand zwischen Auge und Bild der virtuellen Objekte) der Objektweite (Abstand zwischen Auge und fixiertem Punkt in der Realität) entsprechen muss. Das ist eine Grundvoraussetzung für eine kontextabhängige Visualisierung mit kongruenter Überlagerung. Wird diese Grundvoraussetzung nicht erfüllt, so fokussiert das Auge immer wieder zwischen dem Bild der Realität und dem Bild der Virtualität [4]. Das verhindert das gleichzeitige Wahrnehmen und damit die Fusion der beiden Bilderpaare aus der Realität und der Virtualität (Bild 7.3). Das führt zu einer schnelleren Ermüdung des Nutzers, und der gewünschte Effekt der gleichzeitigen Wahrnehmung wird nicht erreicht. In der Untersuchung [5] wird darauf hingewiesen, dass die Nutzung der Datenbrille bei Kommissionieraufgaben zu einer größeren Ermüdung des visuellen Systems zurückzuführen ist. Besonders wird auf den Punkt „Schwierigkeiten beim scharfen Sehen" hingewiesen. Die Autoren führen das auf einen wiederholten Kontext- und Brennweitenwechsel zurück. Hierbei wird davon ausgegangen, dass das Bild der Datenbrille direkt vor dem Auge dargestellt wird. Dieser Punkt steht im Widerspruch zu den Angaben der Hersteller zu den Bildweiten der von ihnen angebotenen Datenbrillen (siehe Abschnitt 5.1). Die Erfahrungen beim Einsatz solcher Datenbrillen bestätigen diesen Aspekt.

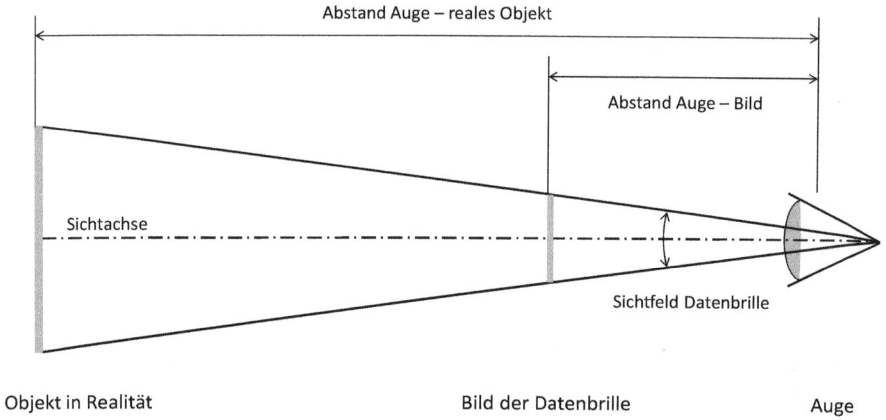

Bild 7.3 Bildabstände nach [3]

Die Datenbrille muss für eine gleichzeitige Wahrnehmung des realen und des virtuellen Bildes das virtuelle Bild immer in der Entfernung der betrachteten Realität visualisieren. Dies ist die Fundamentalbedingung, die eine Datenbrille für den industriellen Einsatz mit einer kontextabhängigen kongruenten Überlagerung erfüllen muss!

In der industriellen Realität variiert die Objektweite stark (siehe Abschnitt 4.2 und Folgende). Soll eine solche Arbeitsaufgabe mit einer Datenbrille unterstützt werden, so ist die Bildweite der Datenbrille in jeder Situation so einzustellen, dass sie der Objektweite entspricht. Eine Datenbrille muss somit die Bildweite kontinuierlich erfassen und automatisch im optischen System der Bildquelle nachführen, um so die oben beschriebene Forderung immer zu erfüllen. Solche Systeme sind in der Optik als Autofokussysteme bekannt. Diese Fokussierung muss in Echtzeit durchgeführt werden, damit für den Nutzer keine Latenz oder ähnliche störende Effekte auftreten. Das bedeutet, dass die Flimmerverschmelzungsfrequenz entsprechend zu berücksichtigen ist (siehe Abschnitt 3.17).

Das Auge besitzt einen Schärfentiefenbereich *T*, der in Abschnitt 3.5 hergeleitet wurde. Daraus lässt sich folgern, dass bei einer definierten Entfernung, auf die die Augen fixieren, das im Bereich der Schärfentiefe dargestellte virtuelle Bild vom Auge scharf wahrgenommen wird. Mit der Formel 4.1 und der Annahme eine Reflexionsgrades $\rho = 0{,}5$ ergeben sich die folgenden Bereiche der Schärfentiefe des Auges (Bild 7.4):

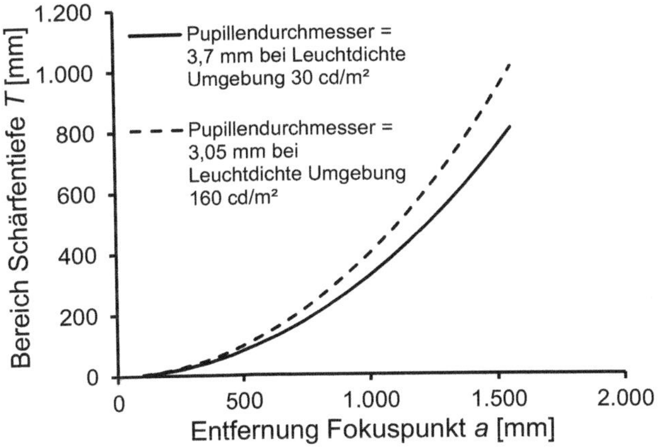

Bild 7.4 Schärfentiefenbereich Auge bei unterschiedlichen Leuchtdichten

Hieraus lassen sich damit die Anforderungen an die Toleranzen für die Positionierung des virtuellen Bildes der Datenbrille aufstellen (Tabelle 7.1).

Tabelle 7.1 Schärfentiefen in Abhängigkeit von der Arbeitsentfernung bei Leuchtdichte der Umgebung von 30 cd/m^2

Arbeitsentfernung *a*	Schärfentiefenbereich *T*
100 mm	3,2 mm
200 mm	12,6 mm
300 mm	28,4 mm
400 mm	50,6 mm
500 mm	79,3 mm

Betrifft die Anforderung aus der Anwendung nur die Wahrnehmung einer scharfen Darstellung in der Arbeitsentfernung, dann reicht die Genauigkeit dieses Toleranzbereichs aus. Aufgrund der sehr viel geringeren Tiefensehschärfe kann der Nutzer einen Unterschied des Tiefeneindrucks zwischen der Realität und der Virtualität wahrnehmen. Erfordert die Anwendung jedoch, dass der Nutzer keinen Unterschied des Tiefeneindrucks zwischen Realität und Virtualität wahrnimmt, so ist die Tiefensehschärfe zu berücksichtigen. Aus der Formel 3.22 für die Tiefensehschärfe lassen sich daher die Genauigkeitsanforderungen für die Positionierung des Bildes der Virtualität (Bildweite) in Abhängigkeit von der Entfernung der Fixierung beziehungsweise der Arbeitsentfernung oder Objektentfernung ableiten.

Tabelle 7.2 Tiefensehschärfe in Abhängigkeit von der Arbeitsentfernung

Arbeitsentfernung a	Tiefensehschärfe t_{nah}, t_{fern}
100 mm	±0,008 mm
200 mm	±0,031 mm
300 mm	±0,068 mm
400 mm	±0,120 mm
500 mm	±0,187 mm

Das visuelle System des Menschen kann Tiefenunterschiede beziehungsweise Entfernungsunterschiede entsprechend der Werte der Tabelle 7.2 gerade eben noch unterscheiden. Diese Tiefensehschärfe ist die Grenze der Tiefensehschärfe des Menschen. Bei Augmented Reality müssen gemäß der oben beschriebenen Grundvoraussetzung Bildweite und Objektweite gleich sein. Das bedeutet, dass der Toleranzbereich für die Abweichung der Objektweite von der Bildweite kleiner als die oben aufgeführten Werte sein muss, um die Bilder der Realität und der Virtualität fusionieren zu können.

Die Entfernung des Nutzers von dem betrachteten Arbeitsbereich sollte kontinuierlich erfasst werden. Hierbei kann sich auf das Zentrum des Gesichtsfelds des Nutzers beschränkt werden. Die Genauigkeit der Erfassung ist abhängig von der Pupillendistanz des Nutzers, seinem individuellen Stereogrenzwinkel und der Bildweite selber sowie von der Leuchtdichte des Umfelds.

Die Datenbrille muss sich dann automatisch so einstellen, dass die Bildweite der ermittelten Objektweite entspricht. Die Bildweite des in der Datenbrille dargestellten virtuellen Bildes sollte im Bereich von 0,2 m bis unendlich automatisch auf Basis der erfassten Bildweite eingestellt werden. Die Mess- und Einstellgenauigkeit ist der Tabelle 7.2 zu entnehmen. Hierbei ist zu beachten, dass nicht nur die Bildweite erfasst und eingestellt werden muss, sondern gleichzeitig auch die Position des Bildes auf der Bildquelle. Abschnitt 7.5 beschreibt diesen Zusammenhang.

Die Änderung des Stereogrenzwinkels im Leuchtdichtebereich im industriellen Umfeld von 30 bis 160 cd/m^2 (Bild 3.20) ist sehr gering und kann daher für die weitere Betrachtung vernachlässigt werden.

Für jede Anwendung der Datenbrille ist der erforderliche Bereich, in dem virtuelle Daten visualisiert werden sollen, zu ermitteln. Eine einfache Anzeige von Arbeitsanweisungen wie beispielweise beim Kommissionieren benötigt eine kleinere Fläche, auf der die virtuellen Daten visualisiert werden sollen, als beispielsweise bei einer Montageanweisung mit einer Visualisierung einer Position oder eines Bauteils. Es sollte auf alle Fälle geprüft werden, ob in der geplanten Arbeitsentfernung die gewünschten virtuellen Informationen durch die Datenbrille visualisiert werden können.

7.2 Fusionierung

In Abschnitt 3.14 wurde festgestellt, dass die unterschiedlichen Wahrnehmungen des rechten und des linken Auges zu einer Wahrnehmung fusioniert werden und dass der für das Stereosehen erforderliche Tiefeneindruck durch den Stereogrenzwinkel ϑ_G begrenzt ist.

Bei der Nutzung einer Datenbrille mit kongruenter Überlagerung sind weitere Fusionierungen erforderlich. Zusätzlich zu den beiden Wahrnehmungen der Realität durch das rechte und linke Auge, müssen die Sinneseindrücke des virtuellen Bildes vom rechten und linken Auge fusioniert werden. Die Anzahl der Fusionen verdoppelt sich von zwei auf vier. Der Aufwand für das visuelle System bei der Nutzung der Datenbrille vergrößert sich. Dieses stellt eine zusätzliche Belastung des Nutzers dar, die zu schnellerer Ermüdung mit den daraus resultierenden Folgen wie zum Beispiel zur Erhöhung der Fehlerrate führen kann. Die Untersuchungen von [6] bestätigen diese Annahme. Es wurden zwar beim Vergleich der subjektiven Beanspruchungen einer Kommissionieraufgabe mit einer Papierliste sowie mit einer monokularen Datenbrille[1)] keine großen Unterschiede erfasst. Es wurde aber festgestellt, dass der Einsatz der Datenbrille eine höhere Beanspruchung des visuellen Systems verursacht. Hierbei ist zu beachten, dass bei beiden Arten der Informationsbereitstellung (Papierliste, Datenbrille) keine Fusionierung der Sinneseindrücke von Datenbrille und Bild der Realität oder von der Papierliste und dem Bild der Realität stattgefunden hat. [7] beschreibt auch, dass der Einsatz der monokularen Datenbrille zu einer Erhöhung der Suchzeit, die der Bearbeitungszeit entspricht, und der Fehlerrate führte. Die Beanspruchung des visuellen Systems bei diesen beiden Versuchsgruppen kann aus dieser Sicht bei dem Versuch als vergleichbar angesehen werden. Die Erkenntnis lässt

---

1 Für die Untersuchung wurde eine Microvision Nomad ND2100-Datenbrille verwendet: Laser-Retinal-Display, monokular, monochrom

sich jedoch nicht auf eine kontextabhängige kongruente Überlagerung mit einer binokularen Datenbrille übertragen.

Für eine scharfe Wahrnehmung der Realität und der Virtualität müssen die beiden Entfernungen übereinstimmen. In [7] wurde auch festgestellt, dass der Fixationspunkt bei Wahrnehmungen der Realität anders lag als der bei Wahrnehmung der Virtualität.

Weiterhin müssen die virtuellen Elemente, die überlagert und fusioniert werden sollen, und die realen Objekte, an denen die Tätigkeit ausgeführt werden soll, idealerweise auf dem Horopter beziehungsweise im Panumraum liegen. Dies ist eine weitere Fundamentalbedingung, die eine Datenbrille für den industriellen Einsatz mit einer kontextabhängigen kongruenten Überlagerung erfüllen muss!

7.3 Sichtfeld

Die Größe des Sichtfeldes der Datenbrille, in dem virtuelle Daten visualisiert werden können, wird primär durch die Anwendung bestimmt. Hier ist relevant, in welcher Bildweite auf welcher Fläche Daten visualisiert werden sollen, was davon abhängig ist, in welcher Arbeitsentfernung oder Objektentfernung die Tätigkeit ausgeführt werden soll. Formel 5.2 zeigt den linearen Zusammenhang zwischen der Bildweite und den Abmessungen der Fläche, auf der die virtuellen Daten mit der Datenbrille visualisiert werden können. Zur Verdeutlichung des Zusammenhangs ist für zwei unterschiedliche diagonale Sichtwinkel des Sichtfeldes in Tabelle 7.3 dargestellt, in welcher Bildweite eine Fläche in der Größe eines DIN-A4-Blattes für die Visualisierung benutzt werden kann.

Tabelle 7.3 Bildweite, in der eine Fläche der Größe DIN A4 visualisiert werden kann

Sichtfeld	35° diagonal	54° diagonal
Bildweite	678 mm	420 mm

Damit wird deutlich, dass eine Visualisierung über das gesamte Blickfeld des Nutzers derzeit nicht möglich ist. Für das Sichtfeld der Datenbrillen wird in [3] eine Größe von 30° horizontal empfohlen. Das entspricht ungefähr 35° diagonalem Sichtwinkel. Diese Größe des Sichtfeldes entspricht ungefähr der Größe des optimalen Gesichtsfeldes des Menschen (siehe Abschnitt 3.2).

Wie schon in Abschnitt 7.1 beschrieben wurde, bedingen Sichtfeld der Datenbrille, Bildweite und Arbeitsentfernung (Objektentfernung) einander.

7.4 Blickfeld Datenbrille

In Abschnitt 5.4 wird auf die eventuellen Einschränkungen des Gesichtsfelds des Nutzers durch Verdeckungen durch konstruktive Elemente der Datenbrille (Bildfeld Datenbrille) hingewiesen. Für jede Anwendung ist zu untersuchen, wie groß das periphere Gesichtsfeld des Nutzers sein muss. Solche Verdeckungen können die Sicht auf unerwartete Ereignisse oder Gefahren aus dem seitlichen Bereich be- oder verhindern. Das kann zu einer Erhöhung der Gefährdung des Mitarbeiters an dem Arbeitsplatz führen. Diese Beeinträchtigung des peripheren Gesichtsfelds durch die Datenbrille muss daher möglichst gering sein.

Da die Datenbrille fast immer das periphere Gesichtsfeld einschränkt oder behindert, ist das bei der Planung der Anwendung mit dem Einsatz der Datenbrille entsprechend zu untersuchen und zu berücksichtigen.

7.5 Auswirkung der Vergenz

Durch die Drehung der Augen beim Fokussieren (Vergenz) ändern sich die Durchstoßpunkte des Sehstrahls durch die Bildquelle. In Abhängigkeit von der Arbeitsweite ändert sich die Position des Bildes vor dem Auge. Eine mechanische Repositionierung der Bildquelle oder eine Verschiebung des Bildes auf der Bildquelle ermöglichen diese Anpassung.

Bild 7.5 zeigt die Veränderung der Durchstoßpunkte der Sehstrahlen auf der Bildquelle für unterschiedliche Bildweiten. Bei einem Abstand der Datenbrille vom Auge von ca. 20 mm, einer Pupillendistanz von 65 mm ergibt sich bei einer Veränderung der Entfernung von 200 mm auf 800 mm eine Veränderung der Lage des Durchstoßpunktes des Sehstrahls auf der Datenbrille von ungefähr 2,4 mm.

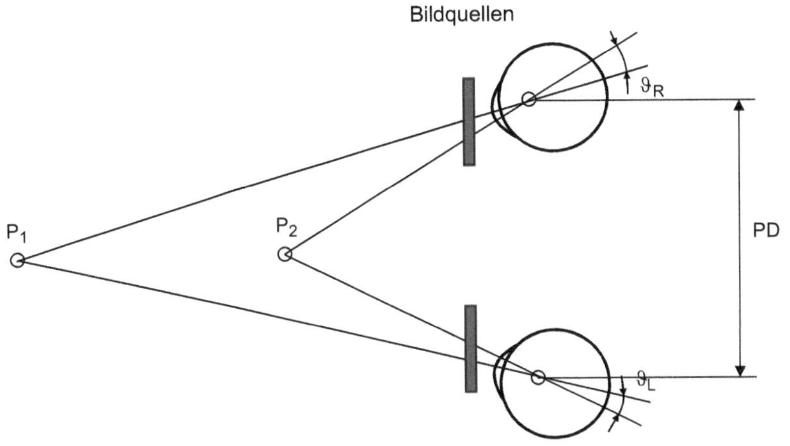

Bild 7.5 Änderung vom Durchstoßpunkt der Sehstrahlen

Eine solche Veränderung der Lage des virtuellen Bildes ist bei einer kontextsensitiven Visualisierung mit kongruenter Überlagerung nicht akzeptabel. Hier ist eine automatische Korrektur der Position des virtuellen Bildes in der Datenbrille auf Basis der Messung der Arbeitsweite erforderlich. Dies wäre eine zusätzliche Funktion in der Datenbrille beziehungsweise im Augmented-Reality-System.

Stimmen die beiden Parameter Akkommodation und Vergenz für eine Objektweite nicht überein, so tritt der Vergenz-Akkommodation-Konflikt auf. Er tritt dann auf, wenn die über die Akkommodation wahrgenommene Bildweite nicht der über die Vergenz wahrgenommenen Bildweite entspricht. Der Nutzer sieht zwar das Bild scharf, aber diese Situation führt zu Übelkeit, eventuell Schwindelgefühl und sogar zu Kopfschmerzen [8].

7.6 Auflösung

Die Anforderungen der Anwendung bestimmen die erforderliche Auflösung einer dafür eingesetzten Datenbrille. Sollen beispielsweise nur grobe grafische Elemente wie Kreise oder Pfeile visualisiert werden, so reicht eine geringere Auflösung der Bildquelle. Fordert die Anwendung eine höhere Schärfe oder eine hohe Detaillierung des virtuellen Bildes, so ist eine höhere Auflösung der Bildquelle zu wählen. Hierbei kann man sich an der Auflösung des Auges orientieren. Die höchste Auflösung des menschlichen Auges im zentralen Bereich σ_R beträgt ungefähr $60'' = 1' = 0{,}0167°$ (siehe Abschnitt 3.8). Die Auflösung der Bildquelle, gemessen als Winkel, sollte daher mindestens dem minimalen Sehwinkel des Auges entsprechen. Eine Auflösung mit einem kleineren Bildwinkel wäre erstrebenswert, bedeutet jedoch einen bedeutend höheren technischen Aufwand bei der Bildquelle und erfordert einen erhöhten Rechenaufwand.

Die Auflösung sowie der Bildwinkel beeinflussen einander. Je größer der Bildwinkel der Bildquelle ist, je größer ist die benötigte Anzahl der Pixel, um die gewünschte Auflösung zu erreichen. Wird die Auflösung des Auges σ_R als untere Grenze der Auflösung betrachtet, so lässt sich die erforderliche Anzahl der Pixel der Bildquelle in Abhängigkeit vom gewünschten Bildwinkel α einfach bestimmen.

$$Anz\ Px_h = \frac{\alpha_h}{\sigma_R} \qquad Anz\ Px_v = \frac{\alpha_v}{\sigma_R} \tag{7.1}$$

Damit ergeben sich für die beiden in Abschnitt 7.3 aufgeführten Bildwinkel folgende untere Grenzen der Auflösung (Tabelle 7.4):

Tabelle 7.4 Mindestauflösung bei $V_P = 16/9$

	horizontal *Anz Px_h*	**vertikal** *Anz Px_v*
35° diagonal	1838	1054
54° diagonal	2868	1683

Das optische System der Datenbrille besteht typischerweise aus mehreren optischen Elementen. Das können sowohl refraktive Elemente wie beispielsweise Linsen, Prismen oder Lichtleiter sein als auch reflektive Elemente wie beispielsweise Spiegel. Jedes dieser Elemente beeinflusst die Auflösung des optischen Systems. Daher muss bei der Betrachtung der Auflösung der Datenbrille immer die Auflösung des gesamten optischen Systems herangezogen werden. Die Auflösung muss deshalb immer am Ende des Strahlenganges hinter der Datenbrille vor dem Auge betrachtet werden. Es reicht nicht, nur die Anzahl der Pixel der Bildquelle zu bewerten.

Die Anwendung stellt auch Anforderungen an die Auflösung beziehungsweise den Detaillierungsgrad der visualisierten Bilder. Hierzu sollte die wahrgenommene Größe eines Pixels in der Arbeitsentfernung (siehe Formel 5.3) ermittelt und mit den Anforderungen verglichen werden.

7.7 Position der Datenbrille

Die Datenbrille und das Auge des Nutzers stehen in einem direkten optischen Zusammenhang. Beide bilden quasi ein optisches System. Daher ist es eine Grundvoraussetzung, dass sich die Datenbrille nicht relativ zum Kopf und damit zu den Augen des Nutzers bewegt.

Die unterschiedlichen Sehgewohnheiten, Kopfform und Kopfgröße bestimmen die Position der Datenbrille auf dem Kopf vor den Augen des Nutzers. Für die korrekte Überlagerung der Wahrnehmungen ist es erforderlich, dass die Position der Datenbrille relativ zu den Augen konstant und dem Augmented-Reality-System bekannt ist. Die Ermittlung der relativen Position ist die Kalibrierung (Bild 7.6).

Diese Ermittlung der relativen Position der Datenbrille zum Auge des Nutzers ist nutzerindividuell zu ermitteln und bei der Visualisierung durch das Augmented-Reality-System entsprechend zu berücksichtigen. Bezüglich der unterschiedlichen Kalibrierverfahren wird auf die Literatur verwiesen [9], [10].

Alternativ kann die relative Position der Datenbrille vor den Augen des Nutzers durch ein Blickerfassungssystem oder andere Sensoren kontinuierlich gemessen und die Position des Bildes auf der Bildquelle entsprechend nachgestellt werden. Diesen Punkt behandelt Abschnitt 8.2.3.

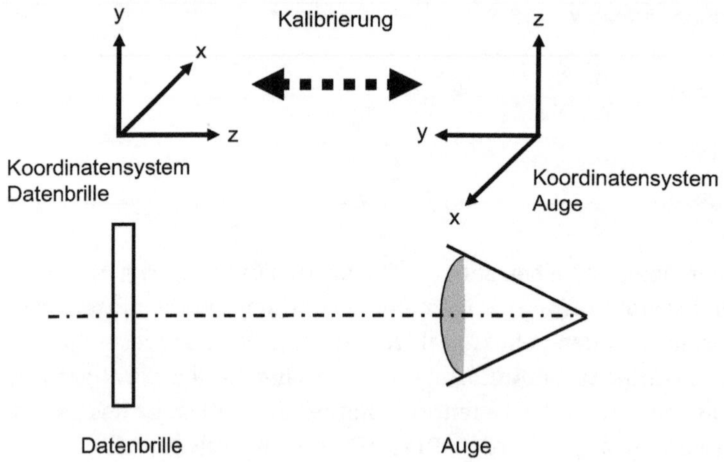

Bild 7.6 Zusammenhang Koordinatensystem und Kalibrierung

7.8 Abbildungsgenauigkeit

Genauigkeit bei Messsystemen beschreibt den Grad der Übereinstimmung zwischen dem im Messgerät angezeigten und dem tatsächlichen richtigen Wert [11]. Diese Definition kann auf die Datenbrillen und deren Abbildungsgenauigkeit übertragen werden. Die Abbildungsgenauigkeit ist der Grad der Übereinstimmung der wahrgenommenen Position eines realen Objektes (richtiger Wert) zur wahrgenommenen Position des dazugehörigen virtuellen Bildes. Die Abbildungsgenauigkeit kann aber nicht nur auf die Position eines Punktes bezogen werden. Vergleichbares gilt für die Größe und Orientierung der virtuellen Objekte. Auch bei diesen beiden Parametern muss die Wahrnehmung der Realität und Virtualität übereinstimmen. Diese Parameter bestimmen mit die Entscheidungssicherheit des Systems.

Die erforderliche Abbildungsgenauigkeit hängt von den folgenden Faktoren ab:

- Anwendung
- Arbeitsentfernung, Objektweite, Bildweite
- Sitz der Datenbrille am Kopf des Nutzers
- Trackinggenauigkeit
- Datenvollständigkeit

Da in aktuellen Augmented-Reality-Systemen meist ausschließlich Geometrien visualisiert werden, spielt die Abbildungsgenauigkeit der Textur oder Struktur von Flächen mit ihrer individuellen Helligkeit eine untergeordnete Rolle. Dargestellte Flächen würden einen größeren Teil der wahrzunehmenden Realität verdecken (siehe Abschnitt 7.19).

7.8.1 Anwendung

Die Anwendung, bei der das Augmented-Reality-System eingesetzt werden soll, bestimmt die Abbildungsgenauigkeit, die das Gesamtsystem erfüllen muss. Hierbei kann vereinfacht zwischen den beiden Hauptanforderungsklassen „grob“ und „fein“ unterschieden werden.

Für die Anforderungsklasse „grob“ soll das folgende Beispiel die Abhängigkeit verdeutlichen (Bild 7.7). In einer Augmented-Reality-Anwendung soll ein Pfeil auf den Kopf einer Sechskantschraube zeigen. Der Pfeil signalisiert dem Nutzer, welche Schraube er beispielsweise lösen soll. Die unterschiedlichen Elemente der Realität, in diesem Fall die Schrauben, sind in einem Abstand *d* voneinander angeordnet. Theoretisch könnte die Position des Pfeils um einen Betrag $\delta_A > d/2$ von der idealen Position in der Schraubenmitte abweichen.

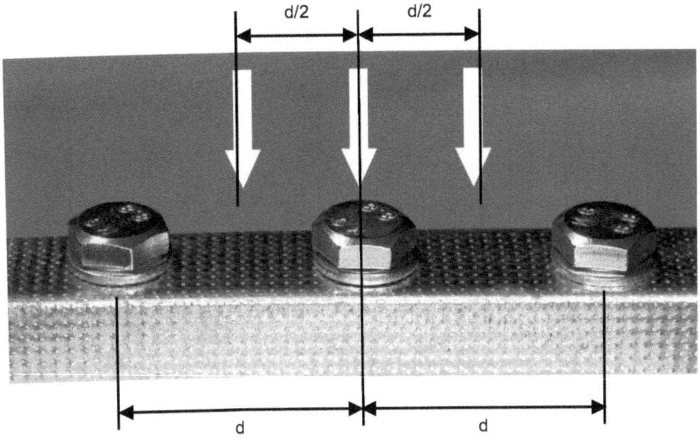

Bild 7.7 Theoretische mögliche Positionen der Kennzeichnung

In der Realität des industriellen Alltags wäre das aber eine nicht eindeutig zuordenbare Position. Der Mitarbeiter kann die Zuordnung nicht immer korrekt durchführen, und es besteht die Gefahr eines Fehlers. Um diese Fehlermöglichkeit auszuschließen, sollte der Pfeil oder das grafische Zeichen immer eindeutig dem Objekt zuzuordnen sein. In diesem Falle hier würde es bedeuten, dass der Pfeil immer im Bereich des Objekts angezeigt werden sollte. Es sollte immer eine optische Verbindung zwischen dem Objekt und dem Zeichen bestehen. In diesem Falle reicht es, wenn der Pfeil horizontal zwischen den Positionen „B“ und „C“ aus Bild 7.8 für den Nutzer erscheint. Vereinfacht kann für diesen Anwendungsfall die Positionsgenauigkeit oder Abbildungsgenauigkeit δ_A in einer Größenordnung von ±SW/2[2)] angenommen werden.

2 SW = Schlüsselweite der Sechskantschraube

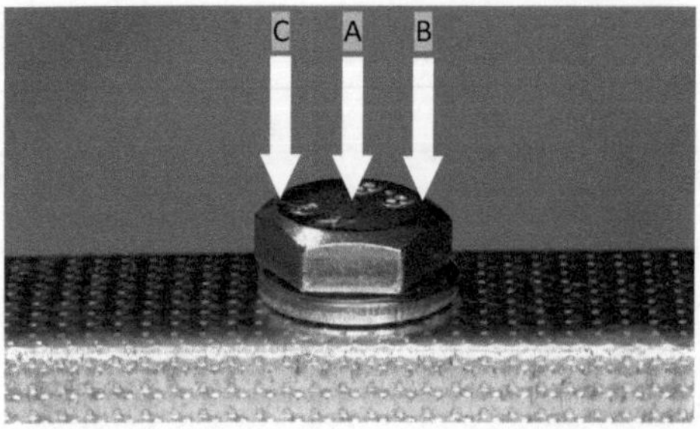

Bild 7.8
Position der überlagerten Symbole (Anforderungsklasse „grob")

Bei dieser Anforderungsklasse liegt die erforderliche Abbildungsgenauigkeit in der Größenordnung von mehreren Millimetern. Sie ist entsprechend der Anwendung im Vorfeld zu bestimmen.

Bei der Anforderungsklasse „fein" liegen bedeutend höhere Anforderungen an die Genauigkeit vor. Soll beispielsweise eine Kante durch eine entsprechende virtuelle Linie überlagert werden, so ergibt sich eine Situation wie in Bild 7.9 schematisch dargestellt.

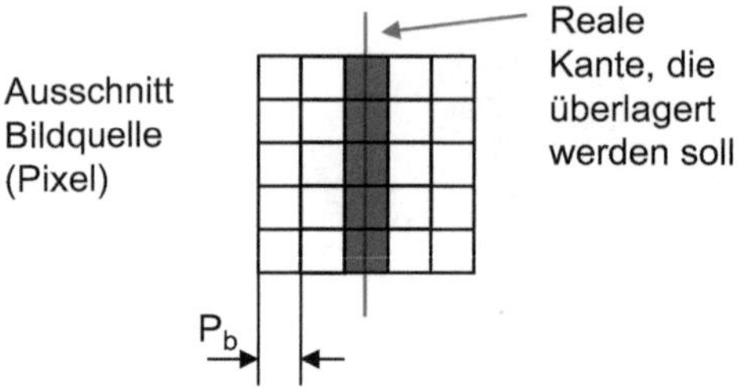

Bild 7.9
Darstellung der Toleranzen bei Überlagerung einer Kante (Anforderungsklasse „fein")

Die virtuelle Linie wird durch eine sehr dünne Linie von Pixeln dargestellt. Diese Pixel besitzen eine Breite P_b. Im Falle einer Datenbrille mit einer Auflösung von 2048 × 1080 Pixel, einem Sichtfeld von 54° diagonal und einer Bildweite von b = 2500 mm beträgt die Pixelbreite P_b = 1,1 mm in der Bildweite b. Der Bereich der Pixel mit einer Breite von $\pm P_b/2$ (= ±0,55 mm) kann die Position der realen Kante variieren, ohne dass eine Abweichung von der Idealposition auffällig wird. In diesem Falle wäre das die maximal mögliche Abbildungsgenauigkeit δ_{DB} dieser theoretischen Datenbrille. Dieser Ansatz beschreibt auch die Anforderung an die Abbildungsgenauigkeit bei flächigen Objekten.

Bild 7.10 zeigt ein Anwendungsbeispiel mit einer hohen Anforderung an die Abbildungsgenauigkeit. In dem Beispiel wird der Verlauf eines Kabels bei der Schaltschrankmontage gezeigt. Hierbei ist es von besonderer Bedeutung, dass für jedes Kabel die beiden korrekten Anschlussklemmen an den Schaltschrankelementen durch das Augmented-Reality-System angezeigt werden. Um Verwechslungen auszuschließen, muss in diesem Fall die Abbildungsgenauigkeit besser sein als der halbe Abstand zwischen zwei nebeneinanderliegenden Anschlussklemmen. Die Abbildungsgenauigkeit liegt hierbei im Bereich von unter 1 mm. [13] beschreibt die Anforderungen an die Genauigkeit der Darstellung der virtuellen Daten für industrielle Anwendungen im Bereich von bis zu 0,1 mm. Für jede Anwendung ist zu prüfen, ob die Grenze der Abbildungsgenauigkeit der Datenbrille δ_{DB} für die Anforderungen der Anwendung ausreicht.

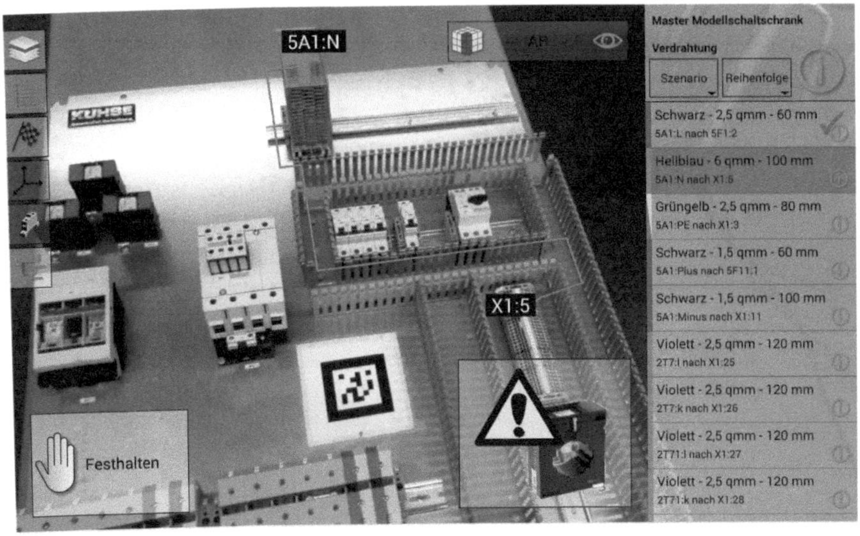

Bild 7.10 Benutzeroberfläche für die Schaltschrankmontage im Augmented-Reality-Modus [12]

Diese hier beschriebenen Augmented-Reality-Anwendungen lassen sich dadurch charakterisieren, dass die realen Objekte, deren Wahrnehmung durch virtuelle Objekte überlagert wird, oder die Nutzer sich nicht oder nur sehr wenig bewegen. Diese Art der Anwendungen wird als statische Augmented Reality [14] oder quasistationäre Augmented Reality bezeichnet.

7.8.2 Dynamik in der Augmented-Reality-Anwendung

Speziell in der industriellen Realität sind neben den oben beschriebenen stationären Augmented-Reality-Anwendungen auch solche zu finden, bei denen sich Objekte schneller bewegen. In diesem Fall spricht man von bewegter oder dynamischer Augmented Reality [14]. Die Anforderungen steigen weiterhin mit der Anzahl der unabhängigen Objekte, die durch das Trackingsystem erfasst werden oder auf deren Wahrnehmung die einzelnen Objekte überlagert werden sollen. Mit steigender Anzahl der getrackten Objekte steigt der erforderliche Rechenaufwand für das Tracking. Damit steigt dann auch der für die Berechnungen oder Handhabung der Daten erforderliche Zeitaufwand. Dieser Zeitaufwand für Berechnungen entlang der gesamten Kette innerhalb des Augmented-Reality-Systems ist dann die Latenz. Das ist der Zeitraum zwischen einem Ereignis und dem Eintreten einer sichtbaren Reaktion darauf.

Bild 7.11 stellt das linke Teilbild eine Situation (Zeitpunkte t_1) dar, in der das Augmented-Reality-System das virtuelle Objekt der Wahrnehmung des realen Objektes korrekt überlagert. Bewegt sich nun das reale Objekt (Zeitpunkt t_2), so muss diese Bewegung zunächst vom Trackingsystem erfasst und ausgewertet werden, die neue Visualisierung erzeugt und zur Anzeige in der Datenbrille gebracht werden. Erst nach Ablauf aller Prozesse werden das reale und das virtuelle Objekt wieder überlagert visualisiert (Zeitpunkt t_3). Die Zeitdifferenz $t_2 - t_3$ ist die Latenz des gesamten Systems. Das Augmented-Reality-System reagiert technikbedingt mit einer Zeitverzögerung. Durch diesen direkten Vergleich fällt der Unterschied der beiden Zeitverzögerungen einfacher auf. Diese Zeitverzögerung muss daher unterhalb der Flimmerverschmelzungsfrequenz liegen (siehe Abschnitt 3.17). Sie beträgt bei einem mittleren Modulationsgrad und einer Leuchtdichte, wie sie in industriellen Bereichen auftritt, zwischen 60 und 70 Hz, was einer Periodendauer von 14 bis 17 msec entspricht. [15] beschreibt für diesen Fall eine maximale Latenz von 5 msec, was 200 Hz entspricht. Bei solchen Augmented-Reality-Anwendungen nimmt der Nutzer die Realität quasi latenzfrei beziehungsweise verzögerungsfrei wahr.

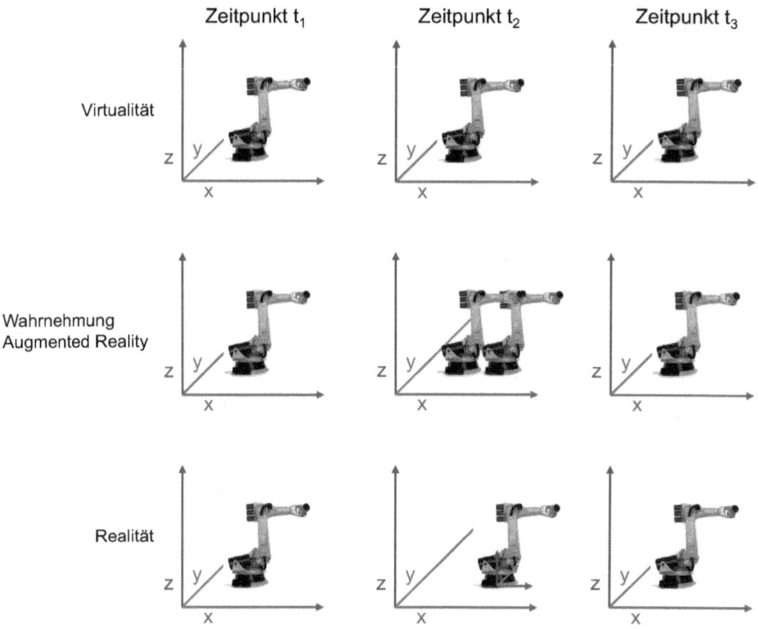

Bild 7.11 Latenzzeit im Augmented-Reality-System

Das bedeutet, dass das Augmented-Reality-System innerhalb von weniger als dieser Periodendauer den Zyklus bestehend aus Tracking, Bereitstellung der erforderlichen Daten sowie Visualisierung durchlaufen haben muss. Wird innerhalb der Bewegung der monolithische Status des realen Objektes aufgelöst, so entspricht die Überlagerung der noch monolithischen virtuellen Objekte nicht mehr der Realität. Bild 7.12 zeigt diese Situation. Der reale Roboter wurde in diesem Fall nicht nur linear bewegt, sondern es wurde die Position einiger Achsen verändert. [14] verdeutlichte die Herausforderungen der dynamischen Augmented Reality. Das komplexe System, in diesem Beispiel ist es ein Roboter, besteht aus mehreren abhängigen und teilweise unabhängig voreinander beweglichen Komponenten. In diesem Fall kann das reale Objekt und damit auch das virtuelle Gegenstück nicht mehr als monolithisches Objekt betrachtet werden. Für jede Komponente ist separat Position und Orientierung zu ermitteln. Dadurch steigt der erforderliche Rechenaufwand im Trackingsystem und im Augmented-Reality-System.

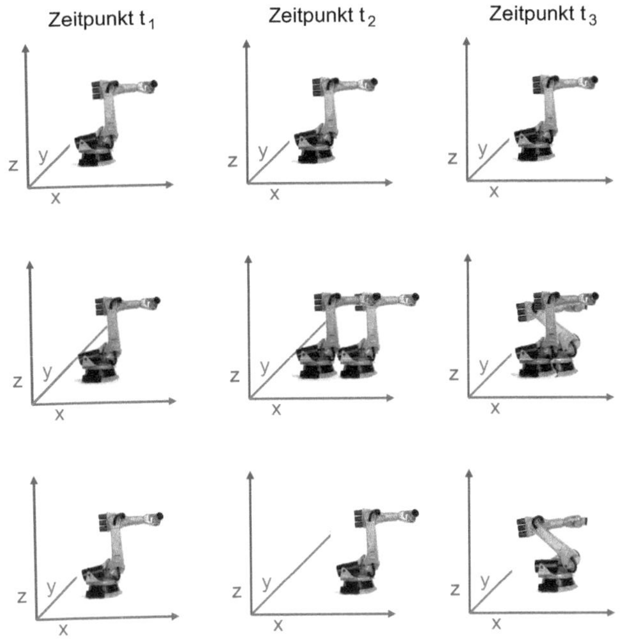

Bild 7.12 Herausforderung komplexer dynamischer Systeme in Augmented-Reality-Anwendungen nach [14]

Hieraus leitet sich die Forderung ab, die Anzahl der zu trackenden Objekte bei den industriellen Anwendungen zu reduzieren, um den Rechenaufwand möglichst gering zu halten, sodass er noch auf mobilen Augmented-Reality-Systemen abbildbar ist. [14] zeigt, dass durch den Einsatz inverser Kinematiken der gesamte Rechenaufwand reduziert werden kann. Bei einer inversen Kinematik werden mindestens zwei Objekte einer kinematischen Kette getrackt. Die beiden Objekte sind in der kinematischen Kette nicht direkt miteinander verbunden. Es gibt Objekte in der kinematischen Kette zwischen den beiden Objekten, die nicht direkt getrackt werden. Für alle Objekte der kinematischen Kette existiert eine mathematische Beschreibung ihrer freien und erzwungenen Bewegungsmöglichkeiten. Mit diesen Bewegungsvorschriften kann dann die Position jedes Objektes in der kinematischen Kette auf Basis der Position und Orientierung der beiden Endelemente rechnerisch bestimmt werden. Im Falle einer Augmented-Reality-Anwendung mit dem Roboter aus Bild 7.12 würde die Position des fest installierten Robotergrundgestells dem Augmented-Reality-System mitgegeben werden. Weiterhin würde nur der Werkzeugaufnahmepunkt an der Roboterhand getrackt. Die Positionen und Orientierungen der dazwischenliegenden Komponenten kann dann durch die inverse Kinematik berechnet und entsprechend vom Augmented-Reality-System visualisiert werden.

Hierbei ist jedoch zu prüfen, wie sich der erforderliche Rechenaufwand in beiden Fällen verhält, um aus dieser Sicht auch ein Optimum des Bedarfs an Rechnerleistung für die Anwendung zu bestimmen. In jedem Fall muss die Bildwiederholrate oberhalb der Flimmerverschmelzungsfrequenz liegen, um für die Visualisierung einen flüssigen Eindruck ohne wahrnehmbare Latenz zu ermöglichen. Dazu ist die maximale Geschwindigkeit der realen Komponenten der Anwendung im Vorfeld zu betrachten und die Bildwiederholrate auch an diesen Parameter anzupassen.

Da typischerweise die Beleuchtung eines industriellen Bereichs durch Wechselstromleuchtmittel geschieht, muss geprüft werden, ob es Interferenzen zwischen der Lichtquelle und der Anzeige in der Datenbrille gibt. Solche sind unbedingt zu vermeiden.

7.8.3 Trackinggenauigkeit

Tracking ist die Bestimmung der jeweiligen Position und Orientierung eines getrackten Punktes im vom Tracking-Koordinatensystem definierten Raum über die Zeit. Die Trackinggenauigkeit ist eine Eigenschaft des Trackingsystems. Dazu wird auf die einschlägige Literatur verwiesen. Sie wird hier nur der Vollständigkeit halber erwähnt und nicht weiter untersucht. Für die hier durchgeführten Betrachtungen ist die Genauigkeit des gesamten Augmented-Reality-Systems hinsichtlich der Position und Orientierung über die Zeit relevant.

7.8.4 Arbeitsentfernung, Objektweite, Bildweite

Bei der Betrachtung der Abbildungsgenauigkeit in Abschnitt 7.8.1 wurde immer die Arbeitsentfernung beziehungsweise die Bildweite zugrunde gelegt. Kann diese Entfernung aufgrund der Arbeitsaufgabe variiert werden – natürlich ohne die Fundamentalbedingung aus Abschnitt 7.1 zu verletzen –, dann verändert sich auch die Abbildungsgenauigkeit. Es kann davon ausgegangen werden, dass sich die erreichbare Abbildungsgenauigkeit gemäß dem Strahlensatz linear vergrößert, wenn der Abstand zunimmt.

7.8.5 Sitz der Datenbrille am Kopf des Nutzers

Bewegt sich die Datenbrille relativ zum Kopf und damit zu den Augen des Nutzers, bewegt sich das virtuelle Bild vor den Augen des Nutzers. Eine Überlagerung mit der oben beschriebenen Abbildungsgenauigkeit kann daher nicht immer gewährleistet werden. Befindet sich beispielsweise die Fassung der Datenbrille in einer Entfernung von 25 mm vom Auge und bewegt sich die Fassung um 1 mm aus der Idealposition heraus, so bewegt sich das virtuelle Bild in Bildweite (b = 2500 mm) um 100 mm in die Richtung der Bewegung der Datenbrille. Selbst für Anwendungen mit der Anforderungsklasse „grob" kann diese Abweichung schon viel zu groß sein. Bild 7.13 zeigt, wie sich die Wahrnehmung von Realität mit überlagerter Wahrnehmung der Virtualität verändert, wenn die Position der Datenbrille zum Auge abweicht. Die Abweichung des Bildes von seiner Idealposition Δx_B oder Δz_B in Abhängigkeit von der Positionsabweichung der Datenbrille Δx_{DB} oder Δz_{DB} kann in erster Näherung mit folgendem Zusammenhang beschrieben werden:

$$\Delta x_B = \frac{a}{a_{DB}} \cdot \Delta x_{DB}; \Delta z_B = \frac{a}{a_{DB}} \cdot \Delta z_{DB} \quad (7.2)$$

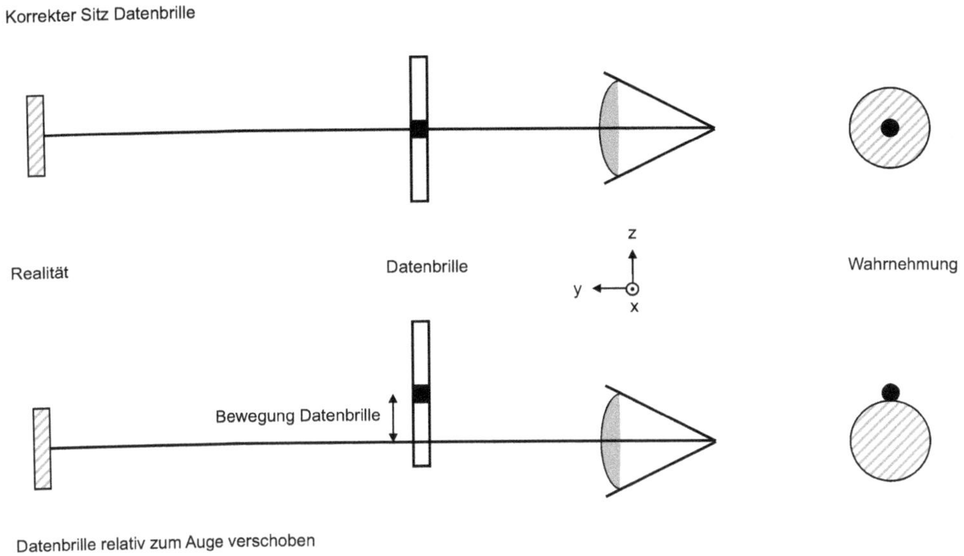

Bild 7.13 Auswirkung der Bewegung der Datenbrille relativ zum Auge

Bei solchen großen Bewegungen der virtuellen Bilder ist eine kongruente Überlagerung der Wahrnehmung der Realität und der Virtualität nicht möglich. Daher ist dem Sitz der Datenbrille am Kopf entsprechende Aufmerksamkeit zu widmen. Teilweise kommen Kopfträger, wie sie aus dem medizinischen Bereich bekannt sind, zum Einsatz (Bild 7.14). Solche medizinischen Kopfträger sind darauf ausgelegt, dass sie fest am Kopf positioniert, aber auch mit einem entsprechenden Tragekomfort für eine längere Nutzung ausgelegt sind. Hierbei besteht aber die Gefahr, dass bei zu festem Sitz des Kopfträgers vermehrt Kopfschmerzen beim Nutzer auftreten [6].

Bild 7.14
Kopfträger für Datenbrille [16]

Da eine sehr feste Anbringung der Datenbrille am Kopf des Nutzers sehr aufwendig ist, könnte eine mögliche Relativbewegung zwischen Kopf und Datenbrille erfasst und kompensiert werden. Das erfordert eine Erfassung der Relativbewegung der Datenbrille durch entsprechende Sensoren (z. B. Beschleunigungssensoren oder Blickerfassungssysteme) oder das unabhängige Tracken der Position und Orientierung der Datenbrille durch das Augmented-Reality-System. Auf Basis dieser Informationen verändert das Augmented-Reality-System die Position des virtuellen Bildes in der Datenbrille. Das könnte durch eine mechanische Bewegung der Bildquelle oder durch eine Verschiebung des Bildes auf der Bildquelle durchgeführt werden. Die letztgenannte Möglichkeit reduziert allerdings die nutzbare Fläche und damit die Auflösung der Bildquelle. Die Anzahl der für die Anzeige nutzbaren Pixel wird verringert. Siehe hierzu auch Abschnitt 8.2.3.

Neben den Auswirkungen eines lockeren Sitzes der Datenbrille am Kopf gibt es auch noch eine Auswirkung auf die Sicherheit. Sitzt die Datenbrille locker am Kopf, so kann sie sich unkontrolliert bewegen. Die Bewegung kann den Nutzer zu einer unbedachten schnellen, impulsartigen Reaktion verleiten. Er versucht aus dem Schreck heraus, quasi als automatische Reflexbewegung, die sich bewegende Datenbrille festzuhalten oder zu verhindern, dass sie zu stark verrutscht oder gar herunterfällt. Dabei besteht die Gefahr, dass er mit Komponenten des Arbeitsbereichs, wie beispielsweise Maschinen, Anlagen, Einrichtungen oder Werkzeugen, kollidiert und sich verletzt.

7.8.6 Datenvollständigkeit

Die virtuellen Informationen, die in der Datenbrille für die entsprechenden Anwendungen visualisiert werden sollen, müssen vollständig sein und der Anwendung entsprechen. Fehlerhafte oder falsche virtuelle Informationen führen zu Verwirrung des Nutzers oder zu Fehlern bei der Anwendung. [1] beschrieb vier grundsätzliche Abweichungsarten virtueller Daten in einer Anwendung, bei der virtuelle Objekte den ihnen entsprechenden realen Objekten überlagert wurden. Durch eine solche Überlagerung der beiden Wahrnehmungen sollten bei [1] die Unterschiede zwischen einem virtuellen Datenmodell, wie es beispielsweise als CAD-Modell vorliegt, mit den von ihnen repräsentierten realen Objekten verglichen werden.

- Fehl-Ist: Ein virtuelles Objekt fehlt in der Realität.
- Fehl-Soll: Ein Teil der Realität fehlt als virtuelles Objekt.
- Geometrieabweichung: Ein Teil ist in der Realität und der Virtualität vorhanden, aber seine Geometrie weicht ab.
- Positionsabweichung: Ein in der Virtualität korrekt repräsentiertes reales Objekt befindet sich an einem anderen Ort.

Diese vier grundsätzlichen Abweichungen können auf den Einsatz von Datenbrillen im Allgemeinen angewendet werden. Die virtuellen Daten müssen vollständig verfügbar sein, um den Nutzer bei seinen Aufgaben entsprechend unterstützen zu können. Das bedeutet, dass alle erforderlichen Anweisungen in Form von visualisierten Zeichen vorhanden sind, an der korrekten Position in der korrekten Größe und Farbe visualisiert werden. Fehlen solche Anweisungen für den zu unterstützenden Prozess oder gibt es Anweisungen, die nicht in den Prozess gehören, gibt es Diskrepanzen zwischen der Realität und der Virtualität, die dazu führen können, dass Prozessschritte fehlerhaft ausgeführt werden können. Die virtuellen Daten sind daher vor dem Einsatz entsprechend zu überprüfen.

7.9 Verzeichnung

7.9.1 Verzeichnung im Bild der Virtualität

Die optischen Systeme der Datenbrille stellen das Bild verzeichnet dar (siehe Abschnitt 5.8.1). Die Realität wird aber vom Nutzer unterzeichnet oder unverzerrt wahrgenommen. Wird ein virtuelles Element, wie zum Beispiel eine Linie, von der Datenbrille verzeichnet dargestellt, so können das Bild der Virtualität und das Bild der Realität nicht mehr richtig überlagert werden. Bild 7.15 zeigt schematisch diese Situation. Die Realität wird dabei unverzeichnet wahrgenommen. Wird die virtuelle Linie unverzeichnet in der Datenbrille dargestellt (grün), so kann sie mit der Kante zur Deckung gebracht werden. Eine Überlagerung ist möglich. Wird die virtuelle Linie jedoch von der Datenbrille verzeichnet dargestellt (rot), so ist eine Überlagerung nicht mehr möglich.

Weiterhin ist es möglich, dass ein Nutzer durch seine Brille oder eventuelle Veränderungen des Auges eine Verzeichnung der Virtualität sieht oder nicht wahrnimmt. Auch in diesem Falle kann es zu Abweichungen kommen, die für eine korrekte Überlagerung nicht sinnvoll sind.

Im Zuge der Planung des Einsatzes der Datenbrille muss daher sichergestellt werden, dass die zu visualisierenden Daten unverzerrt im Datenmodell abgespeichert sind.

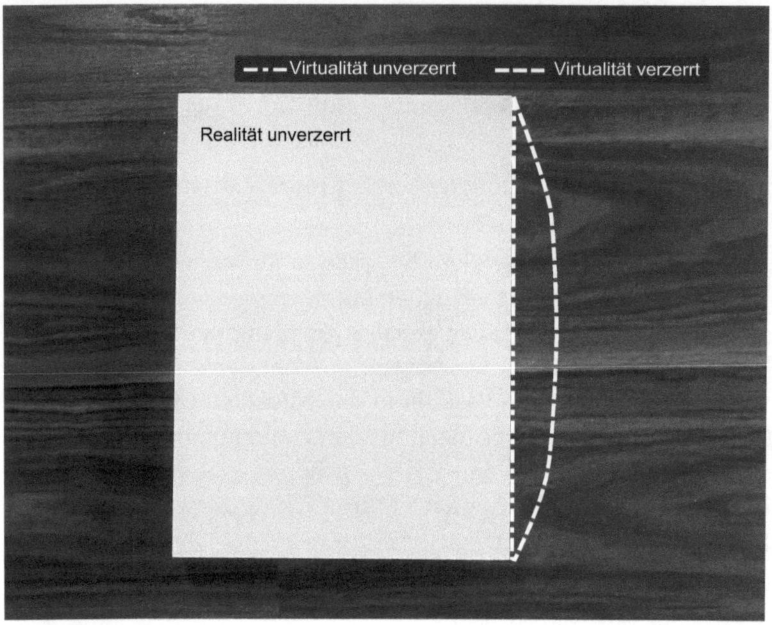

Bild 7.15 Verzeichnete Virtualität bei unverzeichneter Realität (schematische Darstellung)

Die Korrektur der Verzeichnung der virtuellen Abbildung ist auch aufgrund der teilweise sehr komplizierten optischen Systeme der Datenbrillen komplex. Deshalb ist zu prüfen, ob und in welchem Maße in einer Anwendung eine solche Verzeichnung akzeptiert werden kann.

7.9.2 Verzeichnung im Bild der Realität

In Abschnitt 5.8.2 wird auf die Möglichkeit hingewiesen, dass die optischen Elemente der Datenbrille das wahrgenommene Bild der Realität verzeichnen können. Sind die Verzeichnungen groß, dann kann die Wahrnehmung des Nutzers so stark gestört sein, dass seine Wahrnehmungsfähigkeit gestört wird, er also beispielsweise Gefahren nicht mehr richtig und rechtzeitig erkennen kann. Die Zeichnungen können auch seine Bewegungsfähigkeit einschränken, da er sich beispielsweise unsicher fühlt und dadurch auch unsicher bewegt. Weiterhin kann die verzeichnete Wahrnehmung zu visuellem Unbehagen, Ermüdung, Stress, Kopfschmerzen, Augenbelastung oder Unwohlsein führen. [17] beschreibt die Grenzen für die Verzeichnung des Bildes, die durch Schutzbrillen wahrgenommen werden. Für Brillen wird dort eine maximal zulässige Veränderung der Brechkraft von ± 0,06 dpt vorgeschrieben. Das ist bei der Auswahl der Datenbrille entsprechend zu berücksichtigen. Die Hersteller geben in ihren technischen Dokumentationen keine Werte für die Verzeichnung der Wahrnehmung der Realität durch die Datenbrille an. Hier sind bei der Planung entsprechende Untersuchungen durchzuführen.

Weiterhin ist bei jedem Nutzer der Augenstatus hinsichtlich Verzeichnung zu kontrollieren. Nimmt der Nutzer die Realität oder die Virtualität unterschiedlich verzeichnet wahr, so sind personenindividuelle Korrekturen erforderlich.

7.10 Nutzung Korrekturgläser

7.10.1 Einstärken-Korrekturgläser

Um eine möglichst große Gruppe von Nutzern für ihre Arbeit mit Datenbrillen unterstützen zu können, muss die Datenbrille die Möglichkeit bieten, nutzerindividuelle Korrekturgläser einzusetzen. Solche Korrekturgläser müssen in oder an der Datenbrille so montiert sein, dass sie sich nicht relativ zur Datenbrille bewegen können. Dieser feste Sitz ist dafür erforderlich, dass die Korrekturgläser auch bei Bewegungen immer korrekt vor den Augen des Nutzers im Verlauf der Lichtstrahlen des Bildes positioniert sind. Gleichzeitig sollten sie auch einfach zu wechseln sein. Beim Vorliegen einer Kurz- oder Weitsichtigkeit ohne weitere Einschränkung des Sehvermögens kann die Korrektur durch eine Einstellmöglichkeit im Strahlengang der Datenbrille vorgenommen werden. Das ist nicht mehr möglich bei der Nutzung von Korrekturgläsern zur Korrektur eines Astigmatismus (siehe Abschnitt 3.6). Es ist zu berücksichtigen, dass die Position der Korrekturgläser zu den Augen bei der Montage an der Datenbrille andres ein kann als bei der üblicherweise getragenen Brille. Das bedeutet, dass die Korrekturgläser für den Einsatz an der Datenbrille individuell angepasst werden müssen.

Die Größe der Korrekturgläser besitzt einen Einfluss auf den Sehwinkel σ_B (Bild 3.5), der dem Nutzer durch die Brille ermöglicht wird. Dieser Sehwinkel sollte immer größer als der Bildwinkel der Datenbrille α sein. So ist sichergestellt, dass der Nutzer die gesamte Fläche der Bildquelle übersehen kann. Bei einer Scheiben- oder Glasbreite des Korrekturglases von 50 mm und einem Abstand des Korrekturglases vom Auge von 15 bis 20 mm ergibt sich ein Sehwinkel σ_B von 102° bis 118°. Der Sehwinkel ist damit größer als der Bildwinkel der aktuell verfügbaren Datenbrillen.

Es muss sichergestellt sein, dass die Nutzung der Korrekturgläser sowohl den Blick auf die Bildquelle in der Datenbrille als auch den Blick in die Realität nicht einschränkt oder behindert. Das ist für das Erkennen von Gefahrensituationen von großer Bedeutung.

7.10.2 Gleitsichtgläser

Bei der Verwendung von Gleitsichtgläsern als Korrekturgläser des Nutzers werden die Sehstrahlen vom Auge auf die Bildquelle der Datenbrille aufgrund ihrer Geometrie durch unterschiedliche Bereiche des Gleitsichtglases geführt. Die unterschiedlichen Bereiche besitzen unterschiedliche optische Eigenschaften. Der Brechungsindex variiert in den unterschiedlichen Zonen des Gleitsichtglases. Die Entfernung, in der ein Bild durch den Nutzer scharf wahrgenommen werden kann, variiert in Abhängigkeit vom Winkel des Sehstrahls.

Das virtuelle Bild, dargestellt von der Bildquelle, befindet sich aber bei aktuellen Datenbrillen in einer festen Entfernung. Das Auge wird beim Betrachten des virtuellen Bildes auf einer größeren Bildquelle bewegt. Bei dieser Bewegung des Auges und damit der Bewegung des Sehstrahls ändert sich durch die Gleitsichtbrille die Korrektur aufgrund deren geänderter Brechkraft und damit die Bildweite für das Auge. Der untere Sehstrahl in Bild 7.16 erfährt eine Veränderung durch die Brechkraft des Nahteilbereichs des Gleitsichtglases, und das Auge fokussiert auf eine geringere Entfernung. Den oberen Sehstrahl beeinflusst die Brechkraft des Fernteilbereichs, und das Auge fokussiert auf eine größere Entfernung. Das Auge muss also während der Bewegung des Sehstrahls über das Bild der Bildquelle umfokussieren, das sich aber in einer Entfernung (Bildweite) vom Auge befindet. Dieser Effekt ist abhängig von der Größe der Bildquelle und damit vom Sichtfeld der Datenbrille sowie von den individuellen Parametern des Gleitsichtglases. Diese Parameter sind beispielsweise:

- Größe des Gleitsichtglases
- Größe der einzelnen Bereiche des Gleitsichtglases
- Korrektionswirkung in den Bereichen

Die Erfahrung zeigt, dass eine große Anzahl von Nutzern, die Gleitsichtgläser tragen, Probleme mit der Nutzung von Datenbrillen haben. Es können Schwindel, Unwohlsein bis hin zu Kopfschmerzen auftreten. Generell wurde diese Situation schon im Projekt ARVIKA [18] thematisiert.

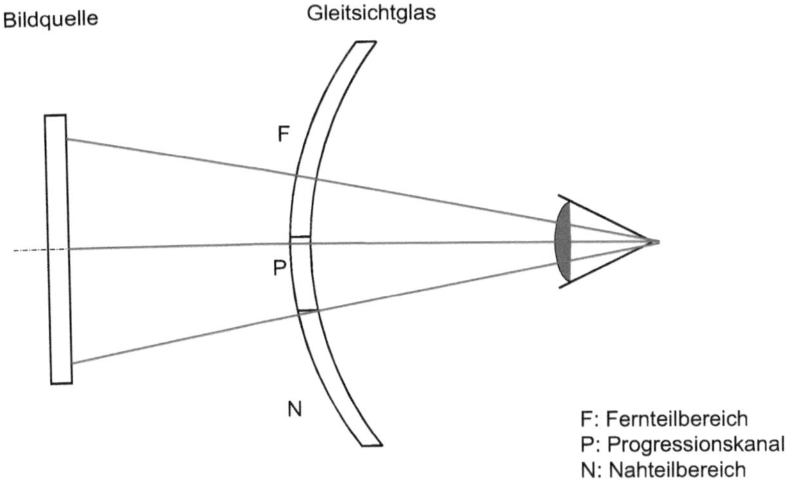

Bild 7.16 Sehstrahlen durch Gleitsichtglas auf Bildquelle

Es wäre eine theoretische Möglichkeit, dem Nutzer der Datenbrille Korrekturgläser mit einer definierten konstanten Stärke zur Verfügung zu stellen. Die Stärke der Korrektur muss dann unter Berücksichtigung der individuellen Korrektur auf die Entfernung der Arbeitsaufgabe abgestimmt sein. Hierbei muss aber immer sichergestellt sein, dass der Nutzer einen ausreichend großen Bereich mit diesen Einstärken-Korrekturgläsern scharf sieht. Es wäre aus der Sicht der Arbeitssicherheit nicht sinnvoll, dass beispielsweise ein Nutzer Korrekturgläser nutzt, mit denen er den Nahbereich scharf wahrnehmen kann, aber gleichzeitig den Fernbereich nur unscharf und damit undeutlich wahrnimmt. Er wäre damit nicht ausreichend in der Lage, auf ihn zukommende Gefahren frühzeitig zu erkennen. Das bedeutet, dass der Arbeitsplatz in diesem Falle entsprechend gegen Gefahren aus dem Umfeld abgesichert sein muss.

Eine realisierbare technische Lösung bei Datenbrillen für die Nutzung von Gleitsichtbrillen ist derzeit nicht bekannt. Es besteht die Möglichkeit, dass Lichtfelddatenbrillen diesen Nachteil ausgleichen.

7.11 Einstellbarkeit der Pupillendistanz

Der Abstand der Durchstoßpunkte der Sehstrahlen durch die Bildquelle sollte innerhalb des in Abschnitt 3.7 dargestellten Bereichs der Pupillendistanz der Gesamtheit der Nutzer einstellbar sein oder durch die Datenbrille selber automatisch justiert werden. Eine nutzerindividuelle Einstellbarkeit der Pupillendistanz der Datenbrille ist eine Grundvoraussetzung zu deren Nutzung in industriellen Anwendungen. Die Einstellung kann mechanisch oder elektronisch erfolgen. Der Bildwinkel der Datenbrille beziehungsweise die Größe der wahrnehmbaren Fläche der Bildquelle darf jedoch nicht eingeschränkt werden. Der Einstellbereich sollte zwischen 59 mm und 69 mm betragen, damit können ungefähr 90 % der Nutzer berücksichtigt werden. Basis für diese Abschätzung ist die Verteilung aus Bild 3.6.

Bild 7.5 verdeutlicht die Abhängigkeit des Durchstoßpunktes von der Pupillendistanz. Daher muss für eine korrekte Positionierung des virtuellen Bildes die Pupillendistanz entsprechend berücksichtigt werden. Die Datenbrille oder das Augmented-Reality-System muss diese Information kennen und bei der Visualisierung auf der Bildquelle berücksichtigen.

7.12 Blendung

Die Anzeige der Datenbrille darf den Nutzer nicht blenden. Das bedeutet, dass die Leuchtdichte der Wahrnehmung der Virtualität in der Datenbrille immer in einem definierten Verhältnis zur Leuchtdichte der Wahrnehmung der Realität stehen muss.

Aus den Vorgaben für den Bereich der Leuchtdichte am Arbeitsplatz (siehe Abschnitt 4.7) und den Blendgrenzen aus Bild 3.9 lassen sich die maximalen Leuchtdichten der Anzeigen bestimmen. Die Leuchtdichte am Arbeitsplatz wird in diesem Falle als Leuchtdichte des Gesichtsfeldes beziehungsweise der Leuchtdichte des Umfelds L_U betrachtet. Es ergibt sich damit eine theoretisch maximale Leuchtdichte der Anzeige der Datenbrille L_Z, bei der Relativblendung auftreten würde, im Bereich von 15 000 cd/m^2 bis 25 000 cd/m^2.

Da die maximale Leuchtdichte der verfügbaren Datenbrillen derzeit bei 2000 cd/m^2 liegt (Tabelle 5.1), kann davon ausgegangen werden, dass bei Arbeiten im industriellen Bereich keine Absolutblendung durch die Datenbrille beim Nutzer auftritt.

Es könnte theoretisch beim Einsatz von Datenbrillen ohne Helligkeitsregelung oder adaptive Helligkeitsanpassung in sehr dunklen Bereichen eine Blendung durch die Bildquelle der Datenbrille auftreten. Hierzu ist dann eine Einzelprüfung erforderlich.

Weiterhin ist sicherzustellen, dass keine Blendung des Nutzers durch Reflexion einer externen Lichtquelle in oder an der Datenbrille auftritt. Hierzu können reflexmindernde Beschichtungen der Flächen der Datenbrille verwendet werden.

Daraus leitet sich die Anforderung ab, dass eine Datenbrille für den industriellen Einsatz die Leuchtdichte der Umgebung mit entsprechender Auflösung erfasst. Auf Basis dieser Messwerte soll dann die Leuchtdichte der Anzeige in der Datenbrille gesteuert werden. Damit wäre dann sichergestellt, dass die Datenbrille die virtuellen Informationen immer mit der ausreichenden Leuchtdichte visualisiert. Gleichzeitig ist sicherzustellen, dass die Leuchtdichte der Datenbrille zu keiner Zeit beim Nutzer zu einer Blendung führt (Absolutblendung).

7.13 Helligkeitskontrast

Der Kontrast zwischen der Leuchtdichte des Bildes der Realität beziehungsweise des Umfelds L_U und der Leuchtdichte des Bildes (Zeichen) der Virtualität L_Z muss ausreichend groß sein, um die zusätzlichen Informationen der Virtualität vor der Wahrnehmung der Realität sicher wahrnehmen zu können. Für diese Betrachtung wird davon ausgegangen, dass die Leuchtdichte des virtuellen Bildes L_Z immer größer ist als die Leuchtdichte der Realität oder die Leuchtdichte der Umgebung L_U. Andernfalls wäre das Bild der Virtualität in der Datenbrille für den Nutzer nicht wahrnehmbar.

Zur Klarstellung sei hier darauf hingewiesen, dass bei der Beurteilung des Kontrasts immer das gesamte optische System der Datenbrille betrachtet werden muss. Es reicht nicht aus, alleine den Kontrast auf der Bildquelle zu untersuchen. Das optische System der Datenbrille reduziert den Kontrast, was bei der Auslegung zu berücksichtigen ist.

7.13.1 Helligkeitskontrast Innenbereich

In Abschnitt 4.7 wurde für die durchschnittlichen industriellen Arbeitsplätze ein Leuchtdichtebereich von 30–160 cd/m² definiert. Für die Betrachtung der erforderlichen Leuchtdichte der Datenbrillen wird der Schwellenkontrast $\overline{C}$ herangezogen. Ein Pixel in der Anzeige der Datenbrille wird als Sehobjekt betrachtet. Für die hier betrachteten Datenbrillen konnte ein Wert des Sehwinkels für ein Pixel σ_{Ph} im Bereich von 0,016° (≅ 1′) bis 0,035° (≅ 2′) ermittelt werden.

Mit der Auflösung der Formel 3.10 nach L_Z lässt sich die minimal erforderliche Leuchtdichte des virtuellen Bildes der Datenbrille ermitteln.

$$L_Z = L_U \cdot \left(\overline{C} + 1\right) \tag{7.3}$$

Das bedeutet, dass die Leuchtdichte des virtuellen Bildes immer größer sein muss als die in Bild 7.17 dargestellten Grenzen für die Leuchtdichte des Umfelds. Weiterhin sind die Grenzen abhängig von der minimalen Größe des zu betrachtenden virtuellen Objektes. Der Faktor MF_C berücksichtigt die Bedingungen im industriellen Umfeld gemäß Abschnitt 3.11.2.

Nur zwei der in Tabelle 5.1 aufgeführten Datenbrillen können Anzeigen mit einer Leuchtdichte bis zu 2000 cd/m² erzeugen. Da die maximale Leuchtdichte dieser Datenbrillen größer ist als diese abgeleitete Grenze, wird hier prinzipiell kein technisches Problem gesehen.

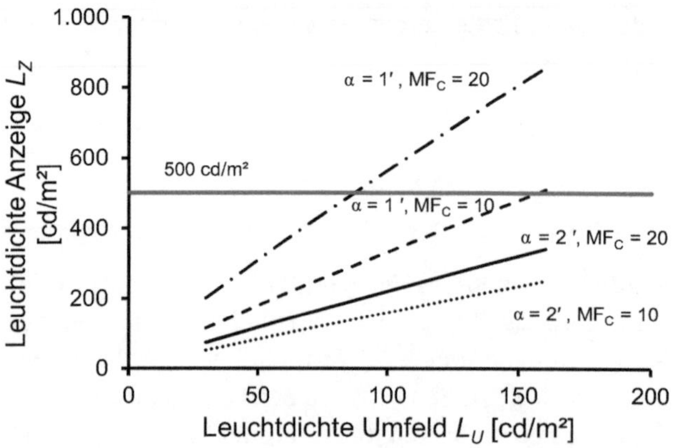

Bild 7.17 Mindestleuchtdichten der Datenbrille in Abhängigkeit von der Leuchtdichte der Umgebung und der Sehobjektgröße

Zwei andere Datenbrillen besitzen eine maximale Leuchtdichte der Anzeige bis zu 500 cd/m^2. Diese Grenze ist auch in Bild 7.17 eingetragen. Daraus lässt sich ableiten, dass solche Datenbrillen für Anwendungen, die einen hohen Kontrast erfordern, nicht immer einsetzbar sind. Bei der Planung sollten entsprechende Vortests mit den vorgesehenen Datenbrillen durchgeführt werden.

Eine weitere Herausforderung ist, dass die Leuchtdichte der Realität oder des Umfelds von der Datenbrille erfasst werden muss, um die Leuchtdichte der Virtualität beziehungsweise die Leuchtdichte der Anzeige in der Datenbrille entsprechend zu regeln.

Diese Betrachtung zeigt, dass für eine Nutzung von Datenbrillen unter Einhaltung der aufgeführten Grenzen die Erfassung der Leuchtdichte des Gesichtsfelds erforderlich ist. Hierbei kann nicht sinnvollerweise nur ein Mittelwert über das gesamte Gesichtsfeld bestimmt werden. Bild 7.18 zeigt diesen Zusammenhang deutlich. Mit einer Datenbrille (Liteye LE-750 A) wird darin eine fein detaillierte Zeichnung visualisiert. Die detaillierte Zeichnung wird vor einem Hintergrund mit unterschiedlicher Helligkeit dargestellt. Die Ränder des Bildes (= Gesichtsfeld) weisen eine sehr geringe Helligkeit auf. Die Helligkeit im Bild wird in diesem Falle als Maß für die Leuchtdichte der Szene gleichgesetzt. Im Zentralbereich, in dem sich die relevante Information befindet, schwankt die Leuchtdichte. In diesem Falle müsste die Leuchtdichte entsprechend angepasst werden, um die Erkennbarkeit der feinen Struktur zu verbessern. Die Leuchtdichte der Realität muss daher ortsaufgelöst erfasst werden. Hierzu ist die Größe der Ortsauflösung der Leuchtdichteanpassung in Abhängigkeit von der Anwendung zu bestimmen. Das Sichtfeld der Kamera oder des Sensors sollte dem Gesichtsfeld des Nutzers gemäß Tabelle 3.1 entsprechen. Die entsprechende Leuchtdichte in der Datenbrille kann dann entsprechend erzeugt werden.

[19] weist darauf hin, dass Blendungen und Spiegelungen in Datenbrillen unbedingt vermieden werden müssen. Das ist eine regulatorische Vorgabe für die Datenbrille. Ein weiterer wichtiger Parameter für die sicher erkennbare Visualisierung ist die Berücksichtigung der Feinheit der dargestellten virtuellen Informationen bei der Regelung der Leuchtdichte der Anzeige.

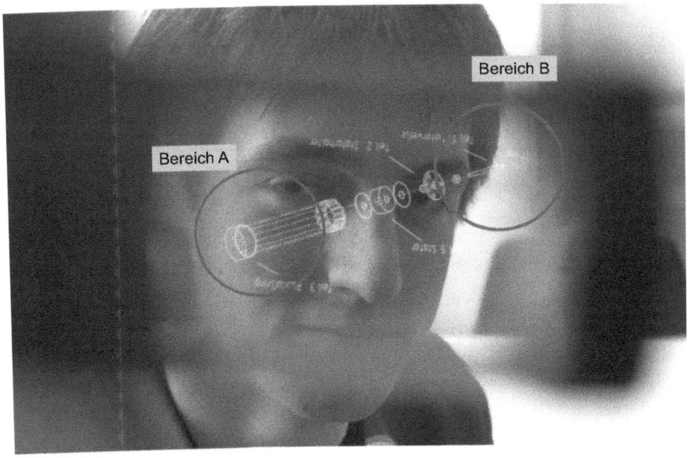

Bild 7.18 Blick durch Datenbrille [16]

Die Auflösung in der visualisierten Zeichnung in Bild 7.18 ist sehr hoch. Die maximal darstellbare horizontale Ortsfrequenz des Systems Liteye LE-750 A[3] liegt bei 15,6 cpd (Formel 7.4). Sie ist damit vergleichbar zu den hier betrachteten Datenbrillen. Die Wahrnehmung der feinen Strukturen der Visualisierung wird durch den Kontrast bestimmt. Im Bereich A in Bild 7.18 liegt ein ausreichender Kontrast der feinen Zeichnung gegenüber dem Hintergrund vor. Im Bereich B des Bildes besitzen die Elemente der Zeichnung dieselbe Helligkeit wie im Bereich A. Durch den sehr geringen bis fast nicht mehr vorhandenen Kontrast der Zeichnungskomponenten gegenüber dem Hintergrund sinkt die Erkennbarkeit der Informationen. Eine Erhöhung der Leuchtdichte der Anzeige des virtuellen Bildes im Bereich B würde den Kontrast im Bild und damit die Lesbarkeit der virtuellen Informationen deutlich erhöhen.

Für eine Datenbrille lässt sich die maximale Ortsfrequenz $f_{r\,max}$ der darstellbaren Strukturen aus der Anzahl der Pixel und dem dazugehörigen Bildwinkel ermitteln. Der Faktor 2 in der Formel 7.4 berücksichtigt, dass für eine Hell-Dunkel-Periode zwei nebeneinanderliegende Pixel erforderlich sind.

$$f_{r\,max} = \frac{Anz\ Px_h}{2 \cdot \alpha_h} \qquad (7.4)$$

[3] Daten Liteye LE-750 A: Auflösung 800 × 600, Bildwinkel diagonal: 28°, maximale Leuchtdichte: 300 cd/m² [30]

Aus den Angaben für Bildwinkel und Auflösung der Tabelle 5.1 lassen sich diese maximalen Ortsfrequenzen der Datenbrillen ermitteln. Sie liegen in der Größenordnung von 15 bis 30°cpd. Dieser Wert ist größer als die für die Kontrastschwelle optimale Ortsfrequenz aus Bild 3.11 von 2 bis 5 cpd.

Die Parameter Helligkeit der Zeichen in der Datenbrille oder Leuchtdichte der Anzeige in der Datenbrille, Leuchtdichte der Umgebung und Feinheit der darzustellenden Information hängen eng voreinander ab und beeinflussen einander. Eine Ortsauflösung der Messung und Einstellung dieser Parameter ermöglicht eine verbesserte bis optimale Darstellung der virtuellen Daten in der Datenbrille. Nur der Vollständigkeit halber sei hier erwähnt, dass die Steigerung der Leuchtdichte der Anzeige nicht über ein Maß erhöht werden darf, die zu einer Blendung des Nutzers führt.

Die Anforderungen der Anwendung hinsichtlich der erforderlichen Auflösung bestimmen auch die Planung. Hierbei ist zu untersuchen, in welcher Detaillierung die virtuellen Informationen visualisiert werden müssen. Nur wenn die Auflösung der Datenbrille höher ist als die geforderte Auflösung der Anwendung, kann die Datenbrille sinnvoll und sicher eingesetzt werden.

Wünschenswert ist auch eine gleichmäßige Beleuchtung des Arbeitsbereichs. Dabei darf keine Blendung durch äußere Blendquellen auftreten. Das Tageslicht kann zu bestimmten Zeiten eine solche Blendquelle sein, was vorher untersucht werden muss.

7.13.2 Helligkeitskontrast im Außenbereich

Die Betrachtungen der Einsatzbarkeit einer Datenbrille wurde bislang für einen industriellen Innenbereich mit einer Leuchtdichte im Bereich von 30 bis 160 cd/m² betrachtet. Der Einsatz einer Datenbrille im Außenbereich erfordert die Berücksichtigung eines bedeutend größeren Bereichs der Leuchtdichte des Umfelds L_U. Tabelle 3.3 zeigt, dass Leuchtdichten von 0,01 cd/m² für einen wolkenlosen Nachthimmel bis zu 10^6 cd/m² für eine Szene in greller Mittagssonne zu betrachten sind. Die Leuchtdichte der Anzeige in der Datenbrille L_Z im Bereich von 20 bis 2000 cd/m² (siehe Tabelle 5.1) begrenzt damit den Einsatzbereich. Aus Formel 3.10 und Formel 3.11 lässt sich der Zusammenhang für die Leuchtdichtebereiche ableiten.

$$L_Z = \left(\overline{C}\,(L_U) + 1\right) \cdot L_U \tag{7.5}$$

Für die Nacht wird ein Leuchtdichtebereich von 0,01 bis 10 cd/m² [20] bei einem Faktor $MF_C = 50$ angenommen. Bild 7.19 zeigt für die Sehobjektgröße von $\alpha = 12'$, dass in diesem Anwendungsfall die Leuchtdichte der Anzeige der Datenbrille immer hoch genug ist, um den geforderten Schwellenkontrast zu erreichen.

Für den Leuchtdichtebereich des Tages wird dann 10 cd/m² als untere Grenze angenommen. In diesem Fall kann die Datenbrille bei einer Leuchtdichte der Umgebung $L_U = 1993$ cd/m² mit ihrer maximalen Leuchtdichte $L_Z = 2000$ cd/m² den erforderlichen minimalen Schwellenkontrast erzeugen. Bei dieser Aussage ist zu berücksichtigen, dass sie auf einer Modellvorstellung mit bestimmten Parametern beruht. Diese Parameter variieren in Abhängigkeit von der Anwendung und der Eigenschaften des Nutzers.

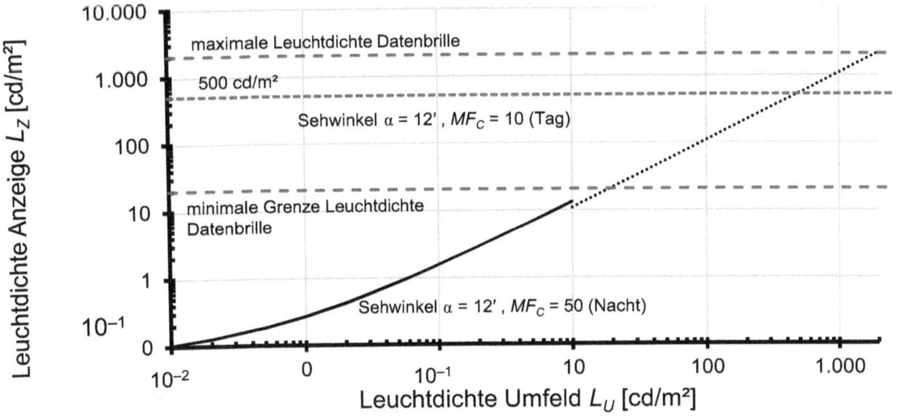

Bild 7.19 Erforderliche minimale Leuchtdichte der Anzeige in Abhängigkeit von der Leuchtdichte der Umgebung

7.14 Gleichmäßigkeit

Die Forderungen nach der Gleichmäßigkeit der Beleuchtung, wie in Abschnitt 4.8 beschrieben, kann nur beschränkt auf die Nutzung von Datenbrillen angewendet werden. Hierbei wird die gesamte Wahrnehmung des Nutzers betrachtet. In seinem Blickfeld, was durch die Datenbrille mit virtuellen Daten unterstützt wird, soll möglichst eine gleichmäßige Beleuchtung wahrgenommen werden. Unter der Annahme eines konstanten Reflexionsgrades ρ kann die Formel 4.2 umgeformt werden zu:

$$U_0 = \frac{L_{min}}{L_{mittel}} = \frac{L_{Umin}}{L_{mittel}} \quad (7.6)$$

Bei der Anwendung der Formel 7.6 auf die Gleichmäßigkeit der Beleuchtung im Umfeld beziehen sich die beiden Werte L_{Umin} und L_{mittel} auf die Leuchtdichten im Umfeld. Die Leuchtdichte des Umfelds L_U muss immer geringer als die Leuchtdichte der angezeigten Zeichen L_Z in der Datenbrille sein, da die Zeichen sonst nicht erkennbar sind. Daher bezieht sich die minimale Leuchtdichte L_{Umin} ausschließlich auf die Leuchtdichten der Umgebung. Der Wert der mittleren Leuchtdichte L_{mittel} beinhaltet auch die Leuchtdichte der Anzeige in der Datenbrille. Um die Anforderung $U_0 \geq 0{,}6$ immer erfüllen zu können, sollte die Datenbrille in der Lage sein, die Gleichmäßigkeit der Leuchtdichte der Umgebung zu erfassen und die Leuchtdichte der Anzeige entsprechend einzustellen.

7.15 Farbkontrast

Die Abbildungen in Abschnitt 4.1 zeigen, dass es im industriellen Umfeld sehr viele Farben in unterschiedlichen Nuancen gibt. Diese bunte Umgebung nimmt der Nutzer entsprechend wahr. Soll ein virtuelles Bild der Datenbrille gleichzeitig wahrgenommen werden, so muss sich dessen Farbe von der Farbe der Realität im selben Wahrnehmungsbereich unterscheiden. Es muss ein Farbkontrast vorliegen.

Da die Farbe der Elemente der Realität selten situationsbedingt angepasst werden kann, muss die Farbe der Objekte im virtuellen Bild entsprechend angepasst werden. Bild 7.20 zeigt eine Farbdarstellung, bei der der Farbkontrast zwischen der virtuellen Motorhaube und dem virtuellen Werkzeug nicht optimiert ist. Der Farbkontrast kann maximiert werden, indem das virtuelle Objekt in der Komplementärfarbe des Objektes in der Realität visualisiert wird. Das erfordert, dass das Augmented-Reality-System die Realität erfasst, die Farben ortsabhängig erkennt und auf dieser Basis die Farbe der Anzeige der virtuellen Objekte steuert [21].

Bild 7.20 Überlagerung realer und virtueller Bildelemente [16], Quelle Volkswagen AG

Damit kann verhindert werden, dass die Anzeige virtueller Objekte nicht ausreichend vom Nutzer wahrgenommen wird. Dieser Aspekt besitzt für Warnhinweise beispielsweise eine große Bedeutung (Bild 7.21).

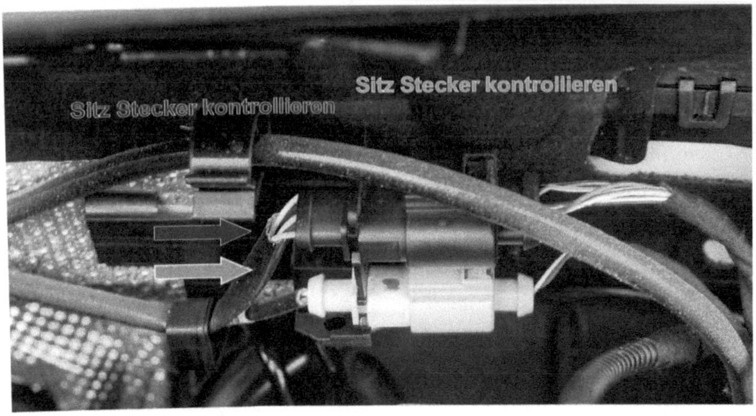

Bild 7.21 Darstellung virtueller Daten in unterschiedlichen Farben

Alternativ kann ein wichtiger Hinweis oder Warnhinweis vor einem zusätzlichen temporären und teiltransparenten Hintergrund visualisiert werden. Dadurch wird der Kontrast gesteigert und die Lesbarkeit erhöht (Bild 7.22).

Bild 7.22 Darstellung virtueller Daten mit zusätzlichem Hintergrund

Nicht kongruente visualisierte Informationen sollen vor einem temporären intransparenten Hintergrund visualisiert werden (Billboard-Technik). Hierdurch wird die Anzeige deutlicher und von der kongruent überlagerten Anzeige differenziert. Das zeigt dem Nutzer klar, dass es keinen visuellen Zusammenhang zwischen dieser virtuellen Information und der Wahrnehmung der Realität gibt. Es besteht nur ein inhaltlicher Zusammenhang (Kontextabhängigkeit).

7.16 Gleichmäßigkeit der Anzeige

Auf einer idealen und damit perfekten Bildquelle würde jedes Pixel mit demselben RGB-Wert identisch aussehen. In der Praxis jedoch variieren Helligkeit, Kontrast, Farbe und andere Eigenschaften je nach Position des Pixels auf der Fläche der Bildquelle und dem Winkel, unter dem die Pixel betrachtet werden. Diese Gleichmäßigkeit der Anzeige wird auch von der Bauart der Datenbrille beeinflusst. Die Gleichmäßigkeit der Eigenschaften der unterschiedlichen Pixel auf der Bildquelle sollte überprüft werden. Ein Maximalwert für die Abweichung ist in Abhängigkeit von der Anwendung zu definieren.

7.17 Chromatische Aberration

Chromatische Aberrationen (siehe Abschnitt 5.9) können die Darstellung in der Datenbrille stören. Farbsäume entlang der Kanten im Bild führen zu einer unscharfen Darstellung. Das kann von besonderer Bedeutung sein, wenn an einer realen Kante beispielweise eine virtuelle Linie ausgerichtet werden soll. Daher sollte dieser Abbildungsfelder der chromatischen Aberration bei der Konstruktion der Datenbrille vermieden oder kompensiert werden. Wenn die Anwendung eine exakte Überlagerung von Kanten und Linien erfordert, ist diese chromatische Aberration bei der Auswahl der Datenbrille auch zu berücksichtigen.

7.18 Berücksichtigung der Farbsinnstörung

Die Farbsinnstörungen treten bei Menschen relativ selten auf (siehe Abschnitt 3.16). Da sie jedoch die Wahrnehmung wichtiger Informationen, die in der Datenbrille dargestellt werden, betreffen können, ist es wichtig, bei den Mitarbeitern zu prüfen, ob eine solche Farbsinnstörung vor der Aufnahme der Tätigkeit mit der Datenbrille vorliegt. Durch eine entsprechende Auswahl der Farben für die Anzeige können mögliche negative Auswirkungen kompensiert werden. Hier sind jedoch individuelle Untersuchungen der Nutzer der Datenbrille erforderlich. Gleichzeitig muss das Augmented-Reality-System die Fähigkeit besitzen, die Farben der Anzeige personenindividuell konfigurieren zu können, um so die Farbsinnstörungen zu berücksichtigen.

Um eventuelle Farbsinnstörungen von Nutzern berücksichtigen zu können, sind sie personenindividuell vor dem Einsatz der Datenbrille zu erfassen. Hierzu sind beispielsweise die entsprechenden Tests mit den Ishihara-Farbtafeln durchzuführen.

7.19 Überdeckung, Verdeckung, Sichtbehinderung

7.19.1 Angezeigte virtuelle Objekte

Da definitionsgemäß das Bild der Virtualität immer vor dem Bild der Realität liegt, auch wenn es in derselben Entfernung visualisiert wird, können Teile des virtuellen Bildes die Wahrnehmung der Realität beeinflussen, stören oder gar durch Verdeckung verhindern [1]. Größere flächige Darstellungen verdecken damit einen größeren Teil der Wahrnehmung der Realität, was im industriellen Umfeld zu Problemen führen kann. Speziell Gefahrenquellen könnten verdeckt und damit vom Nutzer nicht wahrgenommen werden.

Bild 7.23 verdeutlicht diese Problematik. Durch die Flächen im linken Bild werden maßgebliche Bereiche der realen Fabrik verdeckt und somit vom Nutzer nicht wahrgenommen. Die Drahtdarstellung im rechten Bild vermeidet diesen Nachteil. Allerdings sind die Konturen der virtuellen Objekte schlechter zu erkennen. Die Wahrnehmung der virtuellen Bilder verschlechtert sich und kann eventuell zu Fehlentscheidungen führen. Diese Fehler können speziell beim Soll-Ist-Vergleich gravierende Auswirkungen haben. Hier wird auf die detaillierten Untersuchungen in [1] hingewiesen.

Bild 7.23 Darstellungsvarianten [16]

Es ist eine sehr wichtige Planungsaufgabe, die gewünschte Visualisierung festzulegen. Hierbei sind Faktoren wie Verdeckung, Farbauswahl, Erkennbarkeit, Detaillierungsgrad in Einklang zu bringen. Es hat sich bewährt, bei der Planung der Augmented-Reality-Unterstützung mit Datenbrillen Fotos der Realität des Arbeitsbereiches mit auch handgezeichneten Visualisierungen visueller Daten anzufertigen. Das stellt einen ersten Entwurf dar, der für die Kommunikation zwischen späterem Anwender, Planer und Lieferant sehr hilfreich ist. Es werden so Missverständnisse durch die Klarheit der Skizze vermieden.

7.19.2 Einfluss der Datenbrille auf die Sicht

Die Datenbrille kann die Sicht des Nutzers auf die Realität beeinträchtigen. Bild 5.3 zeigt auch, dass beispielsweise die Brillenbügel, mit denen die Datenbrille am Ohr positioniert ist, oder der Rahmen beziehungsweise die Fassung der Gläser die Sicht auf die Realität einschränken. Diese Komponenten der Datenbrille sollten daher möglichst klein ausgeführt werden, um diese Beeinflussung zu minimieren. Dieses Konstruktionsziel steht natürlich im Widerspruch zu den Anforderungen an die Robustheit der Datenbrille. Die mechanische Stabilität und Robustheit der Datenbrille werden durch größere mechanische Elemente erhöht. Alternativ können Werkstoffe mit geringem Gewicht und hoher Festigkeit eingesetzt werden. Erfahrungsgemäß erhöht das jedoch die Kosten der Datenbrille.

Bild 7.24 zeigt die unterschiedlichen Zonen im Blickfeld des Nutzers. Die Position der Datenbrille mit der Bildquelle und der Fassung der Datenbrille sind schematisch dargestellt. Das optimale Gesichtsfeld mit einer Größe von 30° horizontal entspricht ungefähr dem Bildfeld einer Datenbrille. Die Fassung und seitlichen Bügel der Datenbrille schirmen den äußeren Teil des maximalen Gesichtsfelds des Nutzers ab.

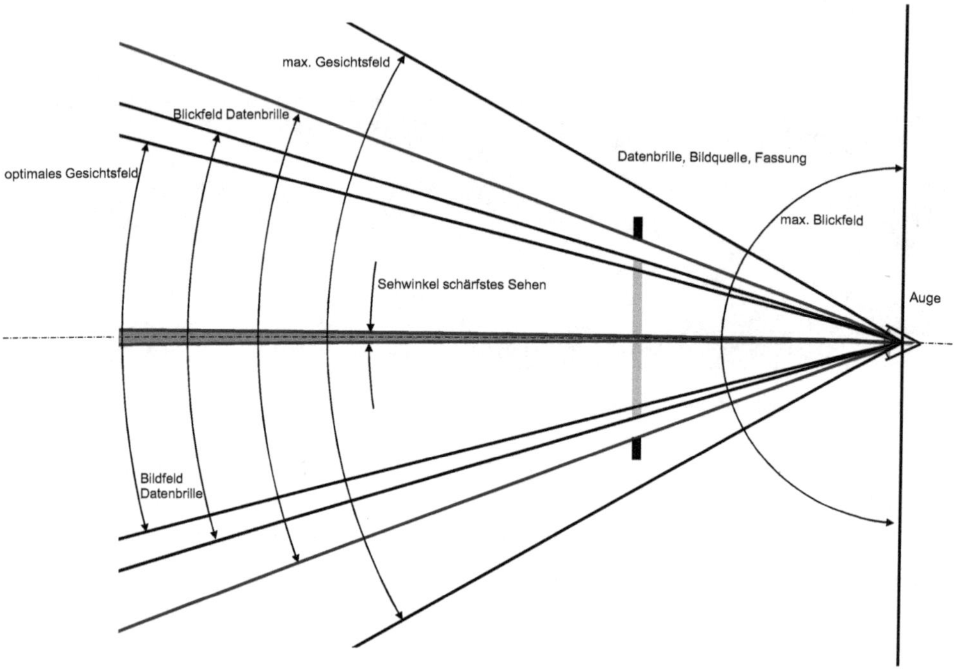

Bild 7.24 Zonen im Blickfeld, horizontal ohne Korrekturgläser

Ausgelöst durch Temperaturunterschiede kann sich Feuchtigkeit auf den optischen Elementen niederschlagen und einen Schleier verursachen. Diese behindert die Sicht des Nutzers auf die Realität, was zum Übersehen von Gefahren führen kann, sowie auf das virtuelle Bild, was die Wahrnehmung der virtuellen Anzeigen negativ beeinflusst. Dieses Beschlagen, was Träger einer normalen Korrekturbrille oder einer Sicherheitsbrille kennen, muss durch eine geeignete Konstruktion der Belüftung der Datenbrille vermieden werden.

7.20 Komplexität der virtuellen Bilder

Aus Daten der dazustellenden virtuellen Objekte müssen Bilder erzeugt werden, die dann von der Bildquelle dem Nutzer optisch bereitgestellt werden. Diese Technologien werden typischerweise in Virtual-Reality-Anwendungen eingesetzt. Für Augmented-Reality-Anwendungen ist es erforderlich, die sichtbaren Punkte, Kanten oder Flächen der virtuellen Objekte perspektivisch korrekt zu visualisieren. Beim Rendern werden die Vektorgrafiken in ein zweidimensionales Bild zur Anzeige auf Bildquellen gewandelt. In Abhängigkeit von den Größen und Positionen zueinander erzeugt das Renderverfahren die zweidimensionalen Abbildungen. Dazu werden dann die einzelnen Pixel entsprechend der Farbe und Helligkeit der gewünschten Visualisierung angesteuert.

Die darzustellende Kontur komplexer Geometrien wird durch Dreiecke visualisiert. Je näher die dargestellte Kontur aus den Dreiecken sich der realen Kontur annähert, desto besser ist die Abbildungsqualität auf der einen Seite, und die Anzahl der benötigten Dreiecke steigt. Der erforderliche Rechenaufwand ist jedoch abhängig von der Anzahl der Dreiecke, sodass der Rechenaufwand mit der zunehmenden Anzahl Dreiecke und der damit verbundenen Steigerung der Abbildungsqualität auch zunimmt. Zusätzlich zu diesem Zusammenhang benötigt die Berücksichtigung der Lichter, Schatten oder Verdeckungen weitere Rechenleistung. Da die typischen Visualisierungen bei Augmented-Reality-Anwendungen einfache Geometrien sind, reichen dafür solche einfachen Rendering-Verfahren aus.

Sollen die virtuellen Objekte fast fotorealistisch dargestellt werden, sodass Farben, Farbschattierung, Schatten, Spitzlichter oder Reflexionen möglichst vorbildgetreu visualisiert werden, so wird das Raytracing-Verfahren für das Rendern verwendet. Hierbei werden einzelne Lichtstrahlen in der Szene simuliert. Jeder Lichtstrahl stellt somit einen Punkt des virtuellen Bildes dar. Der Verlauf jedes Lichtstrahls in die Szene mit der Umlenkung an Oberflächen oder anderen Beeinflussungen wird berechnet. Solche Verfahren können für Augmented-Reality-Anwendungen für die fotorealistische Visualisierung von Einrichtungen oder anderen flächigen Elementen eingesetzt werden.

Die meisten Augmented-Reality-Anwendungen sind derzeit mobile Anwendungen. Das bedeutet, dass der Nutzer den für die Bildgenerierung und die Bildquelle erforderlichen Rechner trägt. Das limitiert heute noch die Nutzung von Raytracing in mobilen Augmented-Reality-Anwendungen. Durch eine cloudbasierte Bildgenerierung kann dieser Nachteil umgangen werden. Das erfordert dann eine stabile und leistungsfähige Datenverbindung.

7.21 Gewicht und Abmessungen

[3] empfiehlt für Datenbrillen ein Gewicht < 20 g. Die Datenbrille sollte sich auch auf dem Nasenrücken abstützen. [22] zitiert Michael Abrash, der eine Grenze von 70 g für Augmented-Reality-Datenbrillen vorhersagte oder forderte. Datenbrillen, die mit einem Kopfträger am Kopf befestigt und über eine Schicht getragen werden, sollten weniger als 400 g wiegen. Diese Grenze lässt sich von dem Gewicht von Schutzhelmen ableiten [23]. Hier ist aber klar festzustellen, dass ein geringeres Gewicht immer einen besseren Tragekomfort über eine längere Zeit ermöglicht.

Neben dem Gewicht alleine ist die Verteilung der Masse der einzelnen Komponenten der Datenbrille von großer Bedeutung für den Tragekomfort [22]. Eine ungleichmäßige Belastung des Kopfes durch eine Datenbrille erzeugt ein Drehmoment, was zu muskulären Verspannungen, Schmerzen oder Schmerzen führen kann. Daraus resultiert in der Regel eine Verminderung der Konzentrationsfähigkeit des Mitarbeiters. Das bedeutet, dass der Schwerpunkt der Datenbrille auf dem Kopf über dem Kopfdrehpunkt über der Wirbelsäule liegen sollte. Das reduziert das Drehmoment, das auf die Nacken- und Rückenmuskeln einwirkt. [24] untersucht die Gewichtsverteilung von Virtual-Reality-Datenbrillen und ermittelte daraus die auf den Kopf wirkenden Drehmomente im Bereich von 0,31 Nm bis 0,63 Nm.

Neben dem von der Datenbrille verursachten Drehmoment ist auch das Massenträgheitsmoment einer Datenbrille auf dem Kopf zu beachten. Das Massenträgheitsmoment beschreibt das Beharrungsvermögen einer Masse gegenüber einer Änderung seiner Winkelgeschwindigkeit bei der Drehung um die entsprechende Achse. Große Massenträgheitsmomente erfordern entsprechende große Kräfte zu ihrer Überwindung. Daraus folgt, dass bei einer ungünstigen Verteilung der Masse der Datenbrille bezogen auf die Drehachse mehr Kraft vom Nutzer aufgebracht werden muss, um seinen Kopf zusammen mit der Datenbrille um die Achse zu bewegen.

Die Datenbrille sowie auch eine eventuelle Steuereinheit mit den dazugehörigen Kabeln stellen eine Störkontur dar. Der Nutzer kennt die Abmessungen seines Körpers, aber die zusätzlichen Geräte verändern diese Abmessungen. Es besteht die Gefahr, dass der Nutzer häufiger an anderen Objekten anstößt, oder er bleibt an anderen Objekten hängen, oder durch eine solche Kollision wird die Datenbrille vom Kopf heruntergerissen und fällt zu Boden. Zusätzlich besteht die Gefahr, dass sich der Nutzer bei einem solchen Vorfall verletzt. Von solchen Stürzen verursachte mechanische Beschädigungen der Datenbrille oder des Augmented-Reality-Systems können bis zu einem Totalausfall des Systems führen.

Es sollten daher immer Datenbrillen und weitere Komponenten mit möglichst kleinen, kompakten Abmessungen gewählt werden. Damit kann das Risiko der Kollision verringert werden. Da offen geführte oder angebrachte Kabel erfahrungsgemäß schnell an anderen Objekten hängen bleiben, sollten Kabel immer in der Kleidung und damit verdeckt sowie eng am Körper des Nutzers geführt werden.

7.22 Einsatzdauer und Energieversorgung

Typischerweise werden in Datenbrillen und den dazugehörigen separaten Steuereinheiten Lithium-Ionen-Batterien als Energiespeicher verwendet. Deren Energieinhalt ist in der Regel kleiner als 100 Wh pro Batterie. Damit fallen gemäß [25] diese Batterien in die Leistungsklasse „gering“ der Vorschrift, die den Umgang und die Lagerung solcher Batteriezellen behandelt.

Die Akkulaufzeit sollte eine Schicht von 8 h abdecken. Unter Berücksichtigung der Degradation der Akkus ist damit eine Anfangslaufzeit von 10 h erforderlich. Typischerweise ist das Lebensdauerende von Lithium-Ionen-Akkus bei einer Restkapazität von ungefähr 80 % erreicht [26]. Bei längerer Nutzung kann die Sicherheit unvorhersehbar abnehmen. Allerdings hängt diese Degradation der Lithium-Ionen-Batterie sehr stark von den Einsatzbedingungen ab. Das kann als maximale Anforderung angesehen werden, da es im betrieblichen Ablauf durchaus Pausenzeiten gibt, in denen die Batterien geladen werden könnten.

Alternativ kann die Datenbrille mit Wechselakkus ausgerüstet werden. Bei Geräten mit Wechselakkus entnimmt der Nutzer die Batterieeinheit in einfacher, aber sicherer Weise und verbindet einen neuen, geladenen Wechselakku mit dem Gerät. Hierbei ist darauf zu achten, dass das System für den Akkuwechsel nicht heruntergefahren werden muss. Das bedeutet, dass das System mit einem zweiten Akku zur Aufrechterhaltung des Betriebs beim Wechsel ausgerüstet sein muss. Können beide Akkus getauscht werden, so sollte eine Anzeige eindeutig zeigen, welcher Akku gewechselt werden muss [3].

Die Lebensdauer der Lithium-Ionen-Batterie wird typischerweise in Ladezyklen gemessen. Geht man von einer Lebensdauer von 1000 Zyklen aus, so bedeutet das, dass die Lithium-Ionen-Batterie 1000-mal mit normalem Ladestrom voll aufgeladen und anschließend wieder vollständig entleert wurde. Ein weiterer die Lebensdauer der Lithium-Ionen-Batterien beeinflussender Faktor ist die Höhe des Ladestroms. Werden die Lithium-Ionen-Batterien durch sogenanntes Schnellladen mit höherem Ladestrom geladen, dann reduziert sich dadurch ihre Lebensdauer, das Laden mit geringerem Ladestrom verlängert die Lebensdauer des Speichers.

Lithium-Ionen-Batterien besitzen meist einen eingeschränkten Temperaturbereich, in dem sie sicher elektrische Energie liefern können. [27] rät vom Einsatz solche Batterien bei Temperaturen oberhalb von 50 °C und unterhalb von –20 °C ab. Einsatzbereiche außerhalb des empfohlenen Temperaturbereichs von –20 °C bis 50 °C können auftreten. Sie erfordern dann spezielle Maßnahmen zur Isolation der Lithium-Ionen-Batterien (siehe Abschnitt 7.29.2).

Für den sicheren Betrieb inklusive eines sicheren Ladens sind die Ladezeiten zu definieren, und in der Nähe des Arbeitsplatzes sind ausreichende Lademöglichkeiten vorzusehen. Weiterhin sind Lagerungsmöglichkeiten der Datenbrillen mit den dazugehörigen Steuereinheiten vorzusehen.

Für die Lagerung von Lithium-Ionen-Batterien empfiehlt [27] einen Temperaturbereich von 10 °C bis 25 °C. Vergleichbares gilt für das Laden der Batterien. Es sind daher entsprechend ausgelegte Lade- und Lagerorte für die Datenbrillen oder ihre Wechselakkus vorzusehen.

7.23 Dateneingabe

Einige Anwendungen erfordern zur Prozesssteuerung eine Eingabe von Daten oder Informationen in das Augmented-Reality-System. Das können Zahlenwerte sein, aber auch nur einfach ein Impuls zur Bestätigung der abschließenden Durchführung eines Vorgangs. Wie oben schon beschrieben, kann das beispielsweise über einzelne Tasten oder eine kleine Tastengruppe geschehen. Befinden sich die Tasten an der separaten Steuereinheit des Augmented-Reality-Systems, so ist der Nutzer gezwungen, mindestens eine Hand aus seinem direkten Arbeitsbereich wegzubewegen, um an der Steuereinheit die Tasten zu suchen und zu betätigen.

Bei einigen Datenbrillen befinden sich Tasten oder Flächen zur Steuerung der Datenbrille oder des Augmented-Reality-Systems an der Datenbrille. Das ermöglicht einerseits eine einfache Bedienung, birgt aber andererseits die Gefahr, dass die Position der Datenbrille am Kopf in Relation den Augen verschoben wird. Wird dieser Versatz dann nicht umgehend korrigiert, kann die kongruente Überlagerung vom Nutzer nicht mehr wahrgenommen werden (siehe auch Abschnitt 7.8.5).

Bei einigen Datenbrillen oder Augmented-Reality-Systemen wird eine Gestensteuerung für die Dateneingabe vom Nutzer eingesetzt. Hierbei erfasst eine Kamera, die typischerweise in die Datenbrille integriert ist, die Bewegung der Hand oder der Finger. Meist wird hierbei die Bewegung einer Hand erfasst. Vergleichbare Gesten verwendeten Taucher oder Fallschirmspringer, um miteinander zu kommunizieren. Hierbei handelt es sich aber um anwendungsindividuelle Gestensprachen, die teilweise sehr große Unterschiede aufweisen. Weiterhin variiert die Bedeutung von Gesten in Abhängigkeit von den Regionen oder Nationen. Selbst in der Gebärdensprache für Taubstumme gibt es unterschiedliche Gesten für einen Begriff in Abhängigkeit vom Land. Es ist durchaus möglich, dass eine Geste in dem einen Land eine positive Aussage, wie beispielsweise alles ist in Ordnung, macht und dieselbe Geste in einem anderen Land oder Kulturkreis als Beleidigung aufgefasst wird [28].

In [28] wurden unterschiedliche Gesten untersucht, inwiefern sie für die Steuerung von Augmented-Reality-Systemen geeignet sind. Es wurde festgestellt, dass die Benutzerfreundlichkeit grenzwertig bis gut ist. Allerdings wurde von Probanden die Effizienz der Dateneingabe und die Steuerbarkeit der Anwendung durch Gesten als unterdurchschnittlich bis schlecht eingestuft.

Bei einer Gestensteuerung muss auch aus Sicherheitsgründen sichergestellt werden, dass die Gesten in jeder Situation eindeutig und sicher erkannt werden. Unterschiedliche Lichtbedingungen hinsichtlich Helligkeit, Schatten oder Kontrast, aber auch fest oder bewegliche Hintergründe können die Erkennbarkeit einer Geste negativ beeinflussen bis hin zum Nichterkennen oder gar Fehlerkennen. Um die Gesten sicher erkennen zu können, sind gleichmäßige Lichtbedingungen erforderlich. Wechselnde Lichtbedingungen können zu Fehlererfassungen und damit zu einer Fehlfunktion führen.

Die Nutzung der natürlichen Sprache als Steuerung des Augmented-Reality-Systems oder der Datenbrille kann die Interaktion zwischen Mensch und Maschine vereinfachen. Trotz Fortschritten in der Technologie der Spracherkennung gibt es eine größere Anzahl Herausforderungen in diesem Zusammenhang.

Die natürliche Sprache kann mehrdeutig sein und damit Raum für Interpretation geben. Für die Steuerung einer Anlage sind interpretierbare Anweisungen ungenaue Anweisungen, die zu Fehlern führen können. Die Sprache jedes Menschen ist individuell. Das betrifft Tonhöhe, Tonlage, Sprechgeschwindigkeit, Ausspracheklarheit, Akzent oder Dialekt. Weiterhin können Hintergrundgeräusche oder gar Gesprächsteile von neben dem Mitarbeiter stehenden Personen zu Fehleingaben führen. Eine sichere Eingabe durch eine Sprachsteuerung erfordert die Festlegung und Definition der Schlüsselbegriffe, Befehlsworte oder Befehlssequenzen. Ein Vorteil der Sprachsteuerung ist, dass sie mit unterschiedlichen Sprachen einsetzbar ist. Ein Einsatz der Sprachsteuerung erfordert nicht nur eine genaue Planung der Arbeitsumgebung, sondern auch der Befehle und Befehlsstruktur.

7.24 Dichtigkeit und Hygiene

Da Datenbrillen im industriellen Umfeld eingesetzt werden sollen, kommen sie mit dem Schutz, Staub, Feuchtigkeit, Flüssigkeit oder anderen Teilchen aus dieser Umgebung in Kontakt. Menschen sind auch Träger von Partikeln, die die Datenbrille oder die Steuerungseinheit verschmutzen. Um ihre Funktion nachhaltig sicherstellen zu können, müssen die Geräte entsprechend abgedichtet und damit geschützt sein. Dieser Schutz wird beispielsweise durch eine entsprechende IP-Schutzart charakterisiert.

Für den längeren Einsatz ist es erforderlich, dass die Datenbrille und die dazugehörige Elektronik gegen das Eindringen von Staub in schädigender Menge geschützt sind. Nur so kann sichergestellt werden, dass Staubpartikel nicht in die Optik oder die Elektronik eindringen und dort Schädigungen verursachen.

Werden Datenbrillen im industriellen Umfeld über einen längeren Zeitraum eingesetzt, so verschmutzen sie. Diese Verschmutzungen können für den Nutzer unangenehm sein und müssen daher entfernt werden. Durch eine solche Reinigung mit Desinfektion soll der Schmutz entfernt und eventuelle Krankheitserreger müssen abgetötet, inaktiviert oder deutlich reduziert werden. Hierbei ist besonders zu berücksichtigen, dass die Datenbrille bestimmungsgemäß in der Nähe der Augen positioniert wird. Bakterien oder Viren könnten von der Datenbrille auf das Auge übertragen werden und so zu einer Infektion führen.

Um solche Infektionen bei den Nutzern zu verhindern, sind Datenbrillen entsprechend zu desinfizieren. Hier ist zu berücksichtigen, welche Verschmutzung in der jeweiligen Anwendung auftreten kann. Das bestimmt die Art der Desinfektion.

Um gegen das Eindringen von Wasser oder anderen Flüssigkeiten wie Desinfektionsflüssigkeiten geschützt zu sein, benötigt die Datenbrille mit der dazugehörigen Elektronik mindestens einen Schutz vor Strahlwasser aus beliebigem Winkel. Damit kann sichergestellt werden, dass auch beim Reinigen keine Flüssigkeit in die Geräte eindringt.

Diese beiden Anforderungen können als Schutzart IP55[4)] zusammengefasst werden. Hierbei handelt es sich um eine Minimalforderung. [29] erwähnt sogar Schutzarten von IP66 oder IP67.

Es ist auch weiterhin vor dem Anwenden zu prüfen, ob weitere Anforderungen vom Arbeitsplatz an die Datenbrille mit ihren Geräten gestellt werden, wie beispielsweise auch ein Explosionsschutz sein. Solche Arbeitsplätze sind beispielsweise in Gaserzeugungseinrichtungen, Gasförderanlagen, Lackieranlagen oder anderen explosionsgefährdeten Bereichen sein.

Weiterhin können einfach auswechselbare Teile am Kopfträger und an der Steuerungseinheit die Hygieneanforderungen unterstützen [6]. Da meistens in den Datenblättern der Datenbrillen von deren Herstellern keine Aussagen über die Desinfizierbarkeit und Reinigung gemacht werden, sind dafür entsprechende eigene Regelungen festzulegen und zu überprüfen.

[4] Schutzart IP55 nach DIN EN 60529 bedeutet 1. Kennziffer (5): Kompletter Berührungsschutz, Schutz vor Staub in größeren, schädigenden Mengen; 2. Kennziffer (5): Schutz vor allseitigem Strahlwasser aus einer Düse

Bei der Lagerung der Datenbrille sind die Umweltbedingungen des Herstellers zu prüfen und umzusetzen. Dabei sind neben dem zulässigen Temperaturbereich auch dic maximale Luftfeuchtigkeit sowie die Staubfreiheit umzusetzen.

7.25 Bildwiederholrate

Die Bildwiederholrate der Datenbrille beeinflusst maßgeblich die Flimmerfreiheit der Anzeige in der Datenbrille und damit den Komfort bei der Nutzung. Abschnitt 3.17 beschreibt den Einfluss der Flimmerverschmelzungsfrequenz auf den Menschen. Beim Einsatz der Datenbrille ist daher sicherzustellen, dass die mit der Bildwiederholrate in der Datenbrille dargestellten Visualisierungen keine negativen Auswirkungen auf den Nutzer haben. Die sollten daher immer oberhalb der Flimmerverschmelzungsfrequenz für den entsprechenden Arbeitsbereich liegen.

Für die Beleuchtungssituation der Anwendung ist daher die erforderliche Mindest-Flimmerverschmelzungsfrequenz zu ermitteln. Weiterhin muss verhindert werden, dass Schwankungen der Helligkeit im Arbeitsbereich und die Bildwiederholfrequenz der Datenbrille zu einer negativen Beeinflussung führen.

7.26 Farbraum

Die Anwendung bestimmt den Farbraum, den die Datenbrille für ihre Visualisierung zu nutzen hat. Stellt die Anwendung hohe Anforderungen an die Farbtreue, so müssen die verwendeten Systemkomponenten den dazugehörigen Farbraum auch bearbeiten und darstellen können.

Typischerweise stellen jedoch Augmented-Reality-Anwendungen in der Industrie keine hohen Anforderungen an die Farbtreue. Bei einer Visualisierung, wie sie in Bild 6.3 dargestellt ist, spielt es eine untergeordnete Rolle, ob der rote Farbton exakt dargestellt ist. Sollen jedoch Objekte fotorealistisch visualisiert werden, besitzt die Darstellung der Farben eine wichtige Funktion. Werden Farben nicht korrekt dargestellt, so kann das zu Fehlentscheidungen führen.

7.27 Altersbedingte Veränderungen

Die in Kapitel 3 beschriebenen Eigenschaften des menschlichen Auges beziehen sich natürlich auf einen Menschen mit durchschnittlichen Eigenschaften des visuellen Systems. Eine Streuung der Eigenschaften wurde nicht berücksichtigt. Spezielle Eigenschaften des visuellen Systems der Mitarbeiter sind jedoch bei einem Einsatz in der Industrie zuerst zu ermitteln und dann entsprechend zu beachten.

Bei den meisten Veröffentlichungen zum Thema Augmented Reality werden die Auswirkungen des zunehmenden Alters des Nutzers und die daraus folgenden Anforderungen an die Datenbrillen nicht betrachtet. Wie in Abschnitt 3.18 dargestellt, verändern sich typischerweise die Eigenschaften des visuellen Systems des Menschen mit zunehmendem Alter. Das kann Auswirkungen auf die Auslegung der Datenbrille oder des Augmented-Reality-Systems haben.

Das Augmented-Reality-System sollte daher die Faktoren Sehschärfe, Kontrastempfindlichkeit, Blendungsempfinden, Farbsehen und Gesichtsfeld entsprechend der altersbedingten Veränderungen berücksichtigen können. Weiterhin sollten Parameter wie Reaktionszeit, Feinmotorik, taktile Sensibilität und andere sich ändernde nicht visuelle Eigenschaften bei der Planung des Einsatzes der Datenbrille Berücksichtigung finden.

7.28 Nutzerindividuelle Einstellung der Datenbrille

Für die Nutzer mit ihren unterschiedlichen Eigenschaften und Anforderungen müssen die Datenbrillen für industrielle Anwendungen angepasst werden. Hierbei ist zu berücksichtigen, dass jeder Nutzer individuell unterschiedliche Eigenschaften besitzt, auf die die Datenbrille angepasst werden muss. Als Beispiel soll hier zunächst die Pupillendistanz (siehe Abschnitt 7.11) betrachtet werden. Die Einstellung oder Anpassung kann sowohl mechanisch an der Fassung der Datenbrille als auch elektronisch durch Verschiebung der Bildquelle oder durch eine Verschiebung des Bildes auf der Bildquelle durchgeführt werden. Eine solche Einstellung sollte möglichst schnell und unkompliziert durchgeführt werden können. Denn nur wenn der Anpassungsaufwand für den Nutzer gering ist, wird der Nutzer die Datenbrille auch in mehrere Optimierungszyklen an seine Eigenschaften anpassen. Die nachhaltig beschwerdefreie Nutzung der Datenbrille stellt eine der Grundvoraussetzungen für einen effizienten Einsatz dar. Kann der Nutzer die Datenbrille nicht an seine Vorstellungen und Eigenschaften einfach anpassen, so wird seine Motivation zur deren Nutzung sinken.

Neben der leichten Einstellbarkeit muss die Datenbrille den eingestellten Zustand konstant einhalten. Es darf keine schleichende Veränderung geben, dass sich zum Beispiel die Pupillendistanz über die Nutzungsdauer langsam verändert. Eine solche Langzeitstabilität der Datenbrille ist eine weitere Grundvoraussetzung für den erfolgreichen industriellen Einsatz.

7.29 Betriebs- und Lagerbedingungen

Da bei einem Einsatz der Datenbrille im industriellen Umfeld die Datenbrille ein Arbeitsmittel ist, muss sie für die dort herrschenden Bedingungen geeignet sein. Solche Bedingungen sind anwendungsindividuell und daher hier auch nur generell darzustellen. [6] legte einen Teil dieser generellen Anforderungen fest. Solche ergänzenden Anforderungen sind hier aufgeführt.

7.29.1 Stoßfestigkeit

Bei Arbeiten im rauen industriellen Umfeld ist es nicht auszuschließen, dass die Datenbrille an Anlagen oder Ähnlichem anstößt und vom Kopf herunterfällt. Solche Stürze muss sie ohne Beschädigung ertragen, da die sonst erforderliche Vorsicht die Effizienz der Arbeit durch die Rücksicht auf die Datenbrille reduziert. Sie sollte daher Stürze aus 2 m Höhe ohne Beschädigung überstehen. Vergleichbares gilt für das Anschlagen oder Anstoßen an festen Kanten. Bei der Konstruktion der Datenbrille muss dieser Punkt berücksichtigt werden. Allerdings ist dabei zu beachten, dass durch eine mechanisch robustere Konstruktion teilweise auch das Gewicht der Datenbrille erhöht wird, was negative Auswirkungen haben kann. Alternativ könnten Fangriemen oder ähnliche Komponenten verhindern, dass die Datenbrille von Kopf auf den Boden herunterfallen kann. Zusätzlich muss auf den sicheren Sitz der Datenbrille am Kopf geachtet werden. Steuerungseinheiten können durch entsprechende Hüllen oder Gehäuse gegen Beschädigungen geschützt werden.

7.29.2 Temperatur und Luftfeuchtigkeit

In den unterschiedlichen Regelwerken ist die erforderliche Temperatur in den Arbeitsbereichen in Abhängigkeit von der Schwere der Arbeit festgelegt (siehe Abschnitt 4.10). In der Realität können die Temperaturen jedoch stark abweichen. Weiterhin treten starke Temperaturschwankungen durch unterschiedliche Arbeitsbereiche auf. Diese Temperaturen und Temperaturschwankungen dürfen den sicheren Betrieb der Datenbrille nicht beeinflussen. Daher wird hierfür ein Bereich von –20 °C bis 50 °C für den sicheren Betrieb vorgesehen.

Die Luftfeuchtigkeit kann in größerem Maße schwanken. Das Wetter beeinflusst maßgeblich die Luftfeuchtigkeit. Zusätzlich stellt die Anwendung ihre Anforderungen, wie sie in Abschnitt 4.11 beschrieben sind. Datenbrillen und die dazugehörigen Steuerungseinheiten sollten in Bereichen der Luftfeuchtigkeit zwischen 0 % bis 95 % relativer Feuchte sicher betrieben werden können.

An dieser Stelle sei auch auf den Zusammenhang zwischen Neigung zum Beschlagen der optischen Elemente und der Luftfeuchtigkeit hingewiesen.

7.29.3 Beständigkeit gegenüber Medien

In den typischen industriellen Umgebungen kann das Augmented-Reality-System mit der Datenbrille in Kontakt mit unterschiedlichen Medien kommen. Dazu zählen Öl, Fett, Schmiermittel, Lösungsmittel, Desinfektionsmittel, Reinigungsmittel oder Salzwasser. Diese Stoffe dürfen die Funktionsfähigkeit der Datenbrille nicht beeinflussen. Das bedeutet, dass die Datenbrille und ihre Steuereinheit gekapselt und geschützt sein müssen. Die Flüssigkeiten dürfen auch nach längerem Einwirken nicht in das Gehäuse eindringen.

Den Anforderungen zur Reinigung und Desinfektion der Komponenten des Augmented-Reality-Systems beschreibt Abschnitt 7.24.

7.29.4 Dauerfeste Kabelverbindungen, Steckverbindungen

Sind in einem Augmented-Reality-System Kabel als Verbindung zwischen beispielsweise Datenbrille und Steuereinheit verbaut, so müssen diese Kabel so am Körper befestigt sein, dass sie die Bewegung des Mitarbeiters in keinem Fall behindern. Der Mitarbeiter darf nicht mit dem Kabel an Anlagenteilen oder Ähnlichem hängen bleiben. Solche Kabel können beispielsweise in der Kleidung des Mitarbeiters geführt werden, um dieses Problem zu verhindern.

Die Verbindung der Datenbrille mit dem Kabel darf sich nicht von alleine öffnen und damit unkontrolliert die Funktionsfähigkeit des Augmented-Reality-Systems beeinträchtigen. Für den Fall, dass eine Kraft auf das Kabel ausgeübt wird, die die Datenbrille vom Kopf reißen würde, sind entsprechende Vorkehrungen zu treffen. Das können lange Kabelschlaufen sein, andere Arten der Zugentlastung oder Steckverbindungen, die sich in einem solchen Fall öffnen.

Die Kabel müssen auch so verlegt sein, dass sie im Betrieb nicht geknickt werden. Es ist bei den Bewegungen ein Mindestbiegeradius einzuhalten. Solche Knickstellen sind später häufig die Schadstellen, an denen das Kabel oder Litze in den Kabeln bricht. Die Kabelverbindung muss daher dauerfest im Sinne der Festigkeitslehre ausgelegt sein. Das bedeutet, dass die Konstruktion den dynamischen Belastungen ohne Erscheinungen der Materialermüdung oder anderer Ausfallerscheinungen widersteht. Alternativ könnte turnusmäßiges Auswechseln der Kabelverbindung nach vorgegebener Einsatzdauer vorgegeben werden.

Die Steckverbindungen müssen verpolungssicher sein, sodass beim Einstecken der Stecker der Kontakt richtig hergestellt wird. Da erfahrungsgemäß nicht korrekt sitzende Steckverbindungen zu Kontaktproblemen führen, sind hier eindeutig verrastende Steckverbindungen von der Konstruktion her vorzusehen. Für die Steckverbindungen gelten dieselben Anforderungen an die Dichtigkeit, Reinigungsfähigkeit und Desinfizierbarkeit wie an die übrigen Komponenten des Augmented-Reality-Systems (Abschnitt 7.24). Die Kabel dürfen sich im Betrieb natürlich nicht erwärmen.

7.30 Elektromagnetische Verträglichkeit

Elektromagnetische Verträglichkeit (EMV) bezeichnet die Fähigkeit eines Augmented-Reality-Systems inklusive der Datenbrille, andere Geräte im Umfeld nicht durch elektrische oder elektromagnetische Effekte zu stören. Es wird auch gefordert, dass sich das Augmented-Reality-System nicht durch andere Geräte im Umfeld stören und damit beeinflussen lässt. Hier sind entsprechend Schirmungen vorzusehen. Gleichzeitig darf natürlich das Augmented-Reality-System durch von ihm abgegebene elektromagnetische Strahlung andere Anlagen oder Einrichtungen im Arbeitsbereich beeinflussen oder stören.

Literatur

[1] C. Bade, „Untersuchungen zum Einsatz der Augmented Reality Technologie für Soll/Ist-Vergleiche", V. AG, Hrsg., Berlin, Logos-Verlag, 2010, S. 196.

[2] Augmented IT AG, *AR- & VR-Brillen für Unternehmen: Vergleich und Überblick*, Bern, 2020.

[3] E. Jundt, S. Lampe, W. Schreiber und J. Tümler, Web-basierte Anwendungen Virtueller Techniken, Displaytechnologien Hrsg., W. Schreiber, P. Zimmermann und K. Zürl, Hrsg., Berlin: Springer-Verlag, 2017, S. 462.

[4] R. Laramee, „Rivalry and Interference with a Head Mounted Display", *ACM Transactions on Computer-Human Interaction (CHI)*, Nr. 9, 2002.

[5] A. Holz, R. Herold, D. Friemert, U. Hartmann, V. Harth und C. Terschüren, *Datenbrillen am Arbeitsplatz*, Springer Link, 2020.

[6] J. Tümler, Mobile Augmented Reality im industriellen Langzeiteinsatz, Saarbrücken: Südwestdeutscher Verlag für Hochschulschriften AG & Co. KG, 2009.

[7] A. Huckauf, M. Urbina, I. Böckelmann, L. Schega, R. Mecke, J. Grubert, F. Doil und J. Tümler, „Perceptual issues in optical-see-through displays", in *Proceedings of the 7th Symposium on Applied Perception in Graphics and Visualization*, New York, 2010.

[8] T. Sluka, A. Kvasov und T. Kubes, *The display that cares for your vision*, Creal, Hrsg., 2023.

[9] L. S. F. L. P. Priese, *Automatische See-Through Kalibrierung*, I. Koblenz-Landau, Hrsg., Koblenz, 2007.

[10] Y. Genc, M. Tuceryan und N. Navab, „Practical Solution for Calibration of Optical See-Through-Devices", in *Proceedings of the International Symposium on Mixed and Augmented Reality*, Washington, 2002.

[11] M. A. Livingston, Vision-based Tracking with Dynamic Structured Light for Video See-through Augmented Reality, Chapel Hill, 1998.

[12] P. S. Halata, *Augmented-Reality-gestützte Informationsbereitstellung für die Unikatsproduktion*, Bd. 35, Hamburg, 2018.

[13] P. Keitler, „Digitale Werkerführung", *VDI-Z*, Nr. 6, 2024.

[14] A. Hoffmeyer, Integration komplexer dynamischer Systeme in Augmented Reality-Anwendungen im Fabriklebenszyklus und in der Fabrikplanung, M. Schenk, Hrsg., Magdeburg, 2013.

[15] D. Wagner, „Motion to photonlatency in mobile AR and VR“, 20. 08. 2018. [Online]. Available: *https://medium.com/@DAQRI/motion-to-photon-latency-in-mobile-ar-and-vr-99f82c480926*. [Zugriff am 03. 04. 2024].

[16] W. Schreiber, Vorlesung Virtuelle Techniken in Produktion und Logistik, Otto-von-Guericke-Universität, Magdeburg, 2022.

[17] American National Standards Institute, Inc., *American National Standard Occupational and Educational Personal Eye and Face Protection Devices*, I. S. E. Association, Hrsg., Arlington, VA, 2020.

[18] W. Friedrich und et.al., ARVIKA, W. Friedrich, Hrsg., Erlangen: Pulbicis Corporate Publishing, 2004, S. 250.

[19] Bundesanstalt für Arbeitsschutz und Arbeitsmedizin (BAuA), *Head-Mounted Displays*, 2017.

[20] Lichtnet, „Sicher durch die nächtliche Stadt“, 20. 02. 2020. [Online]. Available: *https://lichtnet.de/artikel/sicher-durch-die-naechtliche-stadt/*. [Zugriff am 20. 03. 2024].

[21] T. Alt, R. Mecke, C. Scharf, W. Schreiber und J. Tümler, „Verfahren zum Herstellen eines technischen Komponente, insbesondere eines Kraftfahrzeugs oder einer Kraftfahrzeugkomponente“. Patent DE 10 2009 008 039, 01. 07. 2010.

[22] D. Wagner, „Why is making good AR displays so hard?“, 07. 08. 2019. [Online]. Available: *https://www.linkedin.com/pulse/why-making-good-ar-displays-so-hard-daniel-wagner/?trackingId=ak3AnPVYQCyTEzZq2F0bwg%3D%3D*. [Zugriff am 03. 04. 2024].

[23] Voss-Helme GmbH & Co.KG, *Download*, Burgwedel.

[24] C. Runde, *Head Mounted Displays: Schwerpunktpositionen und Drehmomente*, V. D. c. (VDC), Hrsg., Fellbach, 2020.

[25] VdS Schadensverhütung GmbH, *Lithium-Batterien*, G. d. D. V. e. V., Hrsg., Köln, 2019.

[26] R. Korthauer, Hrsg., Handbuch Lithium-IOnen-Batterien, Berlin: Springer Vieweg, 2013.

[27] Umweltbundesamt, „Sachgemäßer Umgang mit Lithium-Batterien und -Akkus unerlässlich“, 24. 10. 2023. [Online]. Available: *https://www.umweltbundesamt.de/umwelttipps-fuer-den-alltag/elektrogeraete/lithium-batterien-lithium-ionen-akkus#so-gehen-sie-richtig-mit-lithium-batterien-und-akkus-um*. [Zugriff am 02. 06. 2024].

[28] A.-C. Fleischmann, Gestensteuerung zur Optimierung der Informationsprozesse, AutoUni, Hrsg., Wiesbaden: Springer Fachmedien, 2016.

[29] it-daily.net, „4 Kriterien für die Auswahl von Datenbrillen“, 17. 07. 2020. [Online]. Available: *https://www.it-daily.net/it-management/industrie-rpa/4-kriterien-fuer-die-auswahl-von-datenbrillen*. [Zugriff am 31. 05. 2024].

[30] R. J. Reismann, S. K. Feiner und D. M. Brwon, „Augmented Reality Tower Technology Flight Test“, in *International Conference on Human-Computer Interaction in Aerospace (HCI-Aero)*, Santa Clara, 2014.

8 Blickerfassung oder Eye-Tracking

Bei den bis hier durchgeführten Betrachtungen wurden immer eventuelle Bewegungen der Augen des Nutzers vernachlässigt. Das ist durchaus sinnvoll. Menschen bewegen ihre Augen bei angestrengtem Fixieren eines Objektes in der Regel sehr wenig aus der Normalposition oder Nullblickrichtung [1] heraus. Die Sehwinkel beider Augen ist dabei betragsmäßig gleich, nur entgegengesetzt gerichtet. Größere Drehungen der Augen sind möglich, aber anstrengend. Weiterhin trifft die Fixierlinie dabei nicht mehr den Bereich des scharfen Sehens auf der Netzhaut. Es kann daher davon ausgegangen werden, dass auch bei der Nutzung einer Datenbrille die Augen selten sehr weit gedreht werden.

Unter Blickerfassung oder Eye-Tracking (ET) wird das Erfassung und Aufzeichnen der Blickbewegungen einer Person verstanden. Diese Blickbewegungen bestehen aus Fixationen, das sind Punkte, die vom Nutzer genau betrachtet werden, schnelle Augenbewegungen oder Sakkaden, bei denen die Richtung der Sehgerade schnell verändert und das Auge auf den neuen fixierten Punkt ausgerichtet wird, sowie die Verfolgung oder Regression, bei der ein fixiertes Objekt mit den Augen verfolgt wird. Bei den Sakkaden werden nur die Bilder zum jeweiligen Zeitpunkt der Fixation von Menschen wahrgenommen, die Wahrnehmung zwischen den Fixationen wird nicht wahrgenommen.

Die Fixierlinie ist der Strahlengang vom Fixationspunkt im Objektraum zur Mitte der Eintrittspupille des Auges und dessen Fortsetzung im Bildraum von der Mitte der Austrittspupille zum Fixationsort auf der Netzhaut [2]. Die Sehgerade oder Sehachse ist der objektseitige Teil der Fixierlinie [1], [2].

Blickerfassungssysteme oder Eye-Tracker erfassen die Richtung des Blickes oder der Fixation über der Zeit und damit die Bewegungen des Blickes. Solche Systeme werden derzeit zur Auswertung der Sehgewohnheiten eingesetzt. Im Bereich der Virtual Reality kommt die Blickerfassung immer mehr zum Einsatz [3], [4]. Ein Beispiel hierfür ist die Darstellung eines Verkaufsraumes mithilfe Virtual-Reality-Technologie und der

Nutzung der Blickerkennung zur Erfassung des Käuferverhaltens [5]. Ein solcher Ansatz reduziert die Kosten zur Erstellung der Verkaufsraumumgebung im Labor und bietet die Möglichkeit der schnellen Anpassung oder Optimierung. Für einen solchen Anwendungsfall können Virtual-Reality-Datenbrillen mit einem entsprechenden Zusatzsystem zur Erfassung der Blickrichtung ausgerüstet werden [6].

Es ist daher naheliegend zu untersuchen, ob und wie Blickerfassungssysteme bei industriellen Augmented-Reality-Anwendungen sinnvoll eingesetzt werden können. Weiterhin sollten die Anforderungen an solche Blickerfassungssysteme auf Basis der oben beschriebenen Anforderungen der Augmented-Reality-Anwendungen ermittelt werden.

8.1 Funktionsweise der Blickerfassung

Bei videobasierter Blickerfassung wird eine Kamera eingesetzt, um Bilder oder Videos der Augen zu erfassen. Merkmale wie Pupille oder Iris werden verfolgt und für die Bestimmung der Blickrichtung verwendet. Bei infrarotbasierter Blickverfolgung beleuchten Infrarotlichtquellen die Pupillen. Die Winkel der Reflexionen des Infrarotlichts auf der Hornhaut und der Netzhaut werden erfasst, um damit die Blickbewegung zu verfolgen. Deren typische Messgenauigkeit liegt in der Größenordnung von 0,6 – 1° [6], [7]. Alternativ werden auch Laser als Lichtquelle verwendet.

Blickerfassungssysteme können vom Nutzer als störend oder intrusiv empfunden werden. Sie stellen eine zusätzliche technische Komponente dar, die im Falle des mobilen Einsatzes mitbewegt werden muss [8].

8.2 Einsatz von Blickerfassung

8.2.1 Erfassung Pupillendistanz

Es wurde dargestellt, dass für den Einsatz einer Datenbrille in einer Augmented-Reality-Anwendung mit kongruenter Überlagerung die Pupillendistanz des Nutzers einen sehr großen Einfluss auf das System Datenbrille und auf das visuelle System des Menschen besitzt. Die Pupillendistanz ist aber, wie in Abschnitt 3.7 dargestellt ist, eine nutzerindividuelle Größe. Das bedeutet, dass die Datenbrille an die Pupillendistanz des Nutzers angepasst werden muss. Soll das Blickerfassungssystem für die Bestimmung der Pupillendistanz eingesetzt werden, so bestimmt es dazu für eine bekannte Entfernung a den Winkel der Visierlinie ϑ (Bild 8.1).

Es ergibt sich damit folgender formelmäßiger Zusammenhang:

$$\tan(\sigma) = \frac{2 \cdot a}{PD} \tag{8.1}$$

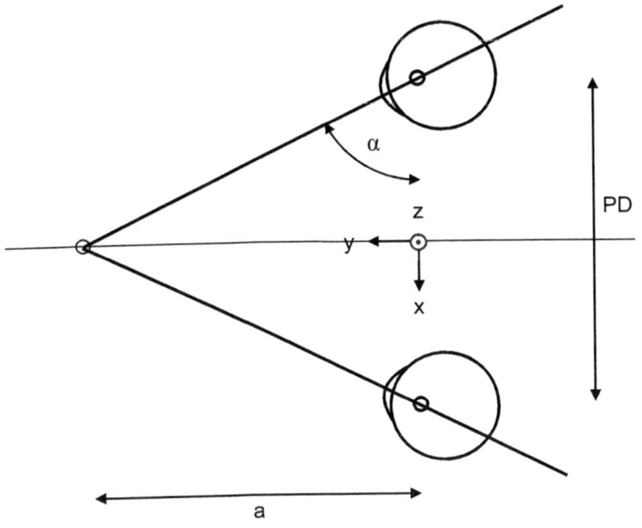

Bild 8.1 Zusammenhang Entfernung und Winkel der Visierlinie

Für eine bekannte Entfernung a lässt sich damit die Pupillendistanz des Nutzers gemäß Formel 8.1 ermitteln. Für weitere Ausführungen bezüglich der Kalibrierung wird auf die Literatur, beispielsweise [8], verwiesen. Für die Datenbrille für eine industrielle Anwendung muss eine solche Kalibrierfunktion zur Bestimmung der Pupillendistanz verfügbar sein.

8.2.2 Ermittlung Entfernung

Zur Ermittlung der Entfernung vom Auge zum fixierten Objekt kann theoretisch der Zusammenhang aus Formel 8.1 verwendet werden. Allerdings sollte hierzu eine Betrachtung der erforderlichen Genauigkeiten durchgeführt werden.

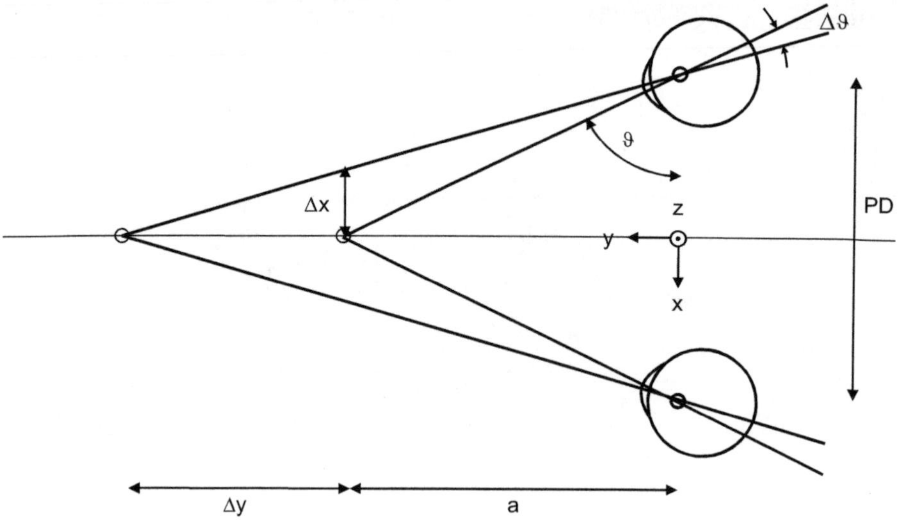

Bild 8.2 Zusammenhang Entfernungsänderung zu Winkeländerung

Aus Bild 8.2 lässt sich für die Winkel σ und $\Delta\sigma$ unter Berücksichtigung der Zusammenhänge aus Formel 3.19, Formel 3.20 sowie Formel 3.21 für den Winkel $\Delta\sigma$ die folgende Formel für die Betrachtung der Längsrichtung oder der y-Richtung ableiten:

$$\tan(\Delta\sigma) = \frac{2 \cdot PD \cdot \Delta y}{PD^2 + 4 \cdot a^2 + 4 \cdot a \cdot \Delta y} \tag{8.2}$$

Für die Querrichtung oder x-Richtung ergibt sich unter Anwendung des Sinussatzes folgende Formel:

$$\sin(\Delta\sigma) = \frac{\Delta x \cdot PD}{2 \cdot \sqrt{a^2 + \frac{PD^2}{4}} \cdot \sqrt{a^2 + \left(\frac{PD}{2} - \Delta x\right)^2}} \tag{8.3}$$

Aus Bild 8.3 ist klar erkennbar, dass die Messgenauigkeit der Blickwinkel der derzeit verfügbaren Blickerfassungssysteme von 0,6° nicht ausreicht, um Entfernungen in einer Genauigkeit von 1 mm aufzulösen. Würde die Auflösung des gemessenen Winkels in der Größenordnung der maximalen Auflösung des Auges von 0,0167° liegen, könnte das Auge in einer Entfernung von 100 mm Positionsunterschiede von 0,1 mm auflösen. Hier besteht daher Entwicklungsbedarf zur Steigerung der Auflösung der Blickerfassungssysteme bis zu der maximalen Auflösung des Auges.

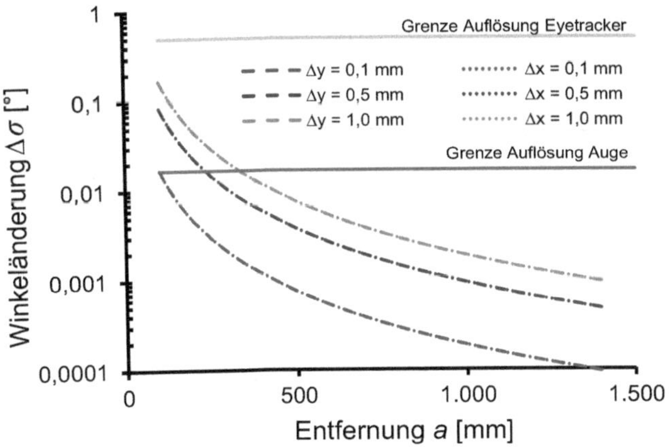

Bild 8.3 Genauigkeitsanforderungen

8.2.3 Bewegung der Datenbrille vor dem Auge

Bewegt sich die Datenbrille vor dem Auge des Nutzers, so bewegt sich das virtuelle Bild um denselben Betrag. Das zeigt Bild 8.4. Ist die Bewegung Δz größer als die Pixelhöhe P_h, dann stört die Bewegung die Wahrnehmung der Überlagerung. Die Änderung des Sehwinkels $\Delta\sigma$ muss kleiner sein als der Sehwinkel pro Pixel α_P. Dieser stellt ein Merkmal der verwendeten Datenbrille dar (siehe Tabelle 5.1).

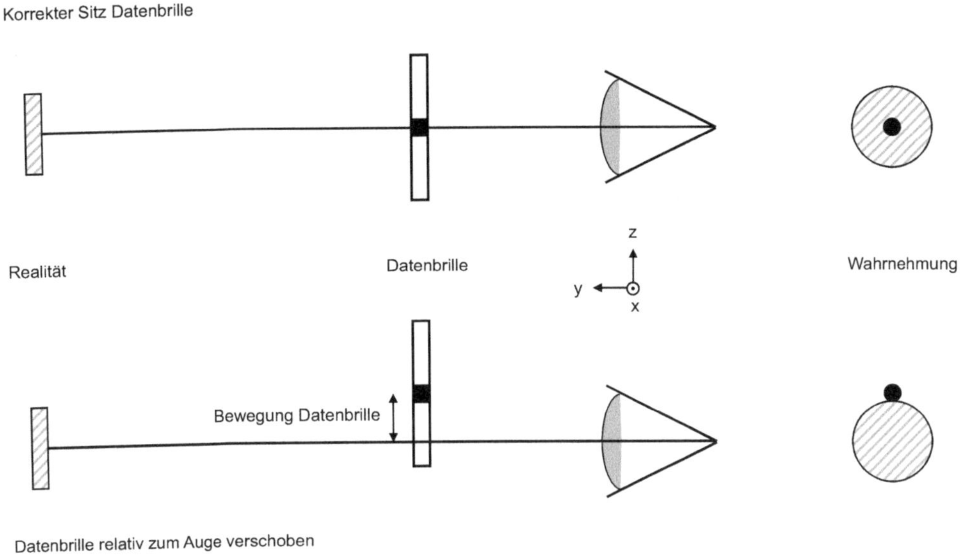

Bild 8.4 Auswirkung der Bewegung der Datenbrille vor dem Auge

Die oben beschriebene Grenze kennzeichnet damit auch die Genauigkeitsanforderung für die Blickerkennung, wenn sie für die Erkennung von Relativbewegungen der Datenbrille vor dem Auge des Nutzers verwendet werden soll. Geht man von quadratischen Pixeln aus, was bei den meisten Datenbrillen der Fall ist, dann gilt diese Beziehung auch für die Querrichtung oder die x-Richtung.

Soll die Bewegung der Datenbrille vor den Augen des Nutzers auf Basis der Daten der Blickerkennung kompensiert werden, so muss das Blickerkennungssystem Änderungen des Sehwinkels $\Delta\sigma$ erfassen können, und das Augmented-Reality-System muss die Position des Bildes auf der Bildquelle entsprechend verändern. Hierbei ist zu beachten, dass der Vorgang in Echtzeit ablaufen muss, da er sonst vom Nutzer als störend wahrgenommen werden kann (siehe Abschnitt 3.17).

Literatur

[1] H. Goersch, Handbuch für Augenoptik, 4. Auflage Hrsg., C. Zeiss, Hrsg., Oberkochen, 2000, S. 362.

[2] Deutsches Institut für Normung e. V., *Begriffe der physiologischen Optik*, Beuth Verlag GmbH, 2022.

[3] I. Schütz und K. Fiehler, „Eye Tracking in Virtual Reality: Vive Pro Eye Spatial Accuracy, Precision, and Calibration Reliability", *Journal of Eye Movement Research*, Nr. 15(3):3, 07. 09. 2022.

[4] Clay, Vivian; König, Peter; König, Sabine, *Journal of Eye Movement Research*, Nr. 12(1):3, 05. 04. 2019.

[5] P.-N. Schwab, „Eye-Tracking und virtuelle Realität: Vorteile und Fallstudien", 23. 02. 2024. [Online]. Available: *https://www.intotheminds.fr/blog/de/eye-tracking-virtuelle-realitaet/#fallstudie-94b83083-da32-483a-b07a-fefa234d472e*. [Zugriff am 12. 04. 2024].

[6] HTC Corp., „Ein aufschlussreiches Add-on", [Online]. Available: *https://business.vive.com/de/product/vive-focus-3-eye-tracker/*. [Zugriff am 12. 04. 2024].

[7] Tobii AB, „Tobii pro Glasses 3", [Online]. Available: *https://www.tobii.com/products/eye-trackers/wearables/tobii-pro-glasses-3#download*. [Zugriff am 12. 04. 2024].

[8] C. Runde und F. Jöckel, „Whitepaper Eye Tracking", Stuttgart, 2018.

[9] A. T. Duchowski, Eye Tracking Methodology, Springer International Publishing AG, 2017.

9 Arbeitsaufgabe

Unterschiedliche industrielle Bereiche, in denen Augmented Reality zum Einsatz kommen kann, wurden in Abschnitt 4.1 beschrieben. Soll in einem solchen Bereich Augmented Reality als Unterstützung eingesetzt werden, so gibt es eine Anzahl von Kriterien, die zu beachten sind. [1] beschreibt in den darin enthaltenen Checklisten diese Anforderungen, die im Folgenden zugrunde gelegt werden. In der Quelle werden diese unterschiedlichen Anwendungsaspekte als Pro- oder Contra-Indikatoren bezeichnet.

9.1 Arbeitsumfang

Werden Tätigkeiten in kurzen Zyklen wiederholt, so tritt beim Mitarbeiter ein Lerneffekt ein. Er kennt nach einigen Wiederholungen den Arbeitsablauf und die Arbeitsaufgabe, sodass er dann keine Unterstützung mehr benötigt. Der Mitarbeiter müsste trotz Kenntnis der Arbeitsaufgabe immer wieder die über das Augmented-Reality-System bereitgestellten Informationen berücksichtigen. In diesem Falle könnte der Mitarbeiter die Augmented-Reality-Unterstützung als Behinderung seines Arbeitsablaufes auffassen.

Das bedeutet, dass typische Tätigkeiten am Montageband, die sich immer kurzzyklisch wiederholen, nicht sinnvoll durch ein Augmented-Reality-System unterstützen werden können. Immer wieder andere unterschiedliche Arbeitsaufgaben, wie sie beispielsweise bei der Reparatur oder Wartung auch von Großserienprodukten wie einem Automobil auftreten, können sinnvoll unterstützt werden.

Augmented Reality eignet sich besonders für zeitlich längere Arbeitsaufgaben, bei denen der Mitarbeiter einen großen Arbeitsumfang auszuführen hat. Eine zeitlich längere Arbeitsaufgabe ist gleichbedeutend mit größerem Arbeitsumfang. Durch die Bereitstellung der Informationen kann das Augmented-Reality-System verhindern, dass der Mitarbeiter Teile der Arbeitsaufgabe vergisst oder die Reihenfolge der Teilarbeitsaufgaben bewusst oder unbewusst verändert.

Menschen lernen dargebotene Informationen. Allerdings geraten die im Gedächtnis gespeicherten Informationen mit der Zeit immer mehr in Vergessenheit, wenn sie nicht wiederholt oder aufgefrischt werden. „Vergessen" bedeutet in diesem Falle nicht, dass die Daten oder Informationen im Gedächtnis gelöscht werden, sondern dass sie im Bedarfsfalle nicht mehr sofort abgerufen werden können. Auf die Unterstützung mit Augmented Reality angewendet bedeutet dies, je häufiger die entsprechende Information vom Augmented-Reality-System dem Nutzer gegeben wird, je mehr speichert der Nutzer diese Information in seinem Langzeitgedächtnis ab. [2] beschrieb diesen Effekt. Er stellte bei seinen Untersuchungen fest, dass für Probanden zwanzig Minuten nach der Aufnahme einer Information nur noch 58 % davon abrufbar sind (Bild 9.1). In diesem Falle sind die Informationen noch nicht ins Langzeitgedächtnis eingebracht worden.

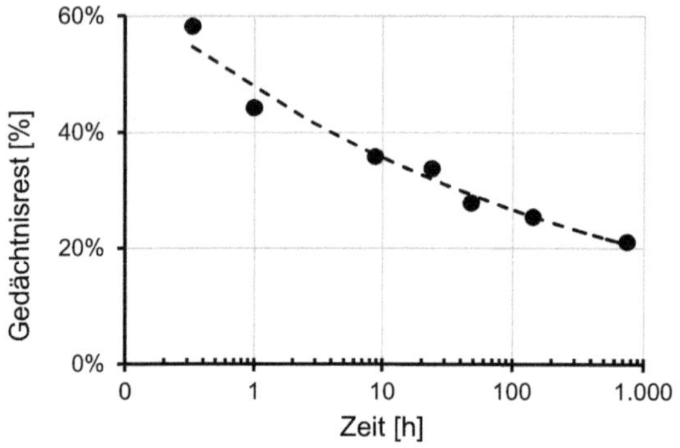

Bild 9.1 Kurve des Vergessens [2]

Nur durch entsprechende Wiederholungen gelangt die zuerst aufgenommene Information in das Langzeitgedächtnis und ist dann über einen sehr langen Zeitraum abrufbar. Wird die Informationsaufnahme nach entsprechender Zeit wiederholt, so steht die Information sofort wieder vollständig zur Verfügung, und der Prozess des „Vergessens" beginnt von Neuem, aber auf einem höheren Niveau. Dieses Prinzip der sogenannten „Spaced Repetition" zeigt Bild 9.2. Durch die Wiederholung des Wissens in immer größeren Zeitabständen wird es immer wieder aufgefrischt und somit langfristig verfügbar [3].

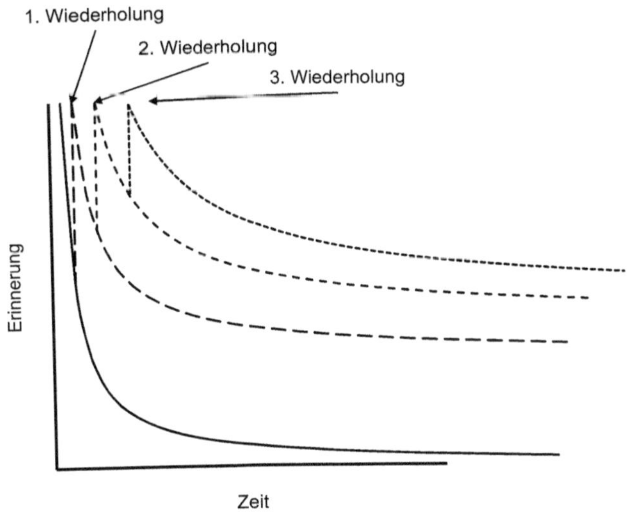

Bild 9.2 Spaced Repetition nach [3]

Um diese Vorgehensweise auf das Augmented-Reality-System zu übertragen, muss es speichern, wann welche Information dem Nutzer dargeboten wurde. Hieraus könnte dann eine individuelle Wahrscheinlichkeit abgeleitet werden, in welcher Tiefe und mit welchen Details die Augmented-Reality-Informationen erneut angezeigt werden sollten. Diese Vorgehensweise erfordert jedoch eine entsprechende Modellierung des Lernverhaltens des Nutzers, mit der sichergestellt werden kann, dass die erforderlichen Informationen im richtigen Detaillierungsgrad zur richtigen Zeit visualisiert werden.

Werden die Informationen vom Augmented-Reality-System zu oft in einer nicht benötigten Tiefe oder Detaillierung dargestellt, wird das mit Sicherheit vom Nutzer nach kurzer Zeit als störend empfunden. Die erforderliche Information ist beim Nutzer abrufbar vorhanden und wird gleichzeitig auch noch redundant vom Augmented-Reality-System dargeboten. Der Nutzer nimmt diese an sich zutreffenden Informationen als irrelevant bis störend wahr, da er sie als Unterstützung für die auszuführende Aufgabe nicht benötigt. Das Augmented-Reality-System ist in einem solchen Falle hinsichtlich der Anforderung an den Nutzer und seine Erinnerung nicht angepasst. Das kann dann zu unterschiedlichen, aber meist negativen Auswirkungen beim Nutzer führen.

Der Nutzer gewöhnt sich an die dargebotene und ihm schon bekannte Information und ignoriert sie. Damit verliert das System seine wichtige Informationsfunktion. Speziell bei dann geänderten Informationen kann es dazu führen, dass die geänderte Information vom Nutzer ignoriert oder nicht richtig wahrgenommen wird. Abhilfe kann in einem solchen Fall die Kennzeichnung von geänderten Informationen sein. Das bedeutet, dass der Nutzer vom Augmented-Reality-System darauf hingewiesen wird, dass diese Information geändert wurde und damit von dem ihm bekannten Zustand abweicht.

Das beschriebene Verhalten kann zu einer negativen Einstellung gegenüber dem Augmented-Reality-System führen beziehungsweise zur Nichtnutzung des Augmented-Reality-Systems. Es besteht die weitere Möglichkeit, dass der Nutzer hinsichtlich der Informationen des Augmented-Reality-Systems desensibilisiert wird. Das bedeutet, dass er sie nicht mehr beachtet und im ungünstigen Fall das gesamte Augmented-Reality-System ignoriert. Eventuelle Warnhinweise würden damit auch übersehen, und der Nutzer würde eventuell in eine Gefahrensituation kommen.

Die Erfassung und Speicherung der das Nutzerverhalten beschreibenden Informationen bietet die Möglichkeit, dass das Augmented-Reality-System beim Start auf den letzten Stand diese Information berücksichtigt. Das bedeutet, dass es beispielsweise die Art der gewählten Unterstützung oder Assistenz durch das Augmented-Reality-System erfasst, speichert und bei Bedarf wieder nutzt, um die vom Nutzer gewünschten Informationen in der gewünschten Detaillierung oder Tiefe bereitzustellen.

Zu diesen nutzerindividuellen Eigenschaften gehören auch die altersbedingten Veränderungen. In Abschnitt 7.27 wurde auf die Berücksichtigung altersbedingter visueller Eigenschaften hingewiesen. Das Alter des Nutzers beeinflusst auch dessen Gedächtnisleistung. Hier ist auch die mit dem Alter zunehmende Erfahrung zu berücksichtigen.

9.2 Produktvarianz

Augmented Reality eignet sich gut zur Unterstützung der Bearbeitung von Produkten mit einer großen Anzahl an Varianten. Eine Produktvariante ist eine bestimmte abweichende Form, in der ein Produkt innerhalb einer Produktgruppe hergestellt wird. Jedes Produkt der Gruppe unterscheidet sich in seinen Produktmerkmalen geringfügig von den übrigen Produkten dieser Produktgruppe.

Die Varianten können durch unterschiedliche Teile dargestellt werden. Die Teilevarianten beschreiben Teile mit derselben oder der gleichen Funktion, aber unterschiedlichen geometrischen oder funktionalen Ausprägungen.

Verschiedene Produktvarianten können dadurch gebildet waren, dass ein Produkt in einer unterschiedlichen Abfolge der Produktionsschritte produziert wird. Diese unterschiedlichen Produktionsprozesse sind dann die Prozessvarianten.

Für jede Produktvariante werden in der Regel andere Informationen benötigt. Das bedeutet, dass für jede der oben beschriebenen Varianten die darzustellenden Augmented-Reality-Informationen variantenindividuell erstellt und bereitgestellt werden müssen.

9.3 Fehlertoleranz

Bei Prozessen mit einer sehr geringen Fehlertoleranz, aber hoher Verwechselungsgefahr, wie beispielsweise die Verschraubung eines Flansches, bei dem die Reihenfolge des Anziehens der Schrauben unbedingt eingehalten werden muss, kann eine Augmented-Reality-Unterstützung den Herstellprozess hinsichtlich Zeit und Qualität deutlich verbessern.

Das gilt auch für die Unterstützung manueller Montageprozesse, bei denen beispielsweise unterschiedliche Drehmomente für das Anziehen von Schrauben vorgesehen sind. Auch hierbei kann dem Nutzer durch das Augmented-Reality-System die erforderliche Information verortet visualisiert werden.

Bei der Montage komplexer Strukturen kann ein Augmented-Reality-System den Nutzer strukturiert durch die Arbeitsaufgaben führen und damit sicherstellen, dass Fehler reduziert, Suchaufwände verringert werden und damit die Effizient erhöht wird.

Bei der Bearbeitung biegeschlaffer Teile, wie zum Beispiel bei der Verlegung von Schläuchen oder Kabeln, kann das Augmented-Reality-System durch eine Visualisierung eine sehr große Unterstützung leisten. In diesem Fall kann der Nutzer nach der Ausführung der Montageschritte die Position oder den Verlauf des biegeschlaffen Teils durch Überlagerung kontrollieren. Dazu visualisiert das Augmented-Reality-System den geplanten Verlauf des biegeschlaffen Teils. Diese Visualisierung wird von der Datenbrille dann der Wahrnehmung der Realität kongruent überlagert. Dieses wird auch als Soll-Ist-Vergleich bezeichnet. Für die weiterführenden Punkte wird auf [4] verwiesen.

9.4 Visualisierung von Produktzuständen

Ein Argument für den Einsatz von Augmented Reality ist die Notwendigkeit der wechselnden Darstellung der Zielzustände innerhalb des Herstellungsprozesses. Das bedeutet, dass während der Ausführung der Tätigkeit dem Nutzer ein Zwischenstand der Montage beziehungsweise der Endzustand visuell präsentiert werden sollte oder müsste. Eine solche Visualisierung könnte durch ein Augmented-Reality-System ausgeführt werden. Allerdings darf die erforderliche Darstellung nicht zu komplex sein, da ansonsten eine kontextabhängige, kongruente Überlagerung nicht korrekt vom Nutzer wahrgenommen wird. Weiterhin ist in diesem Falle zu beachten, dass die Visualisierung der virtuellen Daten keine wichtigen Bereiche der Realität verdeckt und damit deren Wahrnehmung verhindert.

Das Augmented-Reality-System kann auch dann sinnvoll eingesetzt werden, wenn für die Durchführung der Arbeitsaufgabe die Visualisierung von in der Realität nicht einsehbaren Bereichen erforderlich ist. Die Visualisierung von an sich für den Nutzer nicht sichtbaren Komponenten erhöht das Verständnis für die Arbeitsaufgabe.

9.5 Strukturierbarkeit und Interaktion

Der Arbeitsprozess muss planbar sein. Das bedeutet, dass im Voraus bekannt sein muss, in welcher Reihenfolge welche Komponenten wie prozessiert werden sollen. Es ist durchaus denkbar, dass im Zuge der Prozesssteuerung durch das Augmented-Reality-System Prozesszustände von ihm erfasst oder ihm bekannt gegeben werden und dass dies dann die Basis für die nächsten Schritte und der damit verbundenen Augmented-Reality-Unterstützung ist.

Eine Vielzahl von Arbeitsprozessen besteht derzeit aus einer linearen Abfolge von Anweisungen, die dem Nutzer Schritt für Schritt in fester Abfolge entsprechende Informationen zur Verfügung stellen (Bild 9.3). Nur zu Beginn des Arbeitsprozesses wird der ausgewählte Prozess dem Augmented-Reality-System mitgeteilt. Das Augmented-Reality-System visualisiert dann Anweisung nach Anweisung. Als Steuerung dient dabei dann maximal eine Fertigmeldung des Nutzers an das Augmented-Reality-System. Es handelt sich dabei um unabhängige parallele Prozesse mit der dazugehörigen Unterstützung.

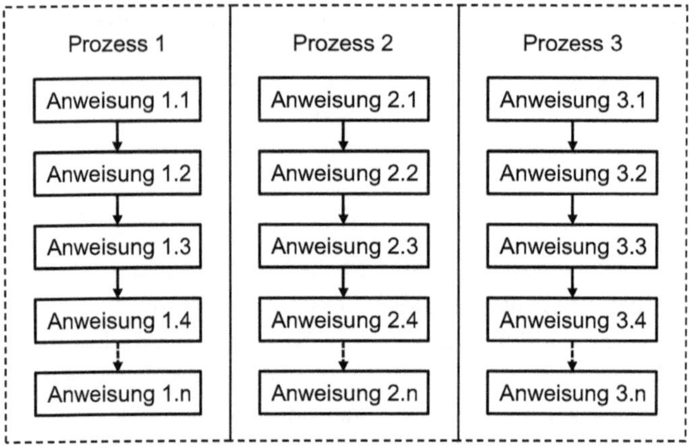

Bild 9.3 Lineare Prozessabfolge

Die Steuerung oder die Weiterschaltung des Prozesses erfordert eine manuelle Aktion des Nutzers. Das kann das Drücken einer Taste an der Steuerungseinheit der Datenbrille sein. In diesem Fall muss der Nutzer eine Hand aus dem Prozess herausnehmen und für die Steuerung verwenden.

Ist eine Kamera mit der Datenbrille verbunden, so kann die Steuerung durch eine Geste erfolgen, die von der Kamera erfasst wird. Die Gestensteuerung erfordert jedoch ein sicheres Erkennen der Geste in allen Situationen. Hierbei können beispielsweise die Lichtverhältnisse oder Bewegungen im Hintergrund als Störfaktor auftreten. Das Erkennen der Geste erfordert zusätzliche Rechenleistung, die bei mobilen Anwendungen nicht immer einfach verfügbar ist. In [5] ist in Abschnitt 4.2 die Gestenerkennung mit den dazugehörigen Detailuntersuchungen für die Steuerung einer Anwendung in einer Projektionssitzkiste beschrieben.

Weiterhin sind Sprachsteuerungen für Augmented-Reality-Systeme im Einsatz. Hierbei wird der akustisch gegebene Befehl in Form von Worten ausgewertet und in systemtechnische Signale umgewandelt. Die Verständlichkeit der individuellen Sprache des jeweiligen Nutzers ist hierbei ein wichtiges Kriterium. Dabei stellen die jeweilige Muttersprache in Relation zur Befehlssprache und eventuelle Dialekte größere Herausforderungen dar. Hintergrundgeräusche oder Hintergrundgespräche können die Spracheingabe auch stören.

Alle drei Möglichkeiten der Informationseingabe in das Augmented-Reality-System bieten den Vorteil, dass Wege reduziert oder Nebenzeiten für die Dateneingabe genutzt werden können. Das steigert die Effizienz des jeweiligen Arbeitsprozesses.

Durch die initiale Dateneingabe wird der Prozess im Augmented-Reality-System gestartet. Die Eingabe wird erkannt, die dazugehörigen Daten werden verarbeitet und die zu visualisierenden Daten ausgegeben. Diese Visualisierung erfasst der Nutzer daraufhin und startet seinen Arbeitsprozess (Bild 9.4).

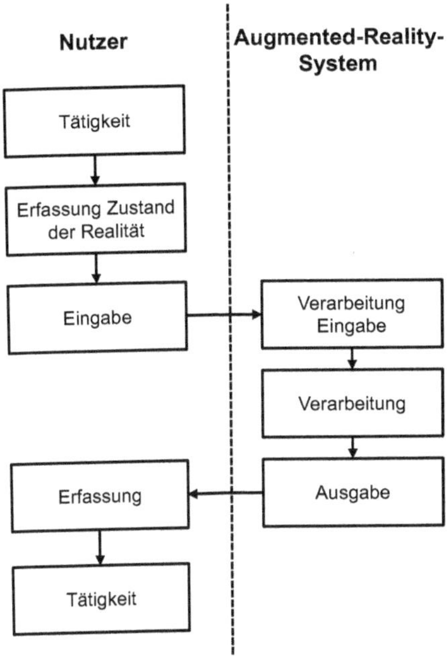

Bild 9.4
Prozessablauf der Dateneingabe

Bei komplexen Prozessen ist davon auszugehen, dass nicht nur die lineare und unverzweigte Prozessabfolge angewendet wird, sondern dass im Prozess auf Basis der im Prozess ermittelten Erkenntnisse oder Zustände der Prozessablauf verändert oder angepasst werden muss. Das kann beispielsweise ein vom Nutzer oder dem System gegebener Messwert bei einer Kalibrierung sein. Die Struktur der Anweisungen, die das Augmented-Reality-System dann an den Nutzer gibt, erweitert sich dann von der einfachen Abfolge zu einer Baumstruktur (Bild 9.5).

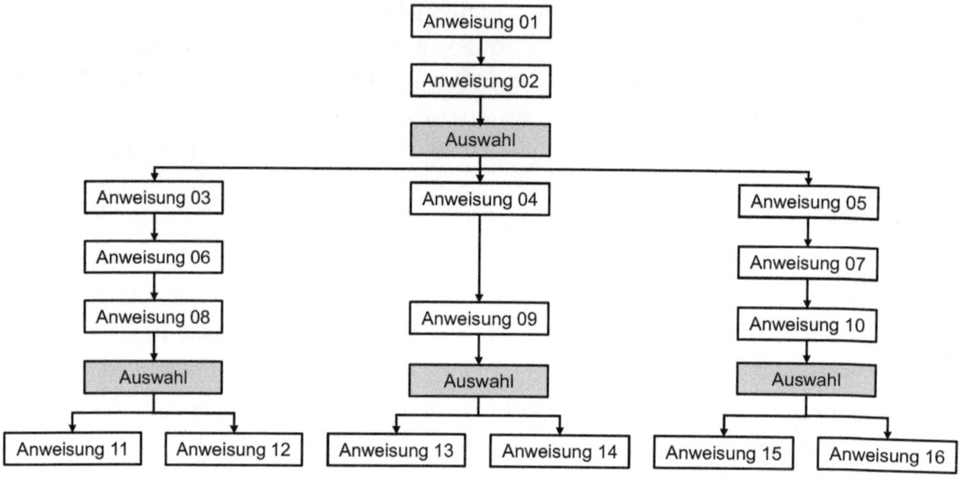

Bild 9.5 Baumstruktur der Anweisung

Für solche Prozesse oder Prozessabfolgen eignet sich die Visualisierung der Arbeitsanweisungen durch eine Datenbrille in besonderem Maße. Der Nutzer ist nicht mehr gezwungen, bei einer Erkenntnis oder einem Messwert seinen Arbeitsplatz zu verlassen, um den nächsten Schritt der Dokumentation zu entnehmen. Die für den speziellen Arbeitsschritt erforderliche Anweisung wird vom Augmented-Reality-System automatisch bereitgestellt.

9.6 Informationsdarstellung

Die Informationen, die vom Augmented-Reality-System dem Nutzer zur Verfügung gestellt werden, müssen kurze Informationen beziehungsweise Informationen ohne viel Darstellungsaufwand sein. Es können beispielsweise Pfeile, Punkte oder sehr wenige Worte oder Zahlen sein. Ein solcher Informationsumfang ist vom Augmented-Reality-System darstellbar und vom Nutzer auch mit diesem aufnehmbar. Komplexe Darstellungen, wie zum Beispiel technische Zeichnungen, Schaltpläne oder Ähnliches, eignen sich überhaupt nicht zur Visualisierung mit einem Augmented-Reality-System.

Bild 7.18 zeigt eine solche ungünstige Visualisierung einer technischen Zeichnung. Weiterhin eignen sich lange Textpassagen nicht für eine Visualisierung mit dem Augmented-Reality-System.

Bei der Informationsdarstellung ist die Geschwindigkeit der Abfolge der Darstellungen von Bedeutung. Der Nutzer muss die Möglichkeit haben, die Informationen aufzunehmen, zu verarbeiten und mit der Wahrnehmung der Realität in Kontext zu bringen. Auch diese Zeit ist ein nutzerindividueller Parameter, der vom Augmented-Reality-System gespeichert und verarbeitet werden sollte.

Literatur

[1] Deutsche Gesetzliche Unfallversicherung (DGUV), „Arbeitsschutzgerechter Einsatz von Datenbrillen", September 2021. [Online]. Available: *https://publikationen.dguv.de/regelwerk/publikationen-nach-fachbereich/holz-und-metall/fertigungsgestaltung-akustik-laerm-und-vibrationen/4397/fbhm-118-arbeitsschutzgerechter-einsatz-von-datenbrillen-faqs-checklisten*. [Zugriff am 01. 09. 2023].

[2] H. Ebbinghaus, Über das Gedächtnis, Leipzig: Verlag von Duncker & Humblot, 1885.

[3] R. Gagel, „Smartes Studieren", [Online]. Available: *https://smartesstudieren.de/1-1-2-spaced-repetition/*. [Zugriff am 17. 01. 2024].

[4] C. Bade, „Untersuchungen zum Einsatz der Augmented Reality Technologie für Soll/Ist-Vergleiche", V. AG, Hrsg., Berlin, Logos-Verlag, 2010, S. 196.

[5] A. Antakli, P. Alvarado, S. Benkhardt, U. Canzler, H. Dammertz, A. Hildebrand, E. Jundt, R. Krzikalla, S. Lampe, Meder, Julian, A. Meyer, S. Pfützner, C. Resch, E. Root und F. Scheer, Web-basierte Anwendungen Virtueller Techniken, W. Schreiber, P. Zimmermann und K. Zürl, Hrsg., Berlin: Springer-Verlag, 2017, S. 462.

10 Arbeitssicherheit

Wird eine Datenbrille mit dem dazugehörigen Augmented-Reality-System in der Industrie eingesetzt, so stellen sie ein Arbeitsmittel im Sinne des § 2 BetrSichV dar. Die gültigen Gesetze, Verordnungen und Vorschriften bezüglich der Arbeitssicherheit von Arbeitsmitteln sind damit auch für Augmented-Reality-Systeme mit ihren Komponenten zu beachten und anzuwenden.

Spezielle Regelungen oder Untersuchungen zum Einsatz von Datenbrillen in der Industrie gibt es derzeit noch nicht. Das Gleiche gilt für einen bewährten Stand der Technik, auf den der Planer zurückgreifen könnte. Das bedeutet, der verantwortungsvolle Unternehmer muss sich sehr intensiv mit der Arbeitssicherheit bei einem solchen Einsatz von Datenbrillen beschäftigen. Hierbei ist besonders darauf zu achten, ob es Gefährdungen gibt, die sich aus dem Zusammenspiel von Datenbrilleneinsatz und den örtlichen Gegebenheiten ergeben.

10.1 Rechtliche Grundlagen

An dieser Stelle werden einige rechtliche Grundlagen und Regeln aus dem Bereich der Arbeitssicherheit und des Gesundheitsschutzes dargestellt. Sie stellen einen zusammenfassenden Auszug dar, um die Situation und die Anforderungen zu erläutern.

§ 4 Allgemeine Grundsätze (ArbSchG)

Der Arbeitgeber hat die Pflicht, Mitarbeiter vor psychischen und physischen Gefährdungen ihrer Gesundheit zu schützen. Gefahren sind an ihrer Quelle zu bekämpfen. Der Stand von Technik, Arbeitsmedizin und Hygiene sowie sonstige gesicherte arbeitswissenschaftliche Erkenntnisse sind zu berücksichtigen. Individuelle Schutzmaßnahmen sind nachrangig zu anderen Schutzmaßnahmen.

Gefährdungsbeurteilung (BetrSichV)

Der Arbeitgeber hat vor der Verwendung der Arbeitsmittel die eventuell auftretenden Gefährdungen in der Gefährdungsbeurteilung zu erfassen, zu beurteilen und daraus notwendige und geeignete Schutzmaßnahmen abzuleiten. Bei der Gefährdungsbeurteilung sind alle Gefährdungen in dem betrachteten Arbeitssystem einzubeziehen, die bei der Verwendung des Arbeitsmittels davon ausgehen. Gefährdungen können ausgehen vom Arbeitsmittel selbst, von der Arbeitsumgebung und von den Arbeitsgegenständen, an denen Tätigkeiten mit dem Arbeitsmittel durchgeführt werden.

Bei der Gefährdungsbeurteilung sind die Gebrauchstauglichkeit von Arbeitsmitteln einschließlich der ergonomischen, alters- und alternsgerechten Gestaltung, die sicherheitsrelevanten einschließlich der ergonomischen Zusammenhänge zwischen Arbeitsplatz, Arbeitsmittel, Arbeitsverfahren, Arbeitsorganisation, Arbeitsablauf, Arbeitszeit und Arbeitsaufgabe, die physischen und psychischen Belastungen der Beschäftigten, die bei der Verwendung von Arbeitsmitteln auftreten, sowie vorhersehbare Betriebsstörungen und die Gefährdung bei Maßnahmen zu deren Beseitigung zu berücksichtigen und zu untersuchen.

Die Gefährdungsbeurteilung soll bereits vor der Auswahl und der Beschaffung des Arbeitsmittels begonnen werden. Dabei sind insbesondere die Eignung des Arbeitsmittels für die geplante Verwendung, die Arbeitsabläufe und -prozesse sowie die Arbeitsorganisation zu berücksichtigen.

Der Arbeitgeber hat sich die erforderlichen Informationen zu beschaffen, die für die Gefährdungsbeurteilung erforderlich sind. Dies beinhaltet Regeln und Erkenntnisse, Gebrauchs- und Betriebsanleitungen sowie die ihm zugänglichen Erkenntnisse aus der arbeitsmedizinischen Vorsorge.

Das gilt natürlich auch für den Einsatz einer Datenbrille in Verbindung mit einem Augmented-Reality-System in einer industriellen Anwendung. Die Erstellung der Gefährdungsbeurteilung wird in Abschnitt 10.3 ausführlich beschrieben.

§ 5 Anforderungen an die zur Verfügung gestellten Arbeitsmittel (BetrSichV)

Der Arbeitgeber darf den Mitarbeitern nur solche Arbeitsmittel zur Verfügung stellen und verwenden lassen, die unter Berücksichtigung der vorgesehenen Einsatzbedingungen bei der Verwendung sicher sind, die für die Art der auszuführenden Arbeiten geeignet sind, den gegebenen Einsatzbedingungen und den vorhersehbaren Beanspruchungen angepasst sind und über die erforderlichen sicherheitsrelevanten Ausrüstungen verfügen.

Eine Gefährdung der Mitarbeiter durch die Verwendung der Arbeitsmittel ist so gering wie möglich zu halten. Der Arbeitgeber darf nur solche Arbeitsmittel zur Verfügung stellen und verwenden lassen, die den für sie geltenden Rechtsvorschriften über Sicherheit und Gesundheitsschutz entsprechen.

Für den Einsatz von Datenbrillen in Verbindung mit einem Augmented-Reality-System bedeutet das, dass die Eignung der geplanten Datenbrille anhand der vorliegenden Informationen geprüft werden muss. Liegen Informationen nicht vor, sind entsprechende Informationen zur Klärung der Sachverhalte zu beschaffen oder selber zu erarbeiten. Das kann damit durchaus bedeuten, dass im Zuge der Planung des Einsatzes eines Augmented-Reality-Systems Untersuchungen oder Tests durchzuführen sind. Hierzu wird auf die voranstehenden Kapitel verwiesen.

§ 3 Grundpflichten des Arbeitgebers (ArbSchG)

Der Arbeitsgeber hat die Maßnahmen des Arbeitsschutzes regelmäßig auf ihre Wirksamkeit zu überprüfen und erforderlichenfalls an sich ändernden Gegebenheiten anzupassen. Dabei hat er eine Verbesserung von Sicherheit und Gesundheitsschutz der Beschäftigten anzustreben.

Mit der einmaligen Erstellung einer Gefährdungsbeurteilung und der Festlegung und Umsetzung der darin festgelegten Maßnahmen endet die Pflicht zur Ermittlung und Beurteilung der Gefährdungen nicht. Die Gefährdungsbeurteilung ist regelmäßig und auch nach dem Auftreten besonderer Ereignisse wie zum Beispiel Beinaheunfälle oder Unfälle zu überprüfen und im Bedarfsfall anzupassen. Hierzu kann es erforderlich sein, entsprechende neue Maßnahmen zu definieren und umzusetzen.

Anhang 6.4.3, Anforderungen an tragbare Bildschirmgeräte für die ortsveränderliche Verwendung an Arbeitsplätzen (ArbStättV)

Datenbrillen werden meist als mobile Geräte eingesetzt. Daher können sie als tragbares Bildschirmgerät angesehen werden, dessen Größe, Form und Gewicht der Arbeitsaufgabe entsprechend angemessen sein muss, deren Bildschirm mit reflexionsarmen Oberflächen ausgerüstet sind und die so betrieben werden, dass der Bildschirm frei von störenden Reflexionen und Blendungen ist.

Anhang 6.5, Anforderungen an die Benutzerfreundlichkeit von Bildschirmarbeitsplätzen (ArbStättV)

Beim Betreiben der Bildschirmarbeitsplätze hat der Arbeitgeber dafür zu sorgen, dass der Arbeitsplatz den Arbeitsaufgaben angemessen gestaltet ist. Er hat insbesondere geeignete Softwaresysteme bereitzustellen.

Die Datenbrille und das dazugehörige Augmented-Reality-System müssen entsprechend den Kenntnissen und Erfahrungen der Beschäftigten im Hinblick auf die jeweilige Arbeitsaufgabe angepasst werden können. Die Beschäftigten müssen die Möglichkeit besitzen, die Dialogabläufe zu beeinflussen.

Solche Anforderungen sollten im Vorfeld des Einsatzes der Datenbrille überprüft werden.

§ 12 Unterweisungen (ArbSchG)

Der Arbeitgeber muss seine Mitarbeiter über Sicherheit und Gesundheitsschutz bei der Arbeit in ihrem Arbeitsbereich oder an ihrem Arbeitsplatz unterweisen. Die Unterweisung muss vor der Aufnahme der Tätigkeit durch den Mitarbeiter durchgeführt werden. Weiterhin ist die Unterweisung mindestens jährlich regelmäßig zu wiederholen und zu dokumentieren [1].

10.2 Konformitätskennzeichnung

Nach der Maschinenverordnung (9. ProdSV) muss eine Maschine oder ein Arbeitsmittel, die in Verkehr gebracht wird, mit einer gültigen Konformitätskennzeichnung nach 9. ProdSV versehen sein. Der Hersteller oder der Inverkehrbringer muss gemäß Verordnung ein dort beschriebenes Konformitätsbewertungsverfahren durchgeführt haben, um nachzuweisen, dass das Arbeitsmittel mit den Bestimmungen dieser Verordnung übereinstimmt. Das gilt auch für Datenbrillen mit den dazugehörigen Augmented-Reality-Systemen. Das gilt für Komponenten, die im industriellen Betrieb eingesetzt werden, aber auch für den Betrieb solcher Systeme zusammen mit Kunden oder anderen externen Partnern. Vergleichbares gilt für den Einsatz der Systeme beim Kunden in deren Anlagen oder auf deren Grundstücken, wie es beispielsweise im Falle einer Reparatur der Fall ist.

Das Vorhandensein der erforderlichen Zertifikate muss im Zuge der Planung des Einsatzes der Datenbrille überprüft und geklärt werden. Eine nachträgliche Zertifizierung ist meist mit sehr hohem zeitlichem und finanziellem Aufwand verbunden.

10.3 Gefährdungsbeurteilung

Die Gefährdungsbeurteilung ist kein einmalig erstelltes Dokument, sondern ein mehrstufiger Prozess, bei dem einige Schritte mehrfach durchlaufen werden. Folgende Schritten bilden den Prozess der Erstellung einer Gefährdungsbeurteilung:

1. Arbeitsbereich und Tätigkeiten festlegen und beschreiben
2. Gefährdungen ermitteln
3. Gefährdungen beurteilen
4. Schutzmaßnahmen festlegen
5. Maßnahmen durchführen
6. Wirksamkeit prüfen
7. Dokumentieren und fortschreiben

Diese schrittweise Vorgehensweise hat sich bewährt. Sie bewahrt den Untersuchenden vor dem Übersehen von Gefährdungen, weil er sich beispielsweise schon bei der Erfassung der Gefährdungen und deren Bewertung oder gar Vermeidung Gedanken macht. Erfahrungsgemäß lenkt das von der Konzentration auf die Gefährdungen selber ab.

Nicht nur die Mitarbeiter, die später die Datenbrille einsetzen sollen, sondern auch andere Dritte sind in die Erarbeitung der Gefährdungsbeurteilung einzubeziehen. Das können beispielsweise Kunden sein, denen mit der Datenbrille und dem Augmented-Reality-System Produkte visualisiert werden, um den Beratungs- oder Verkaufsprozess zu unterstützen. Es kann damit erforderlich sein, entsprechende Felduntersuchungen durchzuführen.

10.3.1 Schritt 1: Arbeitsbereich und Tätigkeiten festlegen und beschreiben

Im ersten Schritt der Erstellung einer Gefährdungsbeurteilung wird der Arbeitsbereich oder auch das Arbeitssystem festgelegt, in dem die Datenbrille eingesetzt werden soll. Zu dieser Beschreibung gehören die Aufzählung der in den Bereich hineingehenden Informationen, Materialien, Energie sowie die aus dem Arbeitsbereich herauskommenden Komponenten wie Produkte, Informationen, Abfälle oder frei werdende Stoffe. Die Arbeitsaufgabe und die Arbeitsumgebung sind zu beschreiben. Weiterhin gehört zu diesem Schritt die Beschreibung des Arbeitsplatzes, der Arbeitsmittel, zu denen auch die Datenbrille gehört, und der Arbeitsablauf oder Arbeitsprozess. Die Eigenschaften und Funktion der Datenbrille und des Augmented-Reality-Systems sollten schon in diesem Schritt beschrieben werden.

Die Arbeitsaufgabe, die mit Augmented Reality unterstützt werden soll, sollte inhaltlich genau dokumentiert werden. Hierzu zählt die Beschreibung der einzelnen Arbeitsschritte inklusive der zu erwartenden Varianten und Komplexität. Weiterhin ist zu prüfen, wie die Informationen visualisiert werden sollen. Bezüglich der Visualisierung kann es durchaus sinnvoll und hilfreich sein, die geplanten Visualisierungen zu skizzieren und damit zu verdeutlichen.

Eine solche genaue Aufstellung der Eigenschaften der Komponenten des Arbeitssystems und speziell der der Datenbrille helfen beim Abgleich der Anforderungen mit den Leistungen der geplanten Komponenten. Es bewährte sich auch, die Mitarbeiter, die in entsprechenden Bereichen tätig sind, in die Erfassung der Gefährdungen einzubeziehen. Sie besitzen meist eine umfangreiche praktische oder operative Erfahrung aus ihrer täglichen Arbeit. Es empfiehlt sich weiterhin, vor Beginn der Erstellung der Gefährdungsbeurteilung zu prüfen, ob für vergleichbare Anwendungen solche Beurteilungsprozesse schon durchgeführt und dokumentiert sind.

10.3.2 Schritt 2: Gefährdungen ermitteln

Eine Gefährdung ist die Möglichkeit des Eintritts eines Schadens oder einer gesundheitlichen Beeinträchtigung. Hier wird noch keine Aussage über das Ausmaß des Schadens oder der gesundheitlichen Beeinträchtigung getroffen. In diesem Schritt sind daher alle Gefährdungen zu sammeln, zu dokumentieren und zu beschreiben. Je ausführlicher diese Aufstellung ist, desto einfacher und umfassender wird die Beurteilung hinterher. Dabei kann auf Gefährdungsfaktoren als Leitfaden für die Aufstellung zurückgegriffen werden [2].

Die Gefährdungen gehen nicht nur von der Datenbrille selber aus, sondern auch von der Interaktion des Mitarbeiters mit der Datenbrille, mit dem Augmented-Reality-System sowie der Interaktion mit der Anwendung oder der Arbeitsmittel. Das Arbeitssystem muss hinsichtlich der Gefährdungen ganzheitlich betrachtet werden, um alle Gefährdungen sicher erkennen und beschreiben zu können.

Hierbei muss im ersten Teilschritt bei der Ermittlung der Gefährdungen im betrachteten Arbeitssystem davon ausgegangen werden, dass keine Datenbrille eingesetzt wird. Diese Gefährdungen müssen alle umfassend bekannt und beschrieben sein. Das Ablaufschema für die Einführung einer Datenbrille [3] beschreibt das. Auf dieser Basis sollen dann im nächsten Teilschritt die Gefährdungen, die sich aus dem zusätzlichen Einsatz der Datenbrille ergeben, aufgeführt werden. Im darauffolgenden Teilschritt kann dann untersucht werden, welche der ursprünglichen Gefährdungen ohne den Einsatz der Datenbrille durch deren Einsatz vermieden oder eliminiert werden.

Auch bei diesem Schritt kann derzeit nicht auf umfassende Erfahrungen in Form eines Regelwerkes oder Ähnliches zurückgegriffen werden. Das kann sich in Zukunft ändern, ist aber derzeit zu berücksichtigen. Die Ermittlung der Gefährdungen erfordert daher einen höheren Aufwand. Abschnitt 10.4 führt einige Gefährdungen auf, die im Zusammenhang mit dem Einsatz von Datenbrillen betrachtet werden sollten.

10.3.3 Schritt 3: Gefährdungen beurteilen

Bei der Beurteilung von Gefährdungen ist zuerst zu prüfen, ob für eine bestimmte beschriebene Gefährdung Vorgaben aus Gesetzen, Verordnungen oder technischen Regelwerken verfügbar sind. Zu solchen Vorgaben zählen Grenzwerte oder Toleranzbereiche, die als zulässig erachtet werden. Bei solchen Gefährdungen ist meist nur die Frage zu klären, ob die in der Planung des Einsatzes der Datenbrille mit dem Augmented-Reality-System die festgelegten Grenzwerte eingehalten worden sind oder nicht.

Liegen solche Vorgaben nicht vor oder muss aufgrund bestimmter Randbedingungen des Arbeitssystems von den Vorgaben abgewichen werden, ist eine individuelle Risikobewertung durchzuführen. Hierbei wird ermittelt, mit welcher Eintrittswahrscheinlichkeit das Schadensereignis eintreten kann und welche Auswirkungen beziehungsweise welches Schadensausmaß es verursacht. Das Risiko einer Gefährdung ist das Zusammenspiel von möglichem Schadensausmaß und der Eintrittswahrscheinlichkeit.

Ein bewährtes Hilfsmittel zur Beurteilung der Risiken sowie des Schadensausmaßes ist die Risikomatrix. Hierbei werden für die Eintrittswahrscheinlichkeit Klassen definiert (Tabelle 10.1). Im Idealfalle können den Klassen auch noch mathematische Wahrscheinlichkeitswerte zugeordnet werden, was aber teilweise mit sehr hohem Aufwand verbunden ist.

Tabelle 10.1 Klassen der Eintrittswahrscheinlichkeit

Klasse H_i	Beschreibung
6	häufig
5	wahrscheinlich
4	gelegentlich
3	entfernt vorstellbar
2	unwahrscheinlich
1	unvorstellbar

Die Schadensschwere kann durch die geschätzte Ausfallzeit des Mitarbeiters oder des Arbeitssystems in Klassen eingeteilt werden (Tabelle 10.2).

Tabelle 10.2 Klassen der Schadensschwere

Klasse S_i	Beschreibung	Ausfallzeit
4	katastrophal	> 24 d
3	kritisch	4 – 24 d
2	geringfügig	1 – 3 d
1	unwesentlich	0 – 1 d

Sind für jede Gefährdung beide Werte ermittelt, kann daraus das Risiko abgeleitet werden. Die Risikomatrix ist dazu ein geeignetes Hilfsmittel. Aus der einfachen Multiplikation der beiden Klassenwerte ergibt sich die Risikoklasse.

$$R_i = H_i \cdot S_i \tag{10.1}$$

Die Risikomatrix in Bild 10.1 visualisiert diesen Zusammenhang. Für die Beurteilung ist dann noch die Risikoklasse zu definieren. Für Risikoklassen kleiner oder gleich 3 kann beispielsweise von einem geringen oder akzeptablen Risiko ausgegangen werden. Hierbei handelt es sich um höchst unwahrscheinliche Unfälle mit geringen Auswirkungen. Risikoklassen von 4 bis einschließlich 9 gelten als mittleres Risiko. Solche Gefährdungen liegen außerhalb des tolerablen Bereichs und erfordern Maßnahmen. Dieser Risikobereich wird auch als ALARP = „as low as reasonably practicable" bezeichnet. Diese Risiken sollen auf ein Maß reduziert werden, welches den höchsten Grad an Sicherheit garantiert, der vernünftigerweise praktikabel ist. Gefährdungen mit einer Risikoklasse größer als 9 erfordern umgehende Maßnahmen. Das Risiko wird als inakzeptabel hoch eingestuft. Auch diese Risikoermittlung ist basierend auf dem Erkenntnisgewinn mit Einsätzen dieser Art entsprechend weiterzuentwickeln.

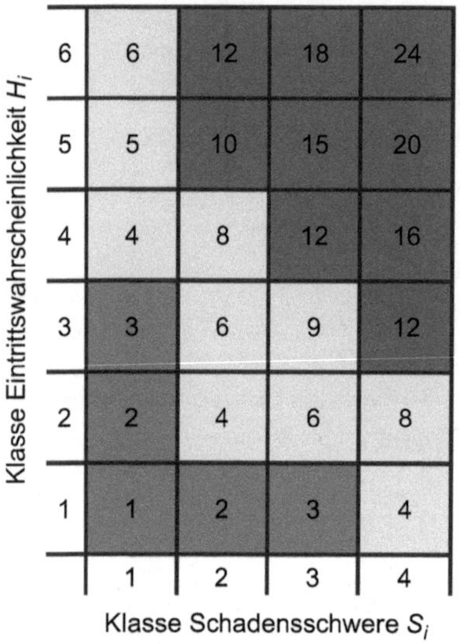

Bild 10.1
Risikomatrix

Auch in diesem Teilschritt der Beurteilung wird zunächst die Beurteilung der Gefährdungen ohne den Einsatz der Datenbrille durchgeführt. Nachdem dieser Teilschritt abgearbeitet wurde, können die Gefährdungen durch den Einsatz oder beim Einsatz der Datenbrille beurteilt werden. Aus den Unterschieden ist die zusätzliche Gefährdung durch den Einsatz der Datenbrille erkennbar. Natürlich ist auch zu beachten, welche Auswirkungen von Gefährdungen durch den Einsatz der Datenbrille reduziert werden können. Der Vollständigkeit halber sei hier erwähnt, dass es eine Vielzahl anderer Bewertungsmöglichkeiten des Risikos gibt. Eine Überprüfung der Risikobewertung gehört in diesem Umfeld auch zu den Aufgaben im Zuge der Planung und Einführung von Augmented-Reality-Systemen in der industriellen Praxis.

10.3.4 Schritt 4: Schutzmaßnahmen festlegen

Für jede Gefährdung aus den zuvor erstellten Aufstellungen ist dann mindestens eine Schutzmaßnahme festzulegen. Dabei gilt folgende Reihenfolge, die auch als STOP-Prinzip bekannt ist:

- Gefahrenquelle beseitigen (**S**ubstitution)
- Sicherheitstechnische Maßnahmen: Entschärfung der bestehenden Gefährdungen durch technische Vorrichtungen oder bautechnische Maßnahmen (**T**echnik)
- Organisatorische Maßnahmen (**O**rganisation)
- Nutzung persönlicher Schutzausrüstung (**P**ersonal)
- Verhaltensbezogene Maßnahmen (**P**ersonal)

Hier gilt als erste Forderung, dass versucht werden muss, die Gefährdung zu vermeiden oder so zu entschärfen, dass keine Gefährdung mehr davon ausgeht. Dazu können Materialien, Abläufe oder räumliche Gegebenheiten geändert werden. Erst wenn festgestellt wurde, dass eine Substitution nicht mehr möglich ist, soll die nächste Gruppe von Maßnahmen festgelegt werden. Dabei handelt es sich um technische Maßnahmen, die dafür sorgen, dass der Mensch mit den Gefahrenquellen nicht mehr in Kontakt kommt. Das können typischerweise Schutzgitter, Einhausungen oder Ähnliches sein. Sind keine technischen Schutzmaßnahmen einsetzbar, dann werden organisatorische Schutzmaßnahmen festgelegt. Dabei werden Mensch und Gefährdung so räumlich oder zeitlich voneinander getrennt, sodass ein direkter Kontakt vermieden wird. Dazu zählen getrennte Räume, eine Beschränkung der anwesenden Anzahl der Personen oder ein beschränkter Zutritt zu einem Bereich. Erst wenn keine der bis hier aufgeführten Maßnahmen umsetzbar ist, können personenbezogenen Maßnahmen getroffen werden, die den personenindividuellen Schutz sicherstellen. Dazu zählt beispielsweise eine persönliche Schutzausrüstung (PSA) für den Mitarbeiter. Als letzter Schritt können verhaltensbezogene Maßnahmen festgelegt werden. Hierbei wird der Mitarbeiter informiert, wie er sich an dem jeweiligen Arbeitsplatz zu verhalten hat.

10.3.5 Schritt 5: Maßnahmen durchführen

Die für die gewählten Schutzmaßnahmen festgelegten Maßnahmen sind durchzuführen. Die ordnungsgemäße Durchführung der Maßnahmen ist vom Verantwortlichen zu überprüfen. Neben den baulichen und technischen Maßnahmen sollten die Mitarbeiter über alle Maßnahmen und die Gefährdungen informiert werden. Damit wird die Sensibilität hinsichtlich der Gefährdungen bei den Mitarbeitern erhöht.

Da es sich im Allgemeinen beim Einsatz von Datenbrillen um neue Vorgehensweisen handelt, sollte die Umsetzung der Maßnahmen eng von entsprechenden Fachleuten aus den Bereichen Planung, Instandhaltung, Produktion, Arbeitsmedizin und Arbeitssicherheit begleitet und unterstützt werden. Damit kann sichergestellt werden, dass beim Auftreten neuer Erkenntnisse schnell und vor allem sicher reagiert werden kann.

10.3.6 Schritt 6: Wirksamkeit prüfen

Das Festlegen und Durchführen von Schutzmaßnahmen alleine sind nicht ausreichend. Es ist sicherzustellen, dass die gewählten Schutzmaßnahmen auch wirksam sind. Nur wirksame Schutzmaßnahmen gewähren den erwünschten Schutz gegenüber den Gefährdungen.

Dieser Schritt beinhaltet die Überprüfung der technischen und organisatorischen Maßnahmen. Hierbei ist zu prüfen, ob die verwendete Technik wie geplant funktioniert, ob sie auch die geplante Schutzwirkung bietet und ob sich nicht durch die Maßnahmen neue Gefährdungen ergeben, die bei der vorangegangenen Planung nicht erkannt worden sind.

Es ist auch zu überprüfen, ob die Mitarbeiter sich an die Regeln und Vorgaben halten. Es ist häufig zu beobachten, dass Mitarbeiter schnell abweichende Vorgehensweisen entwickeln, die entweder neue Gefährdungen verursachen oder sogar Gefährdungen minimieren. Im ersteren Fall müssen diese neuen Gefährdungen durch entsprechende Maßnahmen oder Anweisungen vermieden werden. Im zweiten Fall können die Maßnahmen dokumentiert und damit allen zugänglich gemacht werden.

10.3.7 Schritt 7: Dokumentieren und fortschreiben

Die oben aufgeführten Schritte sind zu dokumentieren. Die Dokumentation dient dem Nachweis, dass der Verpflichtung hinsichtlich der Erstellung der Gefährdungsbeurteilung nachgekommen wurde. Das ist auch juristischer Sicht von Bedeutung. Eine gute Dokumentation speichert die gewonnene Erfahrung und macht sie späteren Anwendern auch anderer Anwendungen zugänglich.

Bei der Überprüfung der Wirksamkeit der Maßnahmen kann es vorkommen, dass Schutzmaßnahmen nicht ausreichend wirksam oder vielleicht auch nicht geeignet sind. In diesem Falle sind die Schritte 4 bis 7 erneut zu durchlaufen. Durch solche Vorgehensweisen soll sichergestellt werden, dass sich die Sicherheit an den Arbeitsplätzen in der Industrie kontinuierlich erhöht oder verbessert.

Weiterhin ist es gesetzlich erforderlich, die Gefährdungsbeurteilungen in definierten Zeitabständen zu überprüfen. Hierdurch soll sichergestellt werden, dass eventuelle

Änderungen im Arbeitssystem in die Gefährdungsbeurteilung einfließen. Hierbei ist zu berücksichtigen, dass es sich bei Arbeitsplätzen, an denen Datenbrillen eingesetzt werden, um neuartige Arbeitsplätze handelt. Die Erstellung der Gefährdungsbeurteilung erfordert daher typischerweise einen größeren Aufwand.

10.4 Gefährdungen

Im Rahmen dieser Betrachtung werden hier folgende Gefährdungen aufgezählt, die von Datenbrillen ausgehen können. Es handelt sich um eine Musteraufzählung ohne den Anspruch auf Vollständigkeit. Die unterschiedlichen möglichen Schadensschweren der Gefährdungen spielen bei der Aufzählung keine Rolle. Für jeden Arbeitsbereich, in dem Datenbrillen eingesetzt werden sollen, ist eine Gefährdungsbeurteilung auf Basis der örtlichen Gegebenheiten durchzuführen. Für die Zusammenstellung von Gefährdungen wird die Struktur der Gefährdungsfaktoren mit ihren Nummern nach [2] verwendet. Zur Datenbrille zählen in dieser Aufstellung die optische Einheit sowie eventuelle separate Kontrolleinheiten zur Steuerung der Datenbrille. Gefährdungen, die vom Arbeitssystem ausgehen, können bei dieser Aufzählung nicht berücksichtigt werden, da sie je nach Anwendung unterschiedlich sind.

An dieser Stelle sei erneut darauf hingewiesen, dass die Gefährdungsbeurteilungen schon bei der Planung der Arbeitsplätze für den Datenbrilleneinsatz zu erfolgen hat. Bei der Beschaffung von Geräten, Anlagen oder Einrichtungen ist der Lieferant über die von seinen gelieferten Komponenten einzuhaltenden Anforderungen zu informieren. Diese Anforderungen sollten Teil des Lastenheftes sein, mit dem die Lieferung ausgeschrieben und bestellt wird (siehe § 5 in [1]).

10.4.1 Gefährdungsfaktor 1.2: Teile mit gefährlichen Oberflächen

Hierbei ist zu prüfen, ob die Datenbrille Bereiche oder Kanten etc. an ihrer Oberfläche besitzt, an denen sich der Mitarbeiter verletzen kann. Hierbei ist auch zu prüfen, ob in besonderen Situationen oder Betriebszuständen, dazu zählen auch beispielsweise Reinigung, Reparatur oder auch Kalibrierung oder Justierung der Datenbrille, Gefährdungen von den Oberflächen der Datenbrille ausgehen können. Besitzt die Datenbrille eventuell Bauteile aus Glas, die beim Bruch scharfe Kanten bilden, dann gibt es die Gefährdung daraus, die zu Verletzungen führen können.

10.4.2 Gefährdungsfaktor 1.4: Unkontrolliert bewegte Teile

Besitzt die Datenbrille Teile oder Komponenten, die sich am Kopf bewegen oder leicht abfallen können? Diese könnten den Mitarbeiter in kritischen Situationen ablenken. Weiterhin können lose Kabel den Mitarbeiter bei der Arbeit behindern oder gar gefährden.

Beinhaltet die Datenbrille oder ihre Steuerungseinheit Kabel oder ähnliche außen liegende Komponenten, können diese sich verfangen und damit für den Mitarbeiter eine Gefährdung darstellen. Das trifft auch auf eine externe Steuerungseinheit zu, die mit externen Teilen wie Anlagenteilen beispielsweise kollidieren könnte. Zur Vermeidung solcher Gefährdungen können beispielsweise die Kabel in Kleidungsstücken befestigt werden. Das schützt die Kabel vor Verhaken mit den beschriebenen Folgen.

10.4.3 Gefährdungsfaktor 2.1: Körperdurchströmung

Es ist zu prüfen, ob von der Datenbrille die Gefahr eines elektrischen Schlages ausgehen kann. Hierbei ist nicht nur die Netzspannung oder die Versorgungsspannung zu beachten, sondern auch andere im System auftretende elektrische Spannungen. Meist geht man davon aus, dass Datenbrillen und ihre Steuerungseinheiten mit Niederspannung unter 24 V betrieben werden.

10.4.4 Gefährdungsfaktor 2.3: Elektrostatische Aufladung

Datenbrillen bestehen zumeist aus unterschiedlichen Kunststoffmaterialien. Durch Reibung kann hierbei Reibungselektrizität erzeugt werden, die zu sehr hohen Potenzialdifferenzen und damit Spannungen führen kann. Diese typischerweise sehr hohen Spannungen können zu elektrischen Schlägen beim Mitarbeiter führen. Eventuell kann bei der Reinigung auch eine elektrostatische Aufladung mit den eben beschriebenen möglichen Gefährdungen auftreten.

10.4.5 Gefährdungsfaktor 3.2: Einatmen von Gefahrstoffen

Beim Betrieb elektrischer Geräte können Stäube emittiert werden. Da eine Datenbrille in der Nähe der Nase getragen wird, würden solche Stäube einfach und ungefiltert eingeatmet werden. Das kann zu Gefährdungen des Mitarbeiters oder eventuell auch zu danebenstehenden Personen führen. Bei einer Havarie der Lithium-Ionen-Batterien treten giftige Gase und krebserregende Partikel aus (siehe Abschnitt 10.4.7 und Abschnitt 10.5).

10.4.6 Gefährdungsfaktor 4.1: Infektionsgefährdung durch pathogene Mikroorganismen

Wird eine Datenbrille über einen längeren Zeitraum im industriellen Umfeld getragen, so können sich auf ihr Schmutz oder Mikroorganismen ablagern. Von diesen Partikeln kann eine Infektionsgefahr für den Mitarbeiter ausgehen. Solche Ablagerungen können speziell in kleinen Spalten oder Ecken der Gehäuse auftreten, von wo sie auch schwer zu entfernen sind. Besitzt eine Datenbrille Tasten oder Steuerungsflächen, so können sich auf diesen Flächen entsprechende Schmutzpartikel oder Mikroorganismen ablagern, die dann auf den Mitarbeiter übertragen werden können. Dieser Gefährdungsfaktor besitzt besondere Bedeutung, wenn die Datenbrille von mehreren Personen genutzt werden soll.

10.4.7 Gefährdungsfaktor 5.1: Brennbare Feststoffe, Flüssigkeiten und Gase

Da Datenbrillen überwiegend für mobile Anwendungen eingesetzt werden, benötigen sie eine entsprechend mobile Energieversorgung. Aktuell werden dafür fast ausschließlich Lithium-Ionen-Batterien verwendet. Sie zeichnen sich durch lange Lebensdauer und hohe Energiedichte aus. Allerdings können sie durch externen oder internen Kurzschluss, mechanische Beschädigung, Überlastung oder als Folge einer vorangegangenen Tiefentladung unvorhergesehen havarieren. Dabei steigt die Temperatur der Lithium-Ionen-Batterien sehr stark an, die Elektrolyt-Flüssigkeit der Lithium-Ionen-Batterien verdampft, der Innendruck steigt, das Zellgehäuse bricht auf, und der Elektrolyt entzündet sich. Diese Gase enthalten in der Regel Stoffe wie Kobalt oder Nickel, die, wenn sie als lungengängiger Staub in die Lungen gelangen, starke krebserregende Wirkung besitzen. Erfahrungsgemäß treten solche Havarieren bei korrekter Handhabung sehr selten auf, sodass von einer geringen Eintrittswahrscheinlichkeit auszugehen ist. Aber die gravierenden Gefährdungen sollten trotzdem beachtet und berücksichtigt werden.

10.4.8 Gefährdungsfaktor 6.1: Heiße Medien/Oberflächen

Da Datenbrillen elektronische Geräte sind, kann bei ihrem Betrieb Wärme oder Hitze entstehen. Quellen solcher Hitze können die Elektronik oder der Akku sein. Solche Hitze kann, auch wenn sie keine Verbrennungen versursacht, den Mitarbeiter gefährden. Fehlfunktionen in der Elektronik können auch hohe Temperaturen verursachen.

10.4.9 Gefährdungsfaktor 7.5: Optische Strahlung

Da die Datenbrille eine Bildquelle beinhaltet, ist zu prüfen, ob von ihr gefährliche optische Strahlung ausgeht. Das tritt im Besondern für Datenbrillen mit Laser-Retinal-Display oder Laser-Beam-Scanning-Bildquellen zu. Hierbei wird ein Laserstrahl von der Bildquelle in das Auge des Nutzers geschickt. Es ist zu prüfen, ob sichergestellt ist, dass zu keinem Zeitpunkt der Strahl nur auf einen Punkt im Auge konzentriert ist, was zu Schäden führen kann. Das betrifft im Speziellen auch Betriebszustände, die nicht normal oder auf einen Schaden an der Datenbrille zurückzuführen sind.

Die Datenbrille liefert ein nicht konstantes Bild mit einer definierten Frequenz. Die Frequenz der dargestellten Visualisierungen können direkte negative Auswirkungen auf den Mitarbeiter haben.

Typischerweise werden Arbeitsbereiche mit Lichtquellen beleuchtet, die auch kein konstantes Licht abgeben, sondern in einer typischen Frequenz in der Helligkeit schwanken. Diese schnellen Helligkeitswechsel können mit der Anzeigefrequenz der Bilder in der Datenbrille interferieren.

10.4.10 Gefährdungsfaktor 7.7: Elektromagnetische Felder

Elektrische oder elektronische Komponenten können elektromagnetische Strahlung emittieren. Diese kann sowohl gesundheitliche Gefährdungen verursachen als auch die Kommunikation, die Funktechnologie verwendet, beeinträchtigen.

Ist die Datenbrille per WLAN in das Netzwerk eingebunden, dann besteht die Möglichkeit einer Gefährdung durch solche elektromagnetische Felder.

10.4.11 Gefährdungsfaktor 9.3: Haltungsarbeit (Zwangshaltung), Haltearbeit

Eine Datenbrille ist eine zusätzliche Masse auf dem Kopf. Bei einer ungleichen Gewichtsverteilung kann entweder die Datenbrille verrutschen, sodass die korrekte Position der Datenbrille vor den Augen nicht mehr gewährleistet ist, oder sie verursachte eine ungewohnte ungleiche Belastung der Muskeln im Halsbereich, was zu Verspannungen oder Ähnlichem führen kann. Vergleichbares kann durch ein zu großes Massenträgheitsmoment bei häufiger Rotation auftreten (siehe Abschnitt 7.21). Eine solche Belastung erfordert vom Nutzer unergonomische Haltungen oder Bewegungen, die zu Beeinträchtigungen des Nutzers führen können.

Im Falle der Nutzung von Datenbrillen können solche Zwangshaltungen auch aus einer unvorteilhaften oder mangelhaften Positionierung der Datenbrille vor den Augen resultieren. Auch das führt bei längerem Betrieb zu einer Beeinträchtigung der Gesundheit des Mitarbeiters.

10.4.12 Gefährdungsfaktor 10.1: Ungenügend gestaltete Arbeitsaufgabe

Werden kurzzyklische Arbeitsaufgaben mithilfe von Augmented-Reality-Unterstützung ausgeführt, so benötigt der Nutzer die Unterstützung nach kurzer Zeit nicht mehr, und er empfindet sie als Störung oder Behinderung. Er fühlt sich unterfordert.

Sind die angebotenen Anweisungen unverständlich oder nicht detailliert genug, so überfordert diese Situation den Mitarbeiter.

Wenn die dargebotene Unterstützung durch das Augmented-Reality-System nicht der real ausgeführten Abfolge der Arbeitsschritte entspricht, erzeugt das auch Stress beim Nutzer. Eine solche Situation kann sogar so weit ausarten, dass die Anweisung im Widerspruch zu der üblichen Ausführung steht, was den Konflikt noch weiter verstärkt.

Muss der Nutzer auf die Anweisung warten oder kommt die Anweisung zu früh für die Ausführung der Aufgabe, kann das auch zu Beeinträchtigungen führen.

Zu diesem Gefährdungsfaktor wird auch auf Abschnitt 9.1 hingewiesen.

10.4.13 Gefährdungsfaktor 10.2: Ungenügend gestaltete Arbeitsorganisation

Zwingt die durch die Datenbrille angebotene Unterstützung den Mitarbeiter in schlechte oder unergonomische Arbeitsabläufe, beeinflusst das deren Wohlbefinden. Wird der vom Augmented-Reality-System dargebotene Arbeitsablauf vom Nutzer nicht als sinnvoll angesehen, übt dies auch einen negativen Einfluss auf den Mitarbeiter aus.

Nutzt der Mitarbeiter das Augmented-Reality-System für eine Eingabe während der Tätigkeit in der Anwendung, so richtet sich im Allgemeinen dann seine Aufmerksamkeit auf das Augmented-Reality-System und nicht mehr auf seine Tätigkeit. In diesem Augenblick kann er seiner Überwachungsaufgabe über die Anwendung nicht nachkommen, und es kann sich daraus eine Gefährdung ableiten.

10.4.14 Gefährdungsfaktor 10.3: Ungenügend gestaltete soziale Bedingungen

Die Arbeit mit der Unterstützung einer Datenbrille und einem Augmented-Reality-System kann dazu führen, dass der Mitarbeiter während der Nutzung des Augmented-Reality-Systems von seiner Umwelt abgeschottet wird. Das kann durchaus mit isolierter Einzelarbeit verglichen werden. Hier sind entsprechende Maßnahmen vorzusehen.

10.4.15 Gefährdungsfaktor 10.4: Ungenügend gestaltete Arbeitsplatz- und Arbeitsumgebungsbedingungen

Bei der Nutzung einer Datenbrille muss der Mitarbeiter immer in der Lage sein, Gefährdungen vor Ort sicher zu erkennen. Das ist auch eine Fundamentalforderung beim Einsatz einer Datenbrille in einer industriellen Anwendung. Auf Gefährdungen aus der Anwendung, dem Arbeitssystem auch ohne Augmented-Reality-Unterstützung, wird hier nicht eingegangen. Sie sind anwendungsindividuell zu erfassen und zu bewerten.

Der Mitarbeiter muss Informationen oder Anweisungen in der Datenbrille beurteilen können, falsche Anweisungen vom Augmented-Reality-System identifizieren können und Gefährdungen oder Wechselwirkungen von Gefährdungen aus dem Umfeld sicher erkennen. Hierzu ist eine umfassende Information oder Schulung des Mitarbeiters vor dem Einsatz des Augmented-Reality-Systems erforderlich. Weiterhin ist eine sichere Kommunikation mit seinem Umfeld eine wichtige Voraussetzung. Der Mitarbeiter muss sich während der Nutzung der Datenbrille verbal oder optisch mit anderen Mitarbeitern in seinem Umfeld austauschen können. Es muss jederzeit in der Lage sein, akustische Signale oder Sprache sicher aufnehmen zu können.

Die Beleuchtungssituation übt einen großen Einfluss auf die Sicherheit an einem von Augmented Reality unterstützten Arbeitsplatz aus. Sehr große Helligkeitsunterschiede können den Mitarbeiter blenden und am Erkennen von Gefahren hindern.

Es ist hierbei auch zu prüfen, ob die Informationen in der richtigen, vom Mitarbeiter wahrnehmbaren Geschwindigkeit angezeigt werden. Bei einer zu hohen Geschwindigkeit besteht die Gefahr, dass Informationen nicht wahrgenommen werden. Bei einer zu langsamen Darstellung oder bei einer zu langsamen Abfolge der Informationen besteht die Gefahr, dass der Mitarbeiter leicht durch andere Sinneseindrücke abgelenkt wird und die Informationen dann nicht korrekt wahrnimmt.

Ein weiterer Punkt, der zu überprüfen ist, ist die Lesbarkeit oder Wahrnehmbarkeit der in der Datenbrille dargestellten Information. Hierbei spielen die Zeichengröße und speziell der Kontrast bei der sicheren Wahrnehmung eine wichtige Rolle. Hier wird auf Abschnitt 7.13 verwiesen.

Verdeckungen der Wahrnehmung der Realität durch die in der Datenbrille angezeigte Informationen können Gefährdungen verursachen. Gefahren aus dem Umfeld werden eventuell nicht schnell und sicher genug erkannt. Es ist daher zu prüfen, ob die Verdeckungen der Augmented-Reality-Anzeige das Sichtfeld des Mitarbeiters auf die Realität unzulässig einschränkt oder ob das periphere Gesichtsfeld des Mitarbeiters durch die Datenbrille gestört wird.

10.5 Versagensmechanismen Lithium-Ionen-Batterien

Da Lithium-Ionen-Batterien in den betrachteten Datenbrillen und Steuereinheiten verwendet werden, sollen hier deren prinzipieller Aufbau und die Versagensmechanismen dargestellt werden.

Die Lithium-Ionen-Batterie besteht aus einer abwechselnden Schichtung der Anode und der Kathode. Der dazwischenliegende Separator trennt beide Elektroden elektrisch. Die Kathode besteht aus einer Aluminiumfolie, die beidseitig mit dem Aktivmaterial beschichtet ist. Dieses Kathodenaktivmaterial beinhaltet das Lithium-Metall-Oxid. Als Metalle kommen hier Nickel, Kobalt und Mangan zum Einsatz. Die Anode besteht aus einer Kupferfolie, die beidseitig mit Grafit beschichtet ist. Bild 10.2 zeigt den Aufbau eines solchen Stapels. Alle drei Komponenten sind mit Elektrolyten getränkt. Dieser Elektrolyt besteht im Wesentlichen aus $LiPF_6$, organischem Lösungsmittel sowie Additiven zur Beeinflussung spezieller Eigenschaften der Batteriezelle. Alle Komponenten befinden sich entweder in einem massiven Gehäuse (Hardcase) oder in einer Aluminium-Kunststoff-Verbundfolie (Pouch-Folie). Sie sind hermetisch verschlossen und von der Umgebung abgeschirmt.

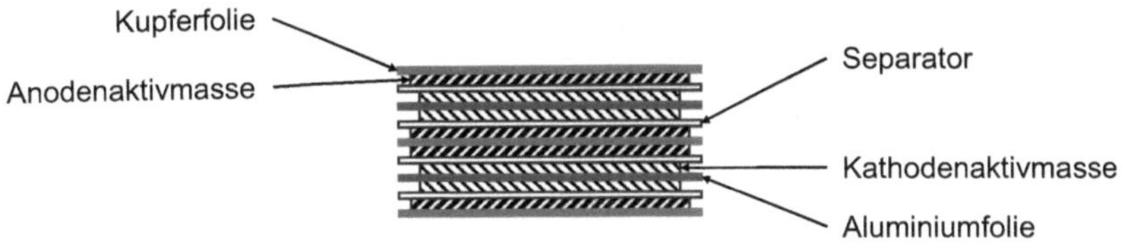

Bild 10.2 Aufbau Lithium-Ionen-Batteriezelle, schematische Darstellung

Es gibt die drei Hauptformen der Lithium-Ionen-Batterien. Batterien im Hardcase-Gehäuse werden als Rundzelle oder als prismatische Zelle hergestellt. Die Zellen mit dem Gehäuse aus der Aluminium-Kunststoff-Verbundfolie sind in der Regel prismatische Zellen.

Ein Schaden an einer Lithium-Ionen-Batterie initiiert eine Kette von Reaktionen, die dann zu einer heftigen Gesamtreaktion und damit zur Zerstörung der Batterie führen. Hieraus entsteht dann die Gefährdung. Daher werden hier die unterschiedlichen Versagensmechanismen kurz vorgestellt.

Quetschung

Durch eine Krafteinwirkung von außen kann das Gehäuse der Lithium-Ionen-Batterie deformiert werden. Eine solche Deformation kann zu einem Verschieben oder einem Beschädigen der Elektroden innerhalb der Zelle oder der Separatorenlagen führen. Das führt dann zu zellinternen Kurzschlüssen.

Penetration

Dringt von außen ein Partikel in das Gehäuse der Lithium-Ionen-Batterie ein, so führt das auch zu Beschädigungen der Elektroden und des Separators und dem Kurzschluss der Zelle.

Tiefentladung, Unterspannung

Tiefentladungen treten auf, wenn die Lithium-Ionen-Batterie zu lange, ohne nachgeladen zu werden, gelagert wird. Dabei besteht das Risiko, dass das Kupfer der Anode in Lösung geht und auf der Kathode abgeschieden wird. Das begünstigt ein Dendritenwachstum, was in der weiteren Folge zu einem internen Kurzschluss führt. Weiterhin kann die auf der Anode beim Herstellungsschritt Formation aufgebaute Schutzschicht (SEI) aufgelöst werden. Das führt dann dazu, dass das Lithium aus dem Elektrolyten mit dem Kohlenstoff der Anode reagiert.

Nach einer Tiefentladung zeigt die Lithium-Ionen-Batterie nicht sofort ein risikobehaftetes Verhalten. Die zu einem Schaden führenden Auslöser der Dendritenbildung können durchaus erst später nach mehreren Ladezyklen auftreten.

Partikel aus Herstellung, Herstellungsfehler

Die Dicke des Separators beträgt bei den heute am Markt erhältlichen Lithium-Ionen-Batterien zwischen 10 µm und 25 µm. Werden bei der Herstellung der Lithium-Ionen-Batterie Partikel zwischen Elektrode und Separator verbracht, dann besteht die große Gefahr, dass durch das Laden und die damit verbundene Verschiebung der Elektrodenlagen sowie durch die dabei erzeugte Kraft Partikel in den Separator gedrückt werden. Ist der Durchmesser des Partikels größer als die Dicke des Separators, wird der Separator durchstochen, und es besteht die große Gefahr, dass an dieser Stelle Anode und Kathode in elektrischen Kontakt kommen und ein interner Kurzschluss erzeugt wird.

Externe Wärmequelle

Bei einer Temperaturerhöhung durch eine äußere Wärmequelle steigt die Temperatur im Zellinneren. Ab einem Temperaturbereich von 70 °C bis 80 °C beginnen im Elektrolyten Zersetzungsprozesse. Diese erzeugen Gas, wodurch der Gasdruck in der Zelle ansteigt. Das organische Lösungsmittel im Elektrolyten bildet ein leicht entflammbares Gas. Ab ca. 240 °C ist mit dem Ausbruch von Feuer zu rechnen. Durch die hohe Temperatur kann der Separator schrumpfen, sodass die äußeren Bereiche der Elektroden in Kontakt kommen können und einen Kurzschluss erzeugen. In Folge des Temperaturanstiegs zersetzen sich die Anoden- und die Kathodenmaterien und setzen Sauerstoff (O_2) frei.

Überstrom

Fließen innerhalb der Lithium-Ionen-Batterie zu hohe Ströme, erhitzt sich die Zelle durch den elektrischen Widerstand der einzelnen Bauteile im Stromfluss. Diese Hitze wird auf andere Komponenten der Lithium-Ionen-Batterie übertragen. Typischerweise schrumpft der Separator bei Hitze, sodass Anoden- und Kathodenelektroden in elektrischen Kontakt kommen und ein interner Kurzschluss entsteht.

Externer Kurzschluss

Bei einem externen Kurzschluss treten bei der Lithium-Ionen-Batterie sehr hohe Ströme auf. Diese führen zu einer starken Erwärmung der Batterie mit ihren Komponenten.

Überspannung

Liegt an der Lithium-Ionen-Batterie eine zu hohe Spannung an, so führt das zu einer Zersetzung oder einem Verdampfen des Elektrolyten. Auf diese Reaktion folgt dann die Auflösung oder der Zusammenbruch der Solid Electrolyte Interphase (Schützende Deckschicht auf der Anode)und in der Folge dann der Anode.

Überladung

Je größer die gespeicherte elektrische Energie ist, desto weniger Lithium befindet sich in der Kathode. Die Kathode wird immer instabiler. Im Falle der Überladung reicht die Stabilität der Kathode nicht mehr aus, und sie zersetzt sich in einer exothermen Reaktion, es wird zusätzliche Wärme frei. Dieser Zustand tritt ein, wenn die Batterie auf mehr als 100 % ihrer Nennkapazität geladen wird (100 % SoC). Die Ladespannung liegt dann auch oberhalb der für die spezielle Lithium-Ionen-Batterie zulässigen oberen Spannung. Bei derzeitigen Standard-Lithium-Ionen-Batterie liegt die obere Ladespannung bei 4,2 V bis 4,3 V. Bei höherer Spannung kann man auch von Überspannung sprechen. Bei Überspannung bildet sich in verstärktem Maße Gas innerhalb des Elektrodenverbundes. Das kann auch zur Zerstörung der Zelle von innen herausführen.

Interner Kurzschluss

Interne Kurzschlüsse können bei einer Lithium-Ionen-Batterie sowohl im regulären Betrieb als bei einem außerordentlichen Ereignis (Havarie) auftreten. Während des Betriebs einer Lithium-Ionen-Batterie können Dendriten wachsen, den Separator durchstoßen und so einen Kurzschluss zwischen Anode und Kathode verursachen. Durch eine keramische Beschichtung der Separatoren kann versucht werden, durch die punktuellen höheren Temperaturen die Keramikschicht aufzuschmelzen, den Dendriten zu zerstören, den Separator an dieser Stelle undurchlässig zu machen und zu isolieren (Shut-down-Funktion). Kann der Separator seine Shut-down-Funktion nicht erfüllen oder ist er nicht mit der entsprechenden keramischen Beschichtung versehen, kann der Separator an einer Stelle versagen und seine Funktion der Isolation nicht mehr erfüllen. Auch das führt zu einem internen Kurzschluss.

Bei äußeren mechanischen Deformationen oder Beeinträchtigungen der Lithium-Ionen-Batterie wie beispielsweise bei einer Quetschung oder einer Penetration der Batterie werden die Elektrodenfolien und der Separator beschädigt, und ein direkter Kontakt zwischen Anode und Kathode wird hergestellt.

Interne Kurzschlüsse führen meist auch zu internen Verbrennungsvorgängen aufgrund der hohen Ströme. Es entsteht in der Lithium-Ionen-Batterie Hitze, die dann zu Veränderungen in der Batterie auf den Elektroden führen. Der Elektrolyt oder der Kohlenstoff der Anode beginnt zu verbrennen, was wiederum weitere Hitze erzeugt. Da die Zersetzungsvorgänge auch Sauerstoff (O_2) freisetzen, fördert der als Reaktionspartner die Verbrennung.

Dendriten

Sinkt am Ende der Entladung die Spannung unter den Grenzwert von typischerweise 3,0 V, so können innerhalb der Zelle Zersetzungsvorgänge starten. Bei späterem Laden kann die Batteriezelle durch Lithium-Plattierung bzw. Dendritenbildung beschädigt bzw. zerstört werden. Auch das führt dann zu internen Kurzschlüssen. Diese Dendriten sind baum- oder nadelartige Kristallstrukturen, die von einer Elektrode der Batterie in Richtung der anderen Elektrode durch Ablagerung von Material entstehen.

Separator Versagen, Fehlposition

Durch das Laden und Entladen oder durch äußere mechanische Belastungen kann sich eine Separatorlage verschieben, oder der Separator kann durch die Einwirkung von Hitze schrumpfen. Dadurch können die Elektroden an den äußeren Enden kurzgeschlossen werden, was zu einem internen Kurzschluss führen kann.

Propagation

Sind mehrere Lithium-Ionen-Batterien in einem Batteriemodul zusammengefasst und angeordnet, so wird sich das meist hitzebehaftete Schadensereignis einer Batteriezelle nach einer gewissen Zeit auf die zunächst noch intakten Nachbarzellen ausbreiten. Diese Fortpflanzung der Schadensereignisse oder auch Propagation dehnt das Schadensereignis zeitlich sehr stark aus und vergrößert es durch die Einbeziehung der Nachbarzellen bedeutend.

Zusammenhänge

Bild 10.3 zeigt, dass fast alle Versagensmechanismen zusammenwirken und am Ende der Ereigniskette meist zu einem internen Kurzschluss der Lithium-Ionen-Batterie und der Erzeugung großer Hitze führen. Die Zusammenhänge zeigen, dass sowohl die Überladung als auch die Tiefentladung die Batteriezelle schädigen kann. Solch eine Schädigung kann die Ursache für einen späteren Unfall im Umgang mit der Batteriezelle oder dem Batteriemodul sein.

Bei einer exothermen Reaktion einer Lithium-Ionen-Batterie entstehen aus dem Leitsalz $LiPF_6$ zusammen mit H_2O Flusssäure (HF) und andere extrem schädliche Substanzen [4]. Weiterhin werden hochgradig krebserregende nickel- und kobalthaltige Stäube alveolengängig[1] ausgestoßen.

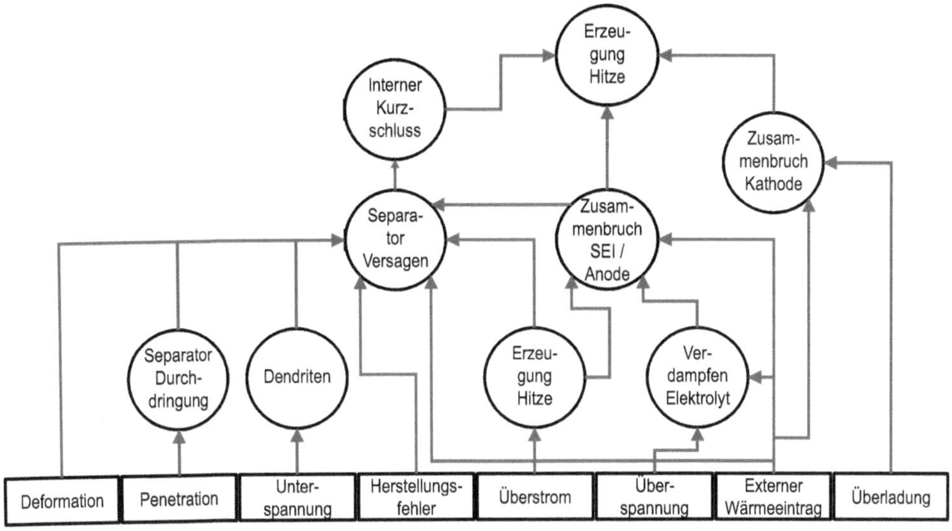

Bild 10.3 Versagensmechanismen nach Garche [5], modifiziert

1 Alveolengängigen Staub (A-Staub) ist der Teil des einatembaren Staubes, der so fein ist, dass er bis in die kleinsten Verzweigungen der Lunge – die Alveolen (Lungenbläschen) –, vordringen kann.

10.6 Kompatibilität mit persönlicher Schutzausrüstung

Gemäß [1] hat der Arbeitgeber durch die Gefährdungsbeurteilung zu ermitteln, welche Schutzmaßnahmen gegen die bei der Arbeit des Mitarbeiters verbundenen Gefährdungen einzusetzen sind. Persönliche Schutzausrüstungen sind solche Ausrüstungen, die vom Mitarbeiter getragen werden und die gegen bestimmte Gefährdungen dem Mitarbeiter Schutz bieten. Dazu gehören beispielsweise:

- Schutzkleidung
- Hand- und Armschutz
- Schnitt- und Stechschutz
- Atemschutz
- Augen- und Gesichtsschutz
- Kopfschutz
- Gehörschutz

Wird an einem Arbeitsplatz oder in einem Arbeitsbereich eine Datenbrille eingesetzt und ist dort zusätzlich auch der Einsatz persönlicher Schutzausrüstungen erforderlich, so muss sichergestellt sein, dass Datenbrille und persönliche Schutzausrüstung kompatibel sind und sich nicht gegenseitig negativ beeinflussen. Ein Beispiel für eine solche persönliche Schutzausrüstung ist ein Feuerwehrhelm, in dem eine Datenbrille integriert ist. Dieses Gerät unterliegt daher beiden Klassen von Anforderungen, nämlich denen an die persönliche Schutzausrüstungen und jenen an die Datenbrille.

Selbst wenn beide Komponenten, persönliche Schutzausrüstungen und Datenbrille, nicht vereint sind, sondern als separate Einheiten vom Nutzer getragen werden, so können sie einander beeinflussen. Im Rahmen der Gefährdungsbeurteilung ist daher zu prüfen, ob eine solche gegenseitige Beeinflussung vorliegt, welche Gefährdung von ihnen ausgehen und durch welche Maßnahmen sie verhindert werden können.

10.7 Individuelle Leistungsvoraussetzung des Menschen

Bei der Auslegung und Bewertung eines Arbeitsplatzes sind im Allgemeinen und natürlich auch im Speziellen bei der Prüfung des Einsatzes von Datenbrillen die individuellen Leistungsvoraussetzungen des Menschen zu prüfen. Die individuellen Leistungsvoraussetzungen sind die Gesamtheit der individuellen Merkmale der physischen und psychischen Leistungsfähigkeit sowie der physischen und psychischen Leistungsbereitschaft des Menschen.

Zur Beurteilung dieser individuellen Leistungsvoraussetzungen gehört die Berücksichtigung der Eigenschaften des visuellen Systems des Menschen (siehe Kapitel 3). Neben den Punkten wie Alter, Pupillenabstand, erforderliche Korrektur, Nutzung von Gleitsichtgläsern, Augenstatus gehören dazu auch die Aufnahmefähigkeit für die von der Datenbrille dargestellten Informationen, das Hörvermögen sowie das Sprachverständnis.

Die Berücksichtigung dieser Aspekte beeinflusst die Auslegung der Augmented-Reality-Systeme maßgeblich. Die frühen Planungsphasen müssen diesen Aspekt daher schon beinhalten.

10.8 Wechselnde Arbeitsbereiche

Nicht alle Einsatzbereiche für Datenbrillen sind stationäre Bereiche oder Arbeitsplätze. Es ist vorstellbar, dass Datenbrillen auf Baustellenarbeitsplätzen eingesetzt werden. In einem solchen Fall ist für jeden neuen Arbeitsbereich eine auf diesen Arbeitsbereich zugeschnittene Gefährdungsbeurteilung durchzuführen. Es kann sich dabei durchaus um die gleichen mit der Datenbrille unterstützten Tätigkeiten handeln, die aber in unterschiedlichen Bereichen oder in unterschiedlichen Umgebungen mit unterschiedlichen Gefährdungen ausgeführt werden. In dieser speziellen Gefährdungsbeurteilung sind die Gefährdungen für diesen Bereich aufzuführen, zu bewerten und mit Maßnahmen zu belegen. Aus diesen bereichstypischen Gefährdungen sind dann die entsprechenden Unterweisungen abzuleiten, in denen die Mitarbeiter zu unterweisen sind.

Literatur

[1] Deutsche Gesetzliche Unfallversicherung (DGUV), „DGUV-Vorschrift 1", November 2013. [Online]. Available: *https://publikationen.dguv.de/regelwerk/dguv-vorschriften/2909/dguv-vorschrift-1*. [Zugriff am 12. 03. 2024].

[2] Berufsgenossenschaft Energie Textil Elektro Medienerzeugnisse, Gefährdungsbeurteilung, Köln: Berufsgenossenschaft Energie Textil Elektro Medienerzeugnisse.

[3] Deutsche Gesetzliche Unfallversicherung (DGUV), „Arbeitsschutzgerechter Einsatz von Datenbrillen", September 2021. [Online]. Available: *https://publikationen.dguv.de/regelwerk/publikationen-nach-fachbereich/holz-und-metall/fertigungsgestaltung-akustik-laerm-und-vibrationen/4397/fbhm-118-arbeitsschutzgerechter-einsatz-von-datenbrillen-faqs-checklisten*. [Zugriff am 01. 09. 2023].

[4] J. Kunkelmann, „Untersuchung des Brandverhaltens von Lithium-Ionen- und Lithium-Metall-Batterien in verschiedenen Anwendungen und Ableitungen einsatztaktischer Empfehlungen", Karlsruhe, 2016.

[5] J. Garche und K. Brandt, Hrsg., Li-Battery Safety, Amsterdam: Elsevier, 2019.

11 Wirtschaftlichkeit

Es gibt natürlich die Möglichkeit, solche Systeme ohne das Ziel der Wirtschaftlichkeit auszubauen und zu betreiben. In diesem Fall handelt es sich typischerweise um Forschungsprojekte, deren Ziel es ist, eingesetztes Geld in Wissen umzusetzen. Hierbei spielt die Wirtschaftlichkeit primär keine Rolle. Allerdings folgt auf diesen ersten Schritt der zweite mit dem Fokus auf Innovation, der Umwandlung von erworbenem Wissen in Geld.[1)]

Wie bei jedem anderen Arbeitsmittel in der Industrie so stellt sich auch bei Datenbrillen und den dazugehörigen Augmented-Reality-Anwendungen die Frage nach der Wirtschaftlichkeit. Die Wirtschaftlichkeit ist die bewertete Beziehung zwischen Mitteleinsatz und Handlungsergebnis. Es ist das Ziel des industriellen wirtschaftlichen Handelns, dass mit dem geringstmöglichen Mitteleinsatz beziehungsweise mit einem bestimmten Mitteleinsatz der größtmögliche Erfolg erzielt werden soll [1]. Diese Forderung gilt natürlich auch für den Einsatz von Augmented-Reality-Systemen mit Datenbrillen. Dazu werden hier einzelne Kostenblöcke aufgeführt, die erfahrungsgemäß bei der Planung solcher Systeme beachtet werden sollten.

Zum Kostenblock des Mitteleinsatzes gehören die Investitionen und die laufenden Kosten für ein solches Vorhaben. Zu den Investitionen zählen beispielsweise die Kosten für Anlagen, Gebäude, Planungskosten und Schulungskosten. Zu den Anlagenkosten zählen nicht nur die erforderlichen Geräte wie Rechner und Datenbrillen, sondern auch zusätzlich die erforderlichen Anlagen, Geräte oder Ähnliches, die durch den Einsatz des Augmented-Reality-Systems einmalig erforderlich werden. Das können beispielweise eine Klimaanlage oder spezielle Beleuchtungseinrichtungen für den Arbeitsplatz sein. Zu den laufenden Kosten für den Betrieb des Augmented-Reality-Systems gehören Kosten für Material, Energie, Lizenzen für die unterschiedlichen

1 Nach Dr. Alfred Oberholz, Kölner Stadtanzeiger, „Wort der Woche“: Forschung ist die Umwandlung von Geld in Wissen, Innovation ist die Umwandlung von Wissen in Geld.

Software oder Wartungskosten sowie Raum- oder Flächenkosten für zusätzlich erforderliche Bereiche. Weiterhin gehören Personalkosten zu den für den Betrieb erforderlichen laufenden Kosten. Damit sind die Kosten für das das System betreuende Personal zu verstehen. Es muss auf alle Fälle betrachtet werden, dass Investitionen und laufende Kosten nicht nur im betrachteten Bereich oder an dem betrachteten Arbeitsplatz anfallen. Auch in anderen Bereichen des Unternehmens fallen zusätzliche Kosten an, die bei der Wirtschaftlichkeitsbetrachtung berücksichtigt werden müssen.

Im Zuge der Planung der Systeme ist typischerweise abzuschätzen, in welchen Bereichen welche Einsparungen zu erzielen sind. Diese Einsparungen unterscheiden sich bei den Anwendungen. Die folgende Aufzählung beschreibt Kostenarten, bei denen Einsparungen dargestellt werden können:

- Personalkosten
- Laufende Kosten
- Qualitätskosten
- Materialkosten
- Energiekosten
- Raumkosten

Weitere Einsparungen können durch eine Reduzierung von Zeiten, wie beispielsweise der Fertigungszeit oder der Durchlaufzeit, dargestellt werden. Neben den Einsparungen im Bereich der Hauptzeit können auch Einsparungen im Bereich der Nebenzeiten, der Rüstzeiten oder der Verteilzeiten erzielt werden. Die Hauptzeiten beinhalten die Zeiten der planmäßigen, unmittelbar zur Erfüllung der Arbeitsaufgabe dienenden Tätigkeiten. Bei einer Montagetätigkeit sind das die Zeiten, in denen die einzelnen Montagetätigkeiten vom Mitarbeiter ausgeführt werden. Die Nebenzeiten umfassen die planmäßigen, mittelbar zur Erfüllung der Arbeitsaufgabe dienenden Tätigkeiten. Bei der beispielhaften Montagetätigkeit wären das Zeiten für Logistikaufgaben oder Teilebereitstellung. Die Rüstzeiten bezeichnen die Zeiten zur Durchführung der Rüstaufgaben, wie das Bereitstellen der Werkzeuge. Zu den Verteilzeiten gehören beispielsweise die Zeiten zur Behebung von Störungen. Zur Ermittlung der Wirtschaftlichkeit eines geplanten Augmented-Reality-Systems sollte in allen diesen Bereichen, die durch die oben genannten Zeiten beschrieben sind, geprüft werden, welche Veränderungen durch den Einsatz zu erwarten sind oder auftreten. Auch Einsparungen im Bereich von zu tätigenden Investitionen sind zu betrachten.

Üblicherweise zielt der Einsatz eines Augmented-Reality-Systems auf die Erhöhung der Produktivität ab. Je nach Einsatzbereich kann sich der Einsatz unterschiedlich auswirken. In Tabelle 11.1 sind daher beispielhaft einige Auswirkungen des Einsatzes in unterschiedlichen Unternehmensbereichen aufgeführt.

Tabelle 11.1 Einsparungsmöglichkeiten durch Einsatz eines Augmented-Reality-System nach [2]

Unternehmensbereich	Einsparpotenzial
Entwicklung	Reduzierung Produktfehler
	Reduzierung Baubetreuung
	Reduzierung Änderungsaufwände
	Wegfall 2D-Fertigungszeichnungen
Produktionsplanung	Reduzierung Änderungsaufwände
	Reduzierung Fertigungsbetreuung
	Reduzierung Fertigungshilfsmittelinvestitionen
	Reduzierung Fertigungshilfsmittelplanung
Produktion	Reduzierung Fehlleistungskosten
	Reduzierung Gemeinkosten
	Reduzierung Anlaufzeiten/Fertigungsanlaufkosten
	Erhöhung Produktivität
	Optimierung Arbeitsabläufe
	Verbesserung Baubarkeit, Ergonomie
Logistik	Optimierung Logistikplanung
	Reduzierung Suchzeit
	Optimierung Wege
Training	Optimierung Training
	Optimierung Support
Vertrieb	Optimierung Produktvisualisierung
	Vermeidung falscher Produkte
	Verminderung Logistikprobleme
Kundendienst/Service	Reduktion Servicefehler
	Reduktion Bedienungsfehler
	Reduktion Installationsfehler

Bei der Wirtschaftlichkeitsuntersuchung ist zu unterscheiden, ob es sich um einen einzelnen Arbeitsbereich oder um einen Unternehmensbereich mit einer Vielzahl von Arbeitsbereichen und damit einer Vielzahl von Einsatzmöglichkeiten für ein Augmented-Reality-System handelt. Für eine größere Anzahl von Arbeitsbereichen kann diese Wirtschaftlichkeit nicht sinnvoller für alle Arbeitsbereiche detailliert untersucht werden. Ein Beispiel dafür wäre die Fragestellung, in welchen Abschnitten eines Montagebandes in der Automobilfertigung Augmented Reality effizient einsetzbar wäre. Der Untersuchungsaufwand wäre zu groß. In einem solchen Fall reduziert eine zweistufige Vorgehensweise den Untersuchungsaufwand. Der erste Schritt beinhaltet eine qualitative Bewertung jedes Arbeitsbereichs hinsichtlich des Einsatzes. Nur für Arbeitsbereiche, für die in der qualitativen Bewertung eine mögliche Wirtschaftlichkeit angezeigt wird, wird anschließend eine Detailbewertung anhand der oben beschriebenen Kostenblöcke durchgeführt.

Für die qualitative Bewertung werden Kriterien definiert. Diese orientieren sich natürlich an Kriterien, die einen sinnvollen und wirtschaftlichen Einsatz eines Augmented-Reality-Systems charakterisieren (Tabelle 11.2). Das sind beispielweise:

Tabelle 11.2 Definition Auswahlkriterien

Bewertungskriterium	Beurteilung hinsichtlich des Einsatzes eines Augmented-Reality-Systems
Suchen	Arbeitsplatz mit hoher Suchintensität
Prüfen	Arbeitsplatz mit hoher Prüfintensität
Komplexität	Arbeitsplatz mit hoher Komplexität
Wiederholfrequenz	Arbeitsplatz mit niedriger Wiederholfrequenz

Weiterhin ist zu definieren, in welchen Bereichen durch den Einsatz des Augmented-Reality-Systems Einsparungen oder Verbesserungen erzielt werden können. Das können beispielsweise die folgenden Potenzialfelder sein:

- Materialeinsparung
- Fertigungszeiteinsparung
- Qualitätsverbesserung
- Ergonomieverbesserung

Damit besteht die Möglichkeit einer einfach zu bearbeitenden Matrix mit den ausgewählten Bewertungskriterien und Potenzialfeldern. Ein qualitativer Bewertungsbereich mit Punkten beispielweise von 0 = keine Auswirkung bis 5 = große Auswirkung beschreibt dann einfach und effizient jeden Arbeitsbereich. Die Bewertung basiert auch auf einer entsprechenden festgelegten Visualisierungsart und Visualisierungstechnik für diesen Arbeitsbereich.

Die mit der qualitativen Bewertung ermittelten summierten Punkte kennzeichnen die Arbeitsbereiche, in denen der Einsatz eines Augmented-Reality-Systems weiter detailliert untersucht werden soll. Arbeitsbereiche, die bei der qualitativen Betrachtung als nicht geeignet für den Augmented-Reality-Einsatz gekennzeichnet werden, fallen aus der weiteren Betrachtung heraus. Für sie wird keine Detailuntersuchung der erforderlichen Mitteleinsätze durchgeführt. Das zweistufige Auswahlverfahren reduziert den Untersuchungsaufwand bei großen Untersuchungsbereichen.

Literatur

[1] R. Sellien und H. Sellien, Hrsg., Gabler Wirtschaftslexikon, Wiesbaden: Gabler, 1988.

[2] C. Runde, Anwendungen Virtual Reality, Hochschule Heilbronn (ohne Datum).

12 Fazit

Die Vorteile der industriellen Nutzung einer Datenbrille als wichtige Komponenten eines Augmented-Reality-Systems in Bezug auf Effizienz, Qualität oder Ergonomie sind hinlänglich bekannt und beschrieben. Ein solches Augmented-Reality-System mit Datenbrille stellt ein effizientes Assistenzsystem für die Aufgaben in unterschiedlichen Bereichen in der Industrie dar. Die Datenbrille ist hierbei in unmittelbarem Kontakt mit dem Nutzer. Die Nutzung dieser Vorteile erfordert eine optimierte Anpassung der Datenbrille an das visuelle System des Nutzers. Dazu wurden in diesem Beitrag die Eigenschaften des visuellen Systems beschrieben und erklärt. Die industriellen Anwendungen mit ihren speziellen Charakteristika stellen ihre speziellen Anforderungen an ein dafür einzusetzendes Augmented-Reality-System. Die Eigenschaften des visuellen Systems und die Charakteristika der industriellen Anwendung bestimmen die Eigenschaften und Funktionen einer Datenbrille als Komponenten eines Augmented-Reality-Systems (Bild 12.1).

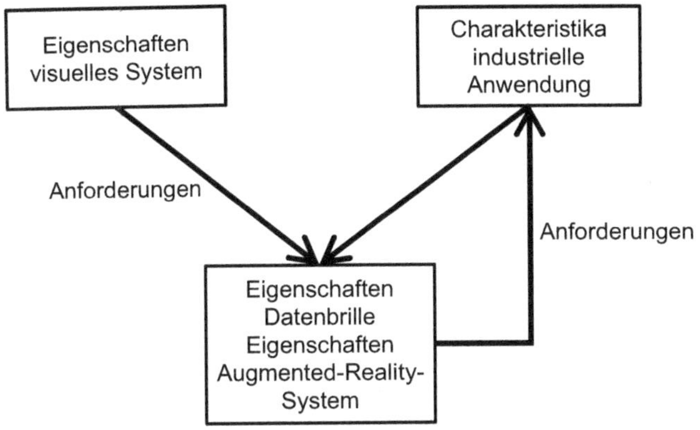

Bild 12.1 Zusammenhang zwischen visuellem System, Anwendung und Augmented-Reality-System

Gleichzeitig stellt ein Augmented-Reality-System Anforderungen an die Anwendung. Nicht für jede Anwendung ist Augmented Reality a priori vorteilhaft. Diese gewünschte Vorteilhaftigkeit ist im Vorfeld einer Planung eines solches Systems zu überprüfen und zu verifizieren. Damit wird verhindert, dass ein Augmented-Reality-System um seiner selbst willen umgesetzt wird. Eine gute und umfassende Beschreibung der Anforderungen an das Augmented-Reality-System bilden die Grundlage für jede Planung. Damit werden auch die Anforderungen für den Lieferanten der Datenbrille klar und fixiert. Das vermeidet spätere Auseinandersetzungen aufgrund unklarer Anforderungen, Wünsche oder Vorstellungen der einzelnen Beteiligten.

In diesem Beitrag werden die Anforderungen industrieller Anwendungen in generalisierter Form dargestellt. Im Anwendungsfall sind diese natürlich weiter zu detaillieren und zu spezifizieren. Die Anforderungen des visuellen System des Nutzers und speziell die der Augen werden aufgeführt und hergeleitet.

Gleichzeitig stellt der Einsatz von Datenbrillen in industriellen Anwendungen unterschiedliche Anforderungen an die Anwendungen. Auch diese Anforderungen an die industriellen Anwendungen sind aufgeführt und erläutert. Das kann auch als Voraussetzung für den Einsatz solcher Datenbrillen angesehen werden.

Die hier gezeigten Untersuchungen und Überlegungen zeigen deutlich, dass aktuelle Datenbrillen die Anforderungen industrieller Anwendungen mit kontextabhängiger kongruenter Überlagerung noch nicht alle vollständig erfüllen, was ihren Einsatz aktuell einschränkt. Das betrifft beispielweise die Fundamentalbedingung, dass die Objektweite gleich der Bildweite der Datenbrille sein muss, um eine richtige kongruente Überlagerung ermöglichen zu können. Das wird mit ein Grund dafür sei, dass die Industrie Augmented Reality mit Datenbrillen noch nicht in dem Umfang einsetzt, wie es Experten vor einigen Jahren vorhersagten. Das wirtschaftliche Potenzial solcher Augmented-Reality-Anwendungen bleibt damit nicht vollständig ausgenutzt. Lieferanten, Entwickler von Datenbrillen kennen diesen Umstand.

Die Hersteller arbeiten an der Vergrößerung des Sichtfeldes, an der Reduzierung des Gewichts und an anderen wichtigen Parametern. Hierbei handelt es sich in der Regel um Weiterentwicklungen oder Optimierungen der verfügbaren Systeme. Lieferanten entwickeln neue Technologien für Datenbrillen, die das Bild in unterschiedlichen Entfernungen scharf visualisieren können. Das Unternehmen Meta arbeitet an solchen Systemen für Virtual-Reality-Anwendungen [1], [2]. Hierbei erzeugen unterschiedliche Schichten des Lichtleiters leicht abweichende Bilder in einer geringen Anzahl unterschiedlicher Entfernungen. Solche Eigenschaften erfüllen die Anforderungen nicht vollständig, zeigen aber eine Lösungsrichtung auf.

Das Unternehmen CREAL stellt eine Datenbrille vor, die das Bild in einer Vielzahl von Entfernungen visualisiert. Die Datenbrille visualisiert bis zu 6000 Bilder pro Sekunde. Diese Bilder variieren leicht in der Perspektive und werden vom Auge in unterschiedlichen Bildweiten scharf wahrgenommen. Das bedeutet, dass das visuelle System des Nutzers nur das scharfe Bild wahrnimmt und alle anderen Bilder vernachlässigt. Solche Systeme weisen derzeit auch noch Bereiche auf, in denen die Anforderungen nicht erfüllt sind. Dazu zählen beispielsweise die Leuchtdichte, Effizienz des Lichtes, nur weniger als 1 % des erzeugten Lichtes erreichen die Netzhaut im Auge des Nutzers, oder der Energieverbrauch. Das zeigt, dass es Wege gibt, diese Punkte weiter zu verbessern [3]. Damit besteht dann die Möglichkeit, die oben benannten Potenziale durch den Einsatz von Datenbrillen weiter zu nutzen.

Literatur

[1] T. Bezmalinovic, „Meta zeigt VR-Prototyp mit varifokalem Retina-Display", 04. 06. 2023. [Online]. Available: *https://mixed.de/meta-vr-prototyp-varifokal-retina-display-siggraph-2023/*. [Zugriff am 13. 06. 2024].

[2] W. H. Welch, R. D. Tekolste und H. C. H.-C. Chung, „Methodes and system for chreating focal planes in virtual and augmented reality". USA Patent US 2015/0346495, 29. 05. 2015.

[3] T. Sluka, A. Kvasov und T. Kubes, *The display that cares for your vision*, Creal, Hrsg., 2023.

13 Zusammenfassung der Anforderungen an Datenbrillen

In diesem Abschnitt sind die Anforderungen an eine Datenbrille für den industriellen Einsatz in einer industriellen Anwendung mit kontextabhängiger kongruenter Überlagerung zusammengestellt. Die Verweise geben an, in welchem Kapitel die weiteren Informationen dazu zu finden sind.

Tabelle 13.1 Technische Eigenschaften der Datenbrille

Thema	Abschnitt
Temperatur Betrieb	7.22 | 7.29.2
Temperatur Lagerung	7.22 | 7.29.2
Luftfeuchtigkeit Betrieb	7.22 | 7.29.2
Luftfeuchtigkeit Lagerung	7.22 | 7.29.2
Mechanische Beständigkeit Anstoßen	7.21 | 7.29.1
Mechanische Beständigkeit Fall	7.21 | 7.29.1
Fangriemen oder Sicherungskomponenten	7.29.1
Schutzart	7.24
Zugentlastung Kabelverbindung	7.29.4
Knickschutz Kabelverbindung	7.29.4
Dauerfestigkeit Kabelverbindung	7.29.4
Kabelführung am Körper	7.21 | 7.29.4
Verpolungssichere Steckverbindungen	7.29.4
Eindeutig und sicher kontaktierende Steckverbindungen	7.29.4

Tabelle 13.1 Technische Eigenschaften der Datenbrille *(Fortsetzung)*

Thema	Abschnitt
Beständige Steckverbindungen	7.24 | 7.29.4
Beständigkeit gegenüber Ölen, Fetten, Lösungsmitteln, Desinfektionsmitteln, Reinigungsmittel, Salzwasser oder Ähnlichem	7.24 | 7.29.3
Desinfektionsmittel und -verfahren	7.24
Reinigungsmittel und -verfahren	7.24
Vermeidung Beschlagen der optischen Elemente	7.19.2
Chromatische Aberration der Optik	7.17

Tabelle 13.2 Checkliste Sensorik der Datenbrille

Thema	Abschnitt
Erfassung der Objektweite Auge – betrachtetes Objekt (Sehentfernung)	7.1
Erforderliche Genauigkeit bei der Erfassung der Bildentfernung	7.1
Erfassung der Vergenz der Augen (Objektweite)	7.2
Erfassung der Leuchtdichte der Umgebung mit entsprechender Auflösung	7.12
Erfassung und Auswertung der Gleichmäßigkeit der Leuchtdichte der Umgebung durch die Datenbrille	7.14
Erfassung der Farben der wahrgenommenen Realität	7.15

Tabelle 13.3 Checkliste Nutzerschnittstelle; Anzeige

Thema	Abschnitt
Auflösung Bildquelle	7.6
Auflösung optischer Weg	7.6
Größe augmentiertes Sichtfeld der Datenbrille (Bildwinkel)	7.3
Sehwinkel mit Korrekturbrille	7.10.1
Beeinträchtigung zentrales Sichtfeld auf Realität	7.10.1
Beeinträchtigung periphere Sichtfeld	7.4 | 7.19.2
Automatisierte Einstellung der Bildweite	7.1

Thema	Abschnitt
Einstellbereich der Bildweite	7.1
Einstellgeschwindigkeit der Bildweite	7.1
Ort der Visualisierung (Horopter oder Panumraum)	7.2
Verzeichnung des virtuellen Bildes der Datenquelle	7.9.1
Korrektur Verzeichnung virtuelles Bild der Datenquelle	7.9.1
Verzeichnung Blick auf Realität	7.9.2 | 7.19.2
Blendung durch Bildquelle	7.12
Anpassung Leuchtdichte der Bildquelle an Leuchtdichte der Umgebung	7.12
Farbraum der Datenbrille	7.26
Anpassung Farbe der Anzeige in Abhängigkeit von der Farbe der Realität	7.15
Berücksichtigung der Farbsinnstörung des Nutzers bei der Farbauswahl	7.18
Bildwiederholrate der Datenbrille	7.25
Einstellbarkeit Pupillendistanz	7.11
Anpassung Position des virtuellen Bildes in Abhängigkeit von der Vergenz (Objektweite)	7.5
Anpassung Position des virtuellen Bildes in Abhängigkeit von der Pupillendistanz	7.11
Kalibrierprozedur für Berücksichtigung der Pupillendistanz	8.2.1
Berücksichtigung der altersbedingten Veränderungen	7.27 | 9.1
Bildwiederholrate	7.8.2
Abbildungsgenauigkeit bei unterschiedlichen Objektweiten	7.8.4
Homogenität der Pixeleigenschaften	7.16

Tabelle 13.4 Checkliste Gewicht; Abmessungen

Thema	Abschnitt
Gewicht Datenbrille	7.21
Gewicht auf Nasenrücken, Datenbrille	7.21
Gewicht Datenbrille, Kopfträger	7.21
Lage des Schwerpunktes zum Kopfdrehpunkt	7.21
Sitz der Datenbrille am Kopf	7.8.5

Tabelle 13.4 Checkliste Gewicht; Abmessungen *(Fortsetzung)*

Thema	Abschnitt
Gewicht Steuereinheit	7.21
Abmessung Steuereinheit	7.21

Tabelle 13.5 Checkliste Korrekturgläser

Thema	Abschnitt
Einsatz individueller Korrekturgläser	7.10.1
Verdeckung durch Fassung der Korrekturgläser	7.19.2

Tabelle 13.6 Checkliste Sprach- und Gestenerkennung

Thema	Abschnitt
Festlegung der zu erkennenden Sprachen	7.23
Befehlsumfang	7.23
Gestenumfang	7.23
Randbedingungen für Gestenerkennung	7.23

Tabelle 13.7 Checkliste erforderlicher Funktionen des Augmented-Reality-Systems

Thema	Abschnitt
Anpassung des Augmented-Reality-Systems an nutzerindividuelle Gedächtnisleistung	7.27 | 9.1
Erfassung und Speicherung der Nutzerinformationen	9.1

Tabelle 13.8 Checkliste Energieversorgung

Thema	Abschnitt
Auslegung der Energieversorgung der Datenbrillen für eine Einsatzdauer von mindestens 8 Stunden	7.22
Hot-Swap-Fähigkeit für einen Wechsel des Energiespeichers im laufenden Betrieb	7.22
Lebensdauer des Energiespeichers	7.22

Tabelle 13.9 Checkliste der Funktion Verarbeitung der Daten durch Augmented-Reality-System

Thema	Abschnitt
Festlegung der erforderlichen Visualisierungen	7.19.1
Reduzierung der für die Visualisierung benötigten Fläche	7.19.1
Überprüfung der virtuellen Daten auf Vollständigkeit, geometrische Korrektheit	7.8.6
Erkennung der Feinheit der Darstellung durch die Datenbrille zur Anpassung der Leuchtdichte der Anzeige in der Datenbrille	7.13.1

Tabelle 13.10 Checkliste Umfeld des Augmented-Reality-Systems

Thema	Abschnitt
Keine Beeinflussung durch andere Geräte im Umfeld	7.30
Keine Beeinflussung anderer Geräte im Umfeld	7.30

Tabelle 13.11 Checkliste Zulassung der Datenbrille als Arbeitsmittel

Thema	Abschnitt
Gesetzliche Anforderungen	10.4
Konformitätskennzeichen	10.2

Tabelle 13.12 Checkliste Arbeitssicherheit

Thema	Abschnitt
Gefährdungsbeurteilung	10.4
Sicherheitsunterweisung, Mitarbeiterunterweisung	10.4

14 Zusammenfassung der Anforderungen an Anwendungen

Aus den aufgezeigten Anforderungen an die Datenbrillen lassen sich natürlich auch Anforderungen an die industriellen Bereiche aufstellen, in denen die Datenbrille zum Einsatz kommt. Es handelt sich hierbei um eine Art Checkliste zur Beurteilung der Anwendung hinsichtlich der Nutzung von Augmented-Reality-Datenbrillen. Die Verweise geben an, in welchem Kapitel die weiteren Informationen dazu zu finden sind.

Tabelle 14.1 Anforderungen an Anwendungen

Thema	Abschnitt
Visualisierungsart	2.3
Visualisierungstechnik	2.2
Größe des Sichtfelds (augmentierte Fläche)	7.1 | 7.3
Arbeitsentfernung	7.1
Positionierung der Objekte möglichst auf dem Horopter oder im Panumraum	7.2
Größe des Blickfelds	7.4
Überprüfung der zulässigen Einschränkungen des peripheren Blickfelds	7.4
Minimale erforderliche Auflösung	7.6
Erforderliche Positionsgenauigkeit der virtuellen Informationen	7.8.1
Geschwindigkeiten der Objekte in der Realität	7.8.2
Überprüfung des Einflusses der Frequenz der Beleuchtung auf Darstellung der Virtualität	7.8.2
Genauigkeit des Trackingsystems	7.8.3

Thema	Abschnitt
Prüfung der zu visualisierenden Daten hinsichtlich Verzeichnung	7.9.1
Kontrolle des Augenstatus des Nutzers hinsichtlich Verzeichnung	7.9.2
Überprüfung der Nutzer hinsichtlich der Verwendung von Brillen mit Gleitsichtgläsern	7.10.2
Festlegung der erforderlichen Auflösung	7.13.1
Sicherstellung einer gleichmäßigen Beleuchtung des Bereichs der Anwendung	7.13.1
Sicherstellung der Blendfreiheit durch äußere Blendquellen	7.13.1
Festlegung der Visualisierung der virtuellen Daten für die Anwendung	7.19.1
Lademöglichkeit Energiespeicher	7.22
Lagerung Datenbrillen	7.22
Sicherstellen definierter Lichtbedingungen	7.23
Sicherstellung definierter Geräuschbedingungen	7.23
Sicherstellung der Abschottung des Einflusses des Hintergrunds	7.23
Prüfung der erforderlichen Schutzanforderungen gegenüber Umwelteinflüssen während des Betriebs und der Lagerung	7.24
Prüfung hinsichtlich explosionsgefährdeter Bereiche	7.24
Ermittlung der erforderlichen Mindest-Flimmerverschmelzungsfrequenz für die Anwendung	7.25
Vermeidung gegenseitiger Beeinflussung der Schwankungen der Helligkeit im Arbeitsbereich und der Bildwiederholfrequenz der Datenbrille	7.25
Prüfung des Alters der Nutzer der Datenbrille und Beurteilung der Auswirkungen der altersbedingten Veränderungen	7.27
Erfassung aller unterschiedlichen Medien, Betriebs- und Hilfsstoffe im Bereich der Anwendung	7.29.3
Prüfung der gegenseitigen Beeinflussung von Datenbrille und Persönlicher Schutzausrüstung (PSA)	10.6

15 Verwendete Formelzeichen

Formelzeichen	Bezeichnung
$Anz\ Px_h$	Anzahl Pixel horizontal
$Anz\ Px_v$	Anzahl Pixel vertikal
B	Bildbreite
C	Schwellenkontrast
$\overline{C}$	Schwellenkontrast (Kokoschka)
$\overline{C}_{min}$	Grenzschwellenkontrast
E	Beleuchtungsstärke
FVF	Flimmerverschmelzungsfrequenz
K_E	Kontrastempfindlichkeit
K_M	Michelsen-Kontrast
K_{MS}	Kontrastschwelle im Michelsen-Maß
K_W	Weber-Kontrast
MF_C	Multiplikationsfaktor Sehbedingungen
L	Leuchtdichte
L_B	Leuchtdichte Blendquelle
L_I	Leuchtdichte innen
L_U	Leuchtdichte Umfeld
L_Z	Leuchtdichte Zeichen

Formelzeichen	Bezeichnung
L_m	zeitlich gemittelte Leuchtdichte
V_P	Verhältnis Auflösung
PD	Pupillendistanz
P_b	Pixelbreite
Z	Zerstreukreisdurchmesser
a	Entfernung, Objektweite
a_{DB}	Abstand Datenbrille–Auge
b	Bildweite
c_1	Konstante
c_2	Konstante
c_3	Konstante
c_4	Konstante
c_5	Konstante
c_6	Konstante
d_{EP}	Durchmesser Eintrittspupille
f	Brennweite
f_1	Leuchtdichtefunktion
f_2	Winkelfunktion
f_r	Ortsfrequenz
$f_{r\,max}$	maximale Ortsfrequenz
g	Gegenstandsweite
k	Blendenzahl
m	zeitlicher Modulationsgrad
r_u	Abstand Mittelpunkt Pixel – zentrales Pixel unverzeichnet
r_v	Abstand Mittelpunkt Pixel – zentrales Pixel verzeichnet
t_P	Tiefe Panumraum
ΔL	Leuchtdichteunterschied
Δx_B	Abweichung Bild x-Richtung
Δx_{DB}	Abweichung Datenbrille x-Richtung

Formelzeichen	Bezeichnung
Δz_B	Abweichung Bild z-Richtung
Δz_{DB}	Abweichung Datenbrille z-Richtung
α	Sehobjektgröße
α_0	leuchtdichtenabhängige Sehwinkelfunktion
α	Bildwinkel
α_d	Bildwinkel diagonal
α_h	Bildwinkel horizontal
α_v	Bildwinkel vertikal
ϑ_G	Stereogrenzwinkel
ρ	Reflexionsgrad
σ	Sehwinkel
σ_L	Lüscher-Winkel
σ_{Ph}	Sehwinkel Pixel horizontal
σ_R	kleiner Sehwinkel Auge

16 Anhang: IP-Schutzarten nach DIN EN 60529

Die unterschiedlichen Schutzarten von Geräten werden durch den IP-Code charakterisiert. Der IP-Code besteht aus den beiden Buchstaben „IP“ sowie einer ersten und zweiten Kennziffer.

1. Kennziffer

Erste Kennziffer	Schutz gegen Zugang zu gefährlichen Teilen	Schutz gegen Eindringen von Fremdkörpern
0	nicht geschützt	nicht geschützt
1	geschützt gegen Zugang mit dem Handrücken	geschützt gegen feste Fremdkörper Ø ≥ 50 mm
2	geschützt gegen Zugang mit einem Finger (Ø 12 mm, Länge 80 mm)	geschützt gegen feste Fremdkörper Ø ≥ 12,5 mm
3	geschützt gegen Zugang mit einem Werkzeug (Ø ≥ 2,5 mm, Länge 100 mm)	geschützt gegen feste Fremdkörper Ø ≥ 2,5 mm
4		geschützt gegen feste Fremdkörper Ø ≥ 1 mm
5	geschützt gegen Zugang mit einem Draht (Ø ≥ 1,0 mm, Länge 100 mm)	staubgeschützt (kein Staubeintritt in schädlicher Menge für Funktion/Sicherheit)
6		staubdicht

2. Kennziffer

Zweite Kennziffer	Schutz gegen Eindringen von Wasser mit schädlicher Wirkung
0	kein Schutz
1	Schutz gegen senkrecht auffallendes Tropfwasser
2	Schutz gegen bis zu 15° schräg auffallendes Tropfwasser
3	Schutz gegen bis zu 60° schräg auffallendes Sprühwasser
4	Schutz gegen allseitig auffallendes Wasser/Spritzwasser
5	Schutz gegen Wasserstrahl, aus beliebigem Winkel auftreffend
6	Schutz gegen starken Wasserstrahl, aus beliebigem Winkel auftreffend
7	Schutz gegen Wasser bei zeitweiligem Eintauchen (bis zu 30 Minuten, 1 m tief)
8	Schutz gegen Wasser bei andauerndem Eintauchen (≥ 30 Minuten, ≥ 1 m tief, nach Vereinbarung)
9	Schutz gegen Wasser bei Hochdruck und Dampfstrahlreinigung

Index

H

I

K

L

M

N

O

www.ingramcontent.com/pod-product-compliance
Ingram Content Group UK Ltd.
Pitfield, Milton Keynes, MK11 3LW, UK
UKHW021124041026
8980IPUK00026B/252

9 783631 643914